网络空间安全丛书

深入浅出密码学

——常用加密技术原理与应用

[美] Christof Paar
Jan Pelzl 著

马小婷 译

清华大学出版社

北 京

北京市版权局著作权合同登记号　图字:01-2011-6699

Translation from the English language edition:
Understanding Cryptography: A Textbook for Students and Practitioners, by Christof Paar and Jan Pelzl.
Copyright © Springer 2010.
Springer is a part of Springer Science + Business Media
All Rights Reserved.

图书在版编目(CIP)数据

深入浅出密码学——常用加密技术原理与应用/(美)帕尔(Paar, C.), (美)佩尔茨尔(Pelzl, J.) 著;马小婷 译. —北京:清华大学出版社,2012.9(2024.9重印)
(网络空间安全丛书)
书名原文:Understanding Cryptography: A Textbook for Students and Practitioners
ISBN 978-7-302-29609-6

Ⅰ. ①深… Ⅱ. ①帕… ②佩… ③马… Ⅲ. ①密码—理论 Ⅳ. ①TN918.1

中国版本图书馆 CIP 数据核字(2012)第 178347 号

责任编辑:王　军　韩宏志
装帧设计:康　博
责任校对:蔡　娟
责任印制:宋　林

出版发行:清华大学出版社
　　　　　网　　　址:https://www.tup.com.cn, https://www.wqxuetang.com
　　　　　地　　　址:北京清华大学学研大厦 A 座　　　邮　　编:100084
　　　　　社 总 机:010-83470000　　　　　　　　　邮　　购:010-62786544
　　　　　投稿与读者服务:010-62776969, c-service@tup.tsinghua.edu.cn
　　　　　质 量 反 馈:010-62772015, zhiliang@tup.tsinghua.edu.cn
印 装 者:三河市铭诚印务有限公司
经　　销:全国新华书店
开　　本:185mm×230mm　　　印　张:22.75　　　字　数:468 千字
版　　次:2012 年 9 月第 1 版　　　印　次:2024 年 9 月第 14 次印刷
定　　价:98.00 元

产品编号:041528-03

致　谢

如果没有多位人士的支持和帮助，我们不可能完成这本书的撰写。我期望我们的感谢没有遗漏任何人士。

首先要感谢 Daehyun Strobel 和 Pascal WiBmann 出色的工作，他们提供了本书中绝大多数插图，并毫无怨言地接受我们提出的多次修改。Axel Poschmann 提供了本文中最新的主题，即当前的分组密钥的内容，非常感谢他对本书的贡献。而提供技术性问题的解决方案有 Frederick Armknecht(序列密码)、Roberto Avanzi(有限域和椭圆曲线)、Alex May(数论)、Alfred Menezes 和 Neal Koblitz(椭圆密码学的发展历史)、Matt Robshaw(AES)和 Damian Weber(离散对数)。

非常感谢波鸿大学嵌入式安全组织的成员们——Andrey Bogdanov、Benedikt Driessen、Thomas Eisenbarth、Tim Güneysu、Stefan Heyse、Markus Kasper、Timo Kasper、Amir Moradi 和 Daehyun Strobel——他们在本书的技术校对方面做了大量工作，并在改进素材的编排方式上提出了很有用的建议。尤其要感谢 Daehyun 和 Markus，谢谢他们分别在实例与一些高级 LATEX 工作方面与课后问题方面的帮助！我们还要感谢 Olga Paustjan 在插图和排版方面的帮助。

我们组中上一届的博士生帮助创建了本书在线课程，他们是 Sandeep Kumar、Kerstin Lemke-Rust、Andy Rupp、Kai Schramm 和 Marko Wolf。他们的工作十分出色，令我们深受鼓舞。

我们感到非常荣幸地邀请到 Bart Preneel 为本书写序。在此，我们再次向他表示我们的深切谢意。最后也非常感谢 Springer 给予的支持和鼓励，尤其是本书的编辑 Ronan Nugent 和 Alfred Hofmann，非常感谢你们！

序　言

　　密码学的学术研究始于20世纪70年代中期。如今，密码学已经发展成为一门成熟的研究学科，拥有不少成立多年的专业组织(如国际密码安全协会)、数以万计的研究员和几十个国际会议。在密码学及其应用领域，每年都有数以千计的学术论文发表。

　　20世纪70年代，密码学仅应用于外交、军事和政府等领域；而到了20世纪80年代，金融和通信产业都已使用了硬件加密设备。20世纪80年代末的数字手机系统标志着密码学第一次在大众市场的大规模应用。如今，基本上每个人每天都会用到密码学，比如使用远程控制设备打开车门或车库门、连接到无线LAN、用信用卡在零售店或网上购物、安装一个软件更新、拨打IP语音电话或在公共交通系统中购票。毋庸置疑，诸如电子健康、汽车远程信息处理系统和智能建筑等新兴应用领域的涌现会促使密码学的应用更趋普及。

　　密码学是一门非常有趣的学科，它与计算机科学、数学以及电子工程都存在交叉。随着密码学日新月异地取得发展，人们现在已经很难跟上它的发展步伐。密码学领域的理论基础在过去的25年里已经得到加强和巩固；现在，人们对安全的定义和证明结构安全的方法有了更深入的认识。同时，我们也见证了应用密码学的快速发展：旧算法不断地被破解和抛弃，同时，新算法和协议也在不断涌现。

　　在过去几十年里，已有不少密码学方面的优秀教材出版，这些教材主要面向拥有扎实数学背景的读者。此外，一些具有吸引力的新进展和高级协议也为此增加了很多有趣的素材。本书的最大价值在于重点讨论了密码学研究人员所关心的主题。而且，本书对数学背景知识和公式的使用加以严格限制——只有在必要的情况下才会在适当的地方介绍这些数学知识和公式。对密码学领域的新手而言，这种"少即是多"的方法足以满足他们的需求，因为本书将带领他们一步一步地学习基本概念和各种精心选择的算法与协议。对于想要深入学习和拓展知识的读者而言，本书每个章节都提供了非常有用的扩展阅读素材。

总体而言，本书作者成功地介绍了应用密码学主题相关的内容，这些内容具有极高的价值，对此我感到非常高兴。我希望这本书可以对密码学相关的从业人员有一定的指导作用，帮助他们构建更安全的基于密码学的系统；也希望本书能成为未来研究学者发现密码学及其应用方面更精彩方面的阶梯。

Bart Preneel

2009 年 8 月

密码学已经渗透到我们生活的方方面面，从 Web 浏览器和电子邮件程序，到手机、银行卡、汽车，甚至包括器官移植。在不久的将来，我们将看到密码学更多令人激动不已的新应用，比如防伪的射频识别(RFID)标签，或车对车的通信(已经有人在为保证这两种应用的安全而努力)。过去，密码学总是被传统地限制在十分特殊的应用领域，尤其是政务信息和银行系统。时至今日，这种情况已经发生了很大的改变。由于加密算法的普遍性，越来越多的人必须理解加密算法的工作原理，以及怎样将它们应用到实践中；本书全面介绍当前应用的密码学，为读者释疑解惑，堪称读者的良师益友。本书面向学生和密码行业的从业者。

本书可以帮助读者深入地理解现代加密方案的工作原理。本书在对大学级别微积分背景要求最少的情况下，以最通俗易懂的方式介绍了必要的数学概念。所以，对本科生或即将开始学习研究生课程的学生而言，本书是一本非常合适的教科书；而对期望更深入理解现代密码学的职业工程师或计算机科学家而言，本书则是极具价值的参考书。

本书拥有的诸多特征使得它成为密码学从业者和学生独一无二的资源——本书介绍了绝大多数实际应用中使用的加密算法，并重点突出了它们的实用性。对于每种加密模式，我们都给出了最新的安全评估和推荐使用的密钥长度。同时，本书也探讨了每种算法在软件实现和硬件实现中的一些重要问题。除加密算法外，本书还介绍了很多其他重要主题，比如加密协议、运作模式、安全服务和密钥建立技术等。此外，本书还包含了许多非常新的主题，比如针对受限的应用而优化的轻量级加密(例如 RFID 标签或智能卡)，或新的操作模式。

每章末尾的讨论单元都给出了许多注明出处的参考文献，为读者提供了大量扩展阅读的材料。对于课堂使用的读者而言，这些讨论单元提供了很好的课程项目资源。对于将本书当作教科书的读者，强烈推荐阅读本书的配套学习资源网站：

　　www.crypto-textbook.com

读者在这里可以找到许多关于课程项目的观点、开源软件的链接、测试向量和现代密码学的相关信息。此外，本书还提供了对应的视频教程的链接。

如何使用本书

本书提供的实例和相关材料在过去几十年经过了不断完善和改进，在课堂教学中也得到了广大师生的认可。我们也曾将本书作为初级研究生教程和高级本科生教程；同时，它也曾单独地用于 IT 安全工程专业本科生的课程。实践发现，两个学期内，每周 90 分钟的讲课时间加上 45 分钟的习题解答环节时间(总计 10 个 ECTS 学分)基本上可以完成本书绝大多数章节的教学。对典型的美国风格的三学分制的课程，或一学期欧洲学校的课程而言，本书的某些章节可以忽略。以下是两种针对一学期课程的合理选择：

课程选择 1：将重点放在密码学应用上，比如在计算机科学或电子工程项目中的应用。本书中的加密内容对计算机网络或高级安全课程有很好的辅助作用：第 1 章，第 2.1 到 2.2 节、第 4 章、第 5 章的 5.1 节、第 6 章、第 7 章的 7.1 节~7.3 节、第 8 章的 8.1 节~8.4 节、第 10 章的 10.1~10.2 节、第 11 章、第 12 章和第 13 章。

课程选择 2：将重点放在密码学算法及对应的数学背景上，比如可以把本书作为计算机科学专业、电子工程专业或数学系研究生的应用密码学课程。本书可以作为深入学习更理论化密码学研究生课程的先导教程。涉及的章节主要包括：第 1 章、第 2 章、第 3 章、第 4 章、第 6 章、第 7 章、第 8 章的 8.1 节~8.4 节、第 9 章、第 10 章和第 11 章的 11.1 节~11.2 节。

作为科班出生的工程师，我们已经在应用密码学和安全领域工作了 15 年以上，我们真诚地希望读者也能和我们一样，在这个奇妙的领域发现很多乐趣。

目 ● 录

密码学和数据安全导论

本章将介绍现代密码学中一些非常重要的术语，并给出了专有算法与公开的已知算法的相关内容。本章还将介绍在公钥密码学中占有重要地位的运算，即模运算。

本章主要内容包括

- 密码学的通用准则
- 短期、中期及长期安全性所需要的合适密码长度
- 针对密码发起的各种攻击的区别
- 一些经典密码，并进一步介绍在现代密码学中占有重要地位的模运算
- 使用完善的加密算法的原因

1.1 密码学及本书内容概述

每当听到"密码学"这个词时，首先映入我们脑海的可能是电子邮件加密、网站的安全访问、银行应用程序使用的智能卡或第二次世界大战中的密码破译，比如针对德国的Enigma 加密机(如图 1-1 所示)的破译。

从表面上看，密码学与现代电子通信似乎有着密不可分的关系；实际上，密码学其实是一个非常古老的应用——最早使用密码学的例子可以追溯到公元前 2000 年，当古埃及还在使用没有标准密码规则的象形文字时。自埃及时代起，在几乎所有发明了文字的文化圈中，密码学总是以各种形式存在其中。例如，据相关文献记载，在古希腊时代就已经有将文字写成密文的事例，叫斯巴达密码棒(Scytale of Sparta)(图 1-2)，或下一章将要介绍的非

常出名的古罗马的凯撒密码(Caesar Cipher)。然而，本书主要侧重于现代密码学方法的研究，同时也阐述了许多数据安全问题及其与密码学的关系。

图1-1　德国的 Enigma 加密机(由慕尼黑德意志博物馆授权复制)

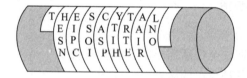

图1-2　斯巴达密码棒

下面将介绍密码学领域(如图1-3所示)。首先要说明的一件事情是，最常用的术语是密码编码学(cryptology)，而不是密码使用学(cryptography)。密码编码学有两个主要分支：

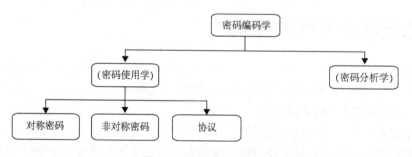

图1-3　密码术领域概览

密码使用学指的是一种为了达到隐藏消息含义目的而使用的密文书写的科学。

密码分析学本身就是一种科学，在某些情况下也指一种破译密码体制的技巧。不少人也许会认为密码破译应该只是那些情报部门或犯罪团伙所为，而不应该包括在严肃的自然学科分类中。然而，绝大多数的密码分析都是由当今学术界中赫赫有名的研究学者完成的。密码分析在现代密码体制中发挥着至关重要的作用：如果没有人试图破译我们的加密方法，我们永远也不知道这个系统是否安全。关于这个问题的更多讨论可以参阅第 1.3 节。

由于密码分析是确保密码体制安全的唯一方法，所以它是密码学中一个不可缺少的部分。然而，本书的重点在于密码使用学：将详细介绍最重要的实用加密算法。这些实用的加密算法已经在相当长的时间内抵御各种密码分析，有的加密算法甚至需要几十年的时间才能破译。在密码分析方面，本文将只提供破解已介绍的加密算法的最新结果，比如破译 RSA 方案的因式分解方法的记录。

现在回顾一下图 1-3。密码使用学本身可以分为以下三个主要分支：

对称算法(Symmetric Algorithm)：该算法是基于这样的假设：

双方共享一个密钥，并使用相同的加密方法和解密方法。1976 年以前的加密算法毫无例外地全部基于对称算法。如今对称密码仍广泛应用于各个领域，尤其是在数据加密和消息完整性检查方面。

非对称算法(Asymmetric Algorithm)或公钥算法(Public-Key Algorithm)：Whitfield Diffie、Martin Hellman 和 Ralph Merkle 在 1976 年提出了一个完全不同的密码类型。与对称密码学一样，在公钥密码学中用户也拥有一个密钥；但不同的是，他同时还拥有一个公钥。非对称算法既可以用在诸如数字签名和密钥建立的应用中，也可用于传统的数据加密中。

密码协议(Cryptographic Protocol)：粗略地讲，密码协议主要针对是密码学算法的应用。对称算法和非对称算法可以看作是实现安全 Internet 通信的基础。密码协议的一个典型示例就是传输层安全(TLS)方案，现在所有的 Web 浏览器都已使用这个方案。

严格来讲，将在第 11 章中介绍的哈希函数是除了对称算法和非对称算法外的第三种算法，但同时哈希函数与对称加密也存在一些相同的属性。

绝大多数实际系统中的加密应用都是同时使用对称算法和非对称算法(同时还包括哈希函数)。这种方案有时候也叫混合方案。同时使用这两种类型算法的原因在于，每类算法都有各自的优缺点。

本书重点讨论对称算法与非对称算法以及哈希函数，但也会介绍一些基本安全协议，尤其是几种密钥建立协议和使用加密协议的作用：数据保密性、数据完整性、数据认证和用户标识等。

1.2　对称密码学

本节主要介绍对称密码的概念和传统的替换密码。我们将以替换密码为例，介绍蛮力攻击与分析攻击的区别。

1.2.1 基础知识

对称加密方案也称为对称密钥(Symmetric-key)、秘密密钥(secret-key)和单密钥(Single-key)方案(或算法)。我们先通过一个非常简单的问题来介绍对称密码学：假设两个用户——Alice和Bob——想通过一个不安全的信道进行通信(如图1-4所示)。"信道"这个术语看上去有点抽象，但它却是通信链路中最常见的术语：信道可以是 Internet、手机使用的空气中的信道或无线 LAN 通信，或其他任何你可以想到的通信媒介。实际问题来自于一个名叫 Oscar[1]的坏蛋，他试图通过侵入 Internet 路由器或监听 Wi-Fi 通信的无线电信号来访问 Alice 和 Bob 的通信信道。这种未授权的监听就称为窃听。显而易见，在很多情况下 Alice 和 Bob 都更愿意避开 Oscar 的监听进行通信。例如，如果 Alice 和 Bob 分别代表了一个汽车制造厂的两个办事员，他们想传输一些关于公司未来几年计划发展的新汽车模型商业战略方面的文档，同时这些文档不能落入竞争公司或关注此事的外国情报机构的手里。

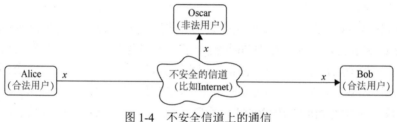

图 1-4　不安全信道上的通信

在这种情况下，对称密码学提供了非常强大的解决方案：Alice 使用对称算法加密她的消息 x，得到密文 y；Bob 接收并解密该密文。解密过程与加密过程正好相反(如图1-5所示)。这种方法的优势在哪呢？如果选择的加密算法非常强壮，则 Oscar 监听到的密文看上去将是杂乱无章且没有任何意义的。

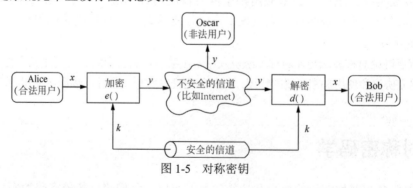

图 1-5　对称密钥

---

1. 选择名字 Oscar 的原因是为了提醒我们世界的敌人。

变量 *x*、*y* 和 *k* 在密码学中非常重要，它们都有特殊的称谓：

- *x* 称为明文(*plaintext* 或 *cleartext*)
- *y* 称为密文(*ciphertext*)
- *k* 称为密钥(*key*)
- 所有可能密钥组成的集合称为密钥空间(*key space*)

这个系统通常需要一个安全的信道用于在 Alice 和 Bob 之间分配密钥。图 1-5 所示的安全信道有多种选择，它可以是一个人将该密钥装在钱夹里在 Alice 和 Bob 之间传输。当然，这种方法相对而言比较累赘。这种方法非常合适的一个例子就是无线 LAN 中 Wi-Fi 保护访问(Wi-Fi Protected Access，WPA)加密所使用的预共享密钥(pre-share key)的分配。后面的章节将介绍如何在不安全信道上建立密钥。在所有这些情况中，密钥只需要在 Alice 和 Bob 之间传送一次，就能用于保护后续多个通信的安全。

这个情况中有一个非常重要且令人匪夷所思的事实就是，它所使用的加密算法和解密算法都是公开且已知的。看上去，如果将加密算法保密应该会使得这个系统更难破译。但有一点值得注意的是：保密的算法也可能是未测试的算法。而证明某个加密方法是否强壮(即不能被顽固的攻击者破解)的唯一方法就是将其公开，让更多其他的密码员对其进行分析。关于此主题的更多讨论请阅读第 1.3 节。在一个可靠的密码体制中唯一需要保密的就是密钥。

注意：

(1) 如果 Oscar 得到了密钥，他理所当然可以很轻松地解密该消息，因为此加密算法是公开的。因此，需要注意的是：安全地传输消息的问题最后可以归结为安全地传输和存储密钥的问题。

(2) 在这个场景中，我们只考虑了保密性的问题，即防止消息被人窃听。后面的章节还将介绍密码学相关的其他内容,比如防止 Oscar 在 Alice 和 Bob 不知情的情况下篡改消息(消息完整性)，或确定消息真的来自于 Alice(发件人身份认证)。

1.2.2 简单对称加密：替换密码

现在我们将学习一种最简单的加密文本的方法，即替代密码或替换密码。这种类型的密码已被使用了无数次，而且它也是对基础密码学最好的解释。我们将使用替换密码作为学习密钥长度和破译密码的不同方式等重要方面的例子。

替换密码的目标就是加密文本(与现代数字系统中的位相反)，其思路非常简单：将字母表中的一个字符用另一个字符替换。

示例 1.1

$$A \rightarrow k$$
$$B \rightarrow d$$

$$C \rightarrow w$$
...

例如，流行音乐组合 ABBA 可以加密为 kddk。

◇

假设我们选择的替换表完全是随机的，攻击者不可能猜测出对应的输出。值得注意的是，替换表是这种密码体制的关键。与对称密码学一样，密码也需要在 Alice 和 Bob 之间进行安全传输。

示例 1.2 看下面一段密文信息：

> iq ifcc vqqr fb rdq vfllcq na rdq cfjwhwz hr bnnb
> hcc hwwhbsqvbre hwq vhlq

◇

这段文本看上去没有什么含义，是个比较"像样"的密文。但是替换密码却一点都不安全！下面让我们来看看如何破译替换密码。

1. 第一个攻击：蛮力攻击或穷尽密钥搜索

蛮力攻击的想法非常简单：攻击者 Oscar 通过信道窃听获得密文，并且他碰巧知道一小段明文，比如被加密的文件头部。现在 Oscar 可以尝试使用所有可能的密钥解密该密文开头的一小段内容。再次强调一下，这种加密方法的密钥是一个替换表。如果解密后的明文和这段明文匹配的话，则说明他找到了正确密钥。

定义 1.2.1 基本的穷尽密钥搜索攻击或蛮力攻击

假设 (x, y) 表示一对明文和密文对，$K = \{k_1, ..., k_k\}$ 表示所有可能密钥 k_i 组成的密钥空间。蛮力攻击将检查每个 $k_i \in K$，判断以下条件是否满足：

$$d_{k_i}(y) \stackrel{?}{=} x$$ 。

如果该等式成立，则意味着找到了一个可能正确的密钥；否则，继续尝试下一个密钥。

实际上，蛮力攻击过程会更复杂，因为不正确的密钥会产生误报。第 5.2 节将阐述这个问题。

请注意：理论上讲，蛮力攻击总是可以破解对称密码；而实际上这种方法是否可行则取决于密钥空间的大小，即某个给定密码存在的所有可能密钥的数量。如果在多台现代计算机上测试所有的密钥需要花费大量的时间，比如几十年，则这个密码可以称为对蛮力攻击是计算安全的。

下面将确定替换密码的密钥空间。当选择第一个字母 A 的替换字母时，我们可以从字母表 26 个字母中随机选择一个(上面的例子中选择的是 K)。第二个字母 B 的替换字母则可以从剩下的 25 个字母中随机选择，依此类推。因此，总共存在的不同的替换表的数目为：

$$替换密码的密钥空间 = 26 \times 25 \cdots 3 \times 2 \times 1 = 26! \approx 2^{88}$$

即使使用上万台高端 PC 来搜索这个密钥也需要耗费几十年的时间！因此，我们似乎可以得出这样的结论：替换密码算法是安全的。然而这个结论是不正确的，因为还存在着另一种更强大的攻击方法。

2. 第二种攻击：字母频率分析

从上面提到的蛮力攻击可以发现，它将密码看做一个黑盒，即我们不会分析密码的内部结构。使用字母频率分析可以轻易地破解替换密码。

替换密码最大的缺点在于：每个明文符号总是映射到相同的密文符号。这就意味着明文中的统计属性在密文中得到了很好的保留。回顾第二个示例就会发现，该文本中字母 q 出现的频率最高。由此我们可以推断出，q 肯定是英文语言中最常用的一个字母的替换字母。

在实际字母频率分析攻击中，我们可以利用以下几种语言特性：

(1) 确定每个密文字母的频率。通常，密文中字母的频率分布与给定语言有着紧密的联系，即使在相对较短的密文中也成立。尤其是最常用的字母总是很容易被认出来。例如，E 是英语中出现频率最高的字母(大概为 13%)，频率第二高的字母是 T(大概 9%)，排名第三的是字母 A(大概 8%)，等。表 1-1 罗列了英语中各个字母的分布频率。

(2) 上面提到的方法可以推广到查看连续的两个、三个或四个等密文字母。例如，英语(或其他欧洲语言)中字母 U 几乎总是紧跟在字母 Q 后面，这种现象可以用来检测字母 Q 和 U 对应的替换字母。

(3) 假设我们发现了单词分隔符(空格)，就可以很轻易地找到一些高频的短单词，比如 THE、AND 等；当然，能发现单词空格符的情况并不常见。一旦可以确定任何一个短单词，我们立刻就能知道整个文本中这三个字母(或这 N 个字母，N 表示单词长度)分别代表什么。

实际上，在破解替换密码体制时，我们通常会将以上列举的三种技术结合起来使用。

示例 1.3　如果分析示例 1.2 的密文，将会得到以下信息：

```
WE WILL MEET IN THE MIDDLE OF THE LIBRARY AT NOON
            ALL ARRANGEMENTS ARE MADE
```

表 1-1 英语中的相对字母频率

字　　　母	频　　率	字　　　母	频　　率
A	0.0817	N	0.0675
B	0.0150	O	0.0751
C	0.0278	P	0.0193
D	0.0425	Q	0.0010
E	0.1270	R	0.0599
F	0.0223	S	0.0633
G	0.0202	T	0.0906
H	0.0609	U	0.0276
I	0.0697	V	0.0098
J	0.0015	W	0.0236
K	0.0077	X	0.0015
L	0.0403	Y	0.0197
M	0.02414	Z	0.0007

◇

　　总之，好的密码应该隐藏被加密文本的统计属性，密文字符看上去应该是随机而杂乱无章的。此外，对一个强壮的加密函数而言，仅仅密钥空间大是不够的。

1.3　密码分析

　　本节主要介绍对称加密中推荐使用的密钥长度和对不同加密算法的攻击方式。必须强调的一点是，即使攻击者知道该算法的详细情况，此密码也必须是安全的。

1.3.1　破译密码体制的一般思路

　　如果你问一个有技术背景的人密码破译与什么相关？对方极有可能回答，密码破译总是与复杂的数学、聪明的人和大型计算机相关。也许大家对第二次世界大战中英国密码破译人员的表现还有一定的印象：他们当时派出了天赋最高的数学家(由最著名的计算机科学家 Alan Turing 带领)，使用体积庞大的电机式计算机来破解德国的 Enigma 加密机。然而，实际上还有不少其他的密码破解方法。下面将介绍现实世界中破解密码体制的各种方法(如

图 1-6 所示)。

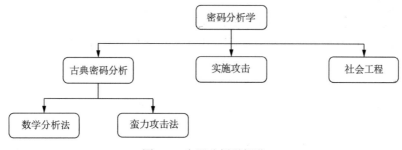

图 1-6   密码分析学概览

1．经典密码分析(Classical Cryptanalysis)

古典密码分析可以理解为从密文 y 中恢复明文 x，或反过来，从密文 y 中恢复密钥 k 的一门科学。回顾前面讨论的内容可知，密码分析可分为两类：一类是发现加密方法内部结构的分析攻击，另一类是将加密算法看作是黑盒，试图测试所有可能密钥的进行破解的蛮力攻击。

2．实施攻击(Implementation Attack)

我们可以通过旁道分析获得密钥，比如测量处理私钥的处理器的功耗。也可以使用信号处理技术从功耗轨迹中恢复出密钥。除功耗外，电磁辐射或算法运行时的行为都隐含着一定的密钥信息，因此也是非常有用的旁道[2]。需要注意的是，实施攻击绝大多数情况下针对的是攻击者可以物理访问(比如智能卡)的密码体制，因此，绝大多数针对远程系统的基于 Internet 的攻击通常不会考虑这种方法。

3．社会工程攻击(Social Engineering Attack)

可以通过行贿、勒索、跟踪或侦探等手段来获得密钥，而且这些攻击方式总是与人有关，比如强迫某个人说出密钥(用枪指着他/她的脑袋的方法通常很奏效)。另一种较为温和的攻击方式就是给被攻击的人打电话，说"我是本公司的 IT 部门，我们需要你的密码以便更新一些非常重要的软件"。令人惊讶的是，在这种情况下，很多人总是非常天真地说出自己的密码。

目前列举的针对密码体制的攻击方式列表不是很全面，除此以外还有很多其他攻击方式，比如软件系统中的缓冲区溢出攻击或恶意代码等都可以泄露密钥。你可能会认为其中的很多攻击方式都不正当，尤其是社会工程和实施攻击，但现实世界的密码学本来就没有

---

2. 当你连通实验室的电子示波器，想要将你的 Geldkarte(Geldkarte 是绝大多数德国银行卡内嵌的一个电子钱包功能)加载到最大 200€前，应该意识到：现在的智能卡都拥有内嵌的、对抗旁道攻击的设备，并且很难攻破。

公平可言。当人们想攻击 IT 系统时，他们已经违反了规定，也已经是不正当的行为。这里我们需要学习的是：

攻击者总是在寻找我们密码体制中最脆弱的环节。这就意味着我们必须选择足够强壮的算法，也意味着我们必须保证切断社会工程攻击和实施攻击的可能性。

尽管实施攻击和社会工程攻击在实际应用中非常强大，但本书假设所有密码破译都基于数学密码分析。

可靠的密码体制必须遵守 Auguste Kerckhoffs 在 1883 年提出的一个假设，即 Kerckhoffs 原理：

定义 1.3.1 Kerckhoffs 原理

即使除密钥外的整个系统的一切都是公开的，这个密码体制也必须是安全的。尤其是即使攻击者知道系统的加密算法和解密算法，此系统也必须是安全的。

有必要强调的是，Kerckhoffs 原理看上去有悖常理！设计一个看似更加安全的系统总是非常具有吸引力，因为我们可以隐藏所有细节，这也称为隐蔽式安全性(security by obscurity)。然而，历史经验和军事历史一次又一次地说明这样的系统总是非常脆弱的，一旦该系统的设计被逆向工程或通过其他途径泄露了，攻击者很轻易就可以将其攻破。一个典型示例就是用于保护 DVD 内容的内容加扰系统(Content Scrambling System，CSS)，只要对这个系统进行逆向工程，很容易就能将其破译。这就是为什么即使攻击者知道加密算法，加密方案仍然必须确保安全的原因。

1.3.2 合适的密钥长度

20 世纪 90 年代出现了很多关于密钥长度的公开讨论。在给出指导意见前，我们必须牢记两个非常重要的方面：

(1) 只有在蛮力攻击是已知的最好的攻击方法时，我们才会考虑讨论对称加密算法中密钥长度的问题。从第 1.2.2 节可知，在替换密码的安全性分析中，只要有一个分析攻击可以成功，那么其拥有再大的密钥空间也无济于事。当然，如果可能发生社会工程攻击或实施攻击，长密钥也起不到什么作用。

(2) 对称算法和非对称算法所要求的密钥长度完全不同。比如，长度为 80 位的对称密钥所提供的安全性和 1024 位的 RSA(RSA 是一个非常主流的非对称算法)密钥的安全性相当。

这两方面的事实总是被误解，尤其是一些半技术的文献中。

表 1-2 给出了对称密码不同的密钥长度抵抗蛮力攻击的能力。如第 1.2.2 节所述，对安

全对称密码而言，大的密钥空间只是必要但不充分条件。这个密钥也必须足够强壮，能抵御分析攻击。

表 1-2 使用蛮力攻击成功破解不同长度密钥的对称算法预计需要的时间

密钥长度	安全性评估
56~64 位	短期：需要几个小时或几天破解
112~128 位	长期：在量子计算机出现前，需要几十年才能破解
256 位	长期：即使使用量子计算机运行目前已知的量子计算算法，也需要几十年才能破解

当然，预言未来是非常困难的：没有人可以确切地预言新的技术或学术发展状况。没有人知道到 2030 年时我们会使用怎样的计算机。人们通常使用摩尔定律来预测中长期的发展。粗略地说，摩尔定律阐明了在成本保持不变时，计算能力每隔 18 个月便会增加一倍。在密码学中，它对应的含义为：如果当前我们需要价值 100 万美元的计算机和一个月的时间来破译密码 X，则：

- 18 个月后，破译该密码的成本将降到 50 万美元(因为我们只需要购买的电脑的数量是当前数量的一半)
- 三年后，只需要 25 万美元
- 4.5 年以后，则只需要花 12.5 万美元，依此类推

需要强调的是，摩尔定律是一个指数函数。比如在 15 年后，计算能力经过 10 次的倍增迭代后，耗费与现在相同的资金我们可以完成 2^{10}=1 024 次计算。换言之，我们只需花现在支出的 1/1000 就能完成相同的计算。在上例中，这意味着我们在 15 年内每月只用花费 1 000 000/1024≈1 000 美元就能破解密码 X。相反，15 年后，我们只用花费 100 万美元就可以在 45 分钟内成功完成破译。摩尔定律在银行账户中也有相同的表现：在年利率为 50%的情况下，复利的增长非常快。遗憾的是，目前世上没有值得信赖的银行可以提供如此高的利率。

1.4 模运算与多种古典密码

本节将以两个古典密码为例来介绍整数的模运算。尽管古典密码不再适用，但是模运算在现代密码学中仍然占据重要的地位，在非对称算法中尤其如此。最早的密码使用可以追溯到古埃及时代，那个时候人们还在使用替换密码。替换密码的一个典型例子就是凯撒密码，据说 Julius Caesar 就是使用这个密码与他的部队进行通信。凯撒密码只是简单地将字母表中的字母

向后移动相同的位数，当到达字母表的尾部时，再从开头开始循环。这种循环方式类似于模运算中的数字。

为了让字母的计算更切实可行，我们可以给字母表里的每个字母赋一个值。这样使用凯撒密码的加密就变成了与一个固定值的(模)加法。除了简单地与某个常数相加外，也可以使用与一个常数相乘的方法，这就是我们将要介绍的仿射密码(affine cipher)。

本书将深入细致地讨论凯撒密码和仿射密码。

1.4.1　模运算

几乎所有的加密算法(即对称算法和非对称算法)都基于有限个元素的运算。而我们习惯的绝大多数数集都是无穷的，比如自然数集或实数集。而下面将介绍的模运算则是在有限整数集中执行算术运算的简单方法。

首先来看一个来自于日常生活中的有限整数集的例子：

示例 1.4　看一下时钟上的时针，如果时间不停增加，将得到以下结果：

1 点，2 点，3 点，…，11 点，12 点，1 点，2 点，3 点，…，11 点，12 点，1 点，2 点，3 点，…

不管时间怎么增加，它的值都不会离开这个集合。

◇

下面将介绍在这样一个有限集内进行运算的一般方法。

示例 1.5　考虑拥有 9 个数字的集合：

$$\{0, 1, 2, 3, 4, 5, 6, 7, 8\}$$

只要结果小于 9，就可以正常地执行算术运算，比如：

$$2 \times 3 = 6$$
$$4 + 4 = 8$$

但是 8+4 怎么办呢？下面将尝试以下规则：正常地执行整数算术运算，并将得到的结果除以 9。我们感兴趣的只有余数，而不是原来的结果。由于 8+4=12，12 除以 9 的余数是 3，可以写作：

$$8 + 4 \equiv 3 \bmod 9$$

◇

以下是模运算的精确定义：

定义 1.4.1　模运算

假设 $a, r, m \in \mathbb{Z}$（其中 $\mathbb{Z}$ 是所有整数的集合），并且 $m > 0$。如果 m 除 $a\text{-}r$，可记作：

$$a \equiv r \bmod m$$

其中 m 称为模数，r 称为余数。

这个定义超越了非正式的规则，即"除以模数，考虑余数"。下面将讨论其推理过程。

1. 余数的计算

总可以找到一个 $a \in \mathbb{Z}$，使得

$$a = q \cdot m + r，\ 其中\ 0 \leq r < m \tag{1.1}$$

由于 $a - r = q \cdot m$（m 除 $a\text{-}r$），上述表达式可写作： $a \equiv r \bmod m$（$r \in \{0,\ 1,\ 2,\ \dots,\ m\text{-}1\}$）。

示例 1.6　假设 $a = 42, m = 9$，则

$$42 = 4 \cdot 9 + 6$$

因此 $42 \equiv 6 \bmod 9$。

◇

2. 余数不唯一

考虑一个奇怪的问题：对每个给定的模数 m 和整数 a，可能同时存在无限多个有效的余数。下面来看另一个例子。

示例 1.7　考虑 $a=12$，$m=9$ 的情形。根据前面的定义，以下几个结果都是正确的：

- $12 \equiv 3 \bmod 9$，3 是一个有效的余数，因为 $9\,|(12 - 3)$
- $12 \equiv 21 \bmod 9$，21 是一个有效的余数，因为 $9\,|(12 - 21)$
- $12 \equiv -6 \bmod 9$，-6 是一个有效的余数，因为 $9\,|(12 - (\text{-}6))$

这里的 $x\,|\,y$ 代表 x 除 y。这个操作背后是一个系统。整数集

$$\{\dots, -24, -15, -6, 3, 12, 21, 30, \dots\}$$

构成了一个所谓的等价类。模数 9 还存在另外 8 个等价类：

$$\{\dots, -27, -18, -9, 0, 9, 18, 27, \dots\}$$

$$\{\dots, -26, -17, -8, 1, 10, 19, 28, \dots\}$$
$$\vdots$$
$$\{\dots, -19, -10, -1, 8, 17, 26, 35, \dots\}$$

◇

3. 等价类中所有成员的行为等价

对于一个给定模数 m，选择等价类中任何一个元素用于计算的结果都是一样的。等价类的这个特性具有重大的实际意义。在固定模数的计算中——这也是密码学中最常见的情况——我们可以选择等价类中最易于计算的一个元素。首先来看一个示例。

示例 1.8　许多实际公钥方案的核心操作就是 $x^e \bmod m$ 形式的指数运算，其中 x、e 和 m 都是非常大的整数，比如长度为 2 048 位。下面将用一个非常简单的例子说明计算模指数运算的两种方法。我们想计算 $3^8 \bmod 7$。第一种方法非常简单，而第二种方法将在等价类之间切换。

- $3^8 = 6561 \equiv 2 \bmod 7$，因为 $6\,561 = 937 \cdot 7 + 2$

注意：尽管我们已经知道最后的结果不会大于 6，但还是会得到相当大的中间结果 6 561。

- 下面这个方法更加巧妙：首先执行两个部分指数运算：

$$3^8 = 3^4 \cdot 3^4 = 81 \cdot 81$$

然后将中间结果 81 替换为同一等价类中的其他元素。在模数 7 的等价类中，最小的正元素是 4(由于 $81 = 11 \cdot 7 + 4$)，因此：

$$3^8 = 81 \cdot 81 \equiv 4 \cdot 4 = 16 \bmod 7$$

使用这种方法，我们可以轻松地计算出最后结果为 $16 \equiv 2 \bmod 7$。

注意：第二种方法的计算可以不使用计算器，因为它所涉及的所有数字都不会大于 81。而第一种方法中计算 6 561 除以 7 就已经具有一定的挑战性。我们必须牢记的通用规则就是：应该尽早使用模约简，使计算的数值尽可能小，这样做总是极具计算优势。

◇

当然，不管在等价类中怎么切换，任何模数计算的最终结果都是相同的。

4．余数的选择问题

一般选择等式(1.1)中满足以下条件的 r：

$$0 \leq r \leq m\text{-}1。$$

但从数学角度看，选择等价类中的任何一个元素对最后的结果都没有任何影响。

1.4.2　整数环

在学习完模约简的特性后，我们现在可以尝试定义基于模运算的一般结构。考虑这样一个整数集合：它由 0~m-1 的整数，以及这些整数之间的加法和乘法得到的数组成。该整数集合对应的数学结构可以表示为：

定义 1.4.2　环

整数环 $\mathbb{Z}_m$ 由以下两部分组成：

1. 集合 $\mathbb{Z}_m = \{0, 1, 2, \ldots, m\text{-}1\}$

2. 两种操作"+"和"×",使得对所有的 $a, b \in \mathbb{Z}_m$ 有：

   1) $a + b \equiv c \bmod m, (c \in \mathbb{Z}_m)$

   2) $a \times b \equiv d \bmod m, (d \in \mathbb{Z}_m)$

我们先来看一个简单的整数环例子。

示例 1.9　假设 $m = 9$，即环 $\mathbb{Z}_9 = \{0, 1, 2, 3, 4, 5, 6, 7, 8\}$。

下面是一些简单的算术运算：

$$6+8 = 14 \equiv 5 \bmod 9$$
$$6 \times 8 = 48 \equiv 3 \bmod 9$$

◇

要详细了解环以及与环有关的有限域的内容，请阅读第 4.2 节。此时，我们需要关注环的以下重点特性：

- 如果环内任何两个数相加或相乘得到的结果始终在环内，那么这个环就是封闭的。
- 加法和乘法是可结合的，即对所有的 $a, b, c \in \mathbb{Z}_m$，都有 $a+(b+c)=(a+b)+c$ 和 $a \cdot (b \cdot c) = (a \cdot b) \cdot c$。

- 加法中存在中性元素 0，使得对每个 $a \in \mathbb{Z}_m$ 都有 $a + 0 \equiv a \bmod m$。
- 环中的任何元素 a 都存在一个负元素 $-a$，使得 $a + (-a) \equiv 0 \bmod m$，即加法逆元始终存在。
- 乘法中存在中性元素 1，即对每个 $a \in \mathbb{Z}_m$，都有 $a \times 1 \equiv a \bmod m$。
- 不是所有元素都存在乘法逆元。假设 $a \in \mathbb{Z}$，乘法逆元 a^{-1} 可以定义为：

$$a \cdot a^{-1} \equiv 1 \bmod m。$$

如果元素 a 的乘法逆元存在，则可以除以这个元素，因为 $b/a \equiv b \cdot a^{-1} \bmod m$。

- 找出某个元素的逆元比较困难(通常使用欧几里得算法，该算法将在第 6.3 节中介绍)。但可以通过一种简单方法来判断一个给定元素 a 的逆元是否存在：

当且仅当 $\gcd(a，m) = 1$，一个元素 $a \in \mathbb{Z}$ 存在乘法逆元 a^{-1}。其中 gcd 表示最大公约数 (Greatest Common divisor)，即同时能除 a 和 m 的最大整数。在数论中，两个数的最大公约数是 1 有着非常重要的意义，并且拥有专门的称谓，即：如果 gcd(a,m)=1，那么 a 和 m 就被称作是互素(互为素数)或互质。

示例 1.10　　下面来判断 $\mathbb{Z}_{26}$ 中 15 的乘法逆元是否存在？

由于

$$\gcd(15, 26) = 1$$

说明 15 的逆元肯定存在。而由于

$$\gcd(14, 26) = 2 \neq 1$$

说明 $\mathbb{Z}_{26}$ 中 14 的乘法逆元不存在。

◇

另一个环特性就是，对所有的 $a，b，c \in \mathbb{Z}_m$，都有 $a \times (b + c) = (a \times b) + (a \times c)$，即分配法则成立。简言之，环 $\mathbb{Z}_m$ 是整数 $\{0，1，2，\dots，m-1\}$ 的集合，我们可在该集合内进行加法、减法和乘法运算，有时也可做除法运算。

如前所述，环 $\mathbb{Z}_m$ 和带模运算的整数运算在公钥密码学中占有非常重要的位置。实际应用中涉及的整数长度通常都是 150～4096 位，高效的模运算就显得尤其重要。

1.4.3　移位密码(凯撒密码)

下面将介绍另一种古典密码，即移位密码。移位密码实际上是替换密码的一个特例，它有非常严密的数学描述。

移位密码本身非常简单，即将明文中的每个字母在字母表中移动固定长度的位置。例如，如果设定移位长度为 3，则字母 A 将会被 d 替换，B 将会被 e 替换，依此类推。这个方法唯一的问题就是字母表的最后三位，我们应该怎么处理 X，Y 和 Z？大家可能都想到了，我们可以使用环绕的方法。这意味着 X 应该替换为 a，Y 应该替换为 b，Z 应该替换为 c。据说 Julius Caesar 使用的是移动三位的替换代码。

我们也可以使用模运算来准确地描述移位密码。在密码的数学描述中，字母表中的所有字母都被编码为数字，如表 1-3 所示。

表 1-3　移位密码中的字母编码

A	B	C	D	E	F	G	H	I	J	K	L	M
0	1	2	3	4	5	6	7	8	9	10	11	12
N	O	P	Q	R	S	T	U	V	W	X	Y	Z
13	14	15	16	17	18	19	20	21	22	23	24	25

现在，明文中的字母和密文中的字母都是环 $\mathbb{Z}_{26}$ 中的元素。同时，由于大于 26 的移位是没有意义的(移动 27 位的结果与移动 1 位的结果相同，依此类推)，所以密钥(即移位的长度)也在 $\mathbb{Z}_{26}$ 中。移位密码的加密过程和解密过程如下：

定义 1.4.3　移位密码

假设 $x, y, k \in \mathbb{Z}_{26}$，则

加密： $e_k(x) \equiv x + k \bmod 26$

解密： $d_k(y) \equiv y - k \bmod 26$

示例 1.11　假设 k=17，明文为：

$$\text{ATTACK} = x_1, x_2, \ldots, x_6 = 0, 19, 19, 0, 2, 10。$$

则计算得到的密文为：

$$y_1, y_2, \ldots, y_6 = 17, 10, 10, 17, 19, 1 = \text{rkkrtb}$$

◇

从本书前面有关替换密码的讨论中不难得出这样的结论：移位密码一点都不安全。而针对移位密码的攻击方法有两种：

(1) 由于只有 26 种不同的密钥(移位长度)，攻击者可以方便地使用蛮力攻击方法，尝试所有可能的 26 个字母破解给定的密文。如果得到的明文是可读文本，则说明我们找到了密钥。

(2) 与替换密码一样，也可使用字母频率分析方法。

1.4.4 仿射密码

下面将试着通过推广该加密函数来改善移位密码。回顾一下，移位密码的实际加密过程就是密钥的加法 $y_i = x_i + k \bmod 26$。仿射密码加密的思路为：首先将明文乘以密钥的一部分，然后再加上密钥的剩余部分。

定义 1.4.4　仿射加密

假设 $x, y, a, b \in \mathbb{Z}_{26}$

加密：$e_k(x) = y \equiv a \cdot x + b \bmod 26$

解密：$d_k(y) = x \equiv a^{-1} \cdot (y - b) \bmod 26$

密钥为：$k = (a, b)$，且满足限制条件 $\gcd(a, 26) = 1$。

解密可以很容易地从加密函数推导出来：

$$a \cdot x + b \equiv y \bmod 26$$
$$a \cdot x \equiv (y - b) \bmod 26$$
$$x \equiv a^{-1} \cdot (y - b) \bmod 26$$

$\gcd(a, 26) = 1$ 这个限制条件源于这样一个事实：解密时需要求密钥参数 a 的逆元。回顾第 1.4.2 节可知，如果 a 的逆元存在，则元素 a 与模数必须互素。因此，a 必须在如下集合中：

$$a \in \{1, 3, 5, 7, 9, 11, 15, 17, 19, 21, 23, 25\} \qquad (1.2)$$

那么，我们怎样找到 a^{-1}？目前我们只能通过试错法得到：对于给定的 a，只需依次尝试所有可能的值 a^{-1}，直到得到：

$$a \cdot a^{-1} \equiv 1 \bmod 26$$

例如，如果 $a=3$，则 $a^{-1} = 9$，因为 $3 \cdot 9 = 27 \equiv 1 \bmod 26$。请注意：$a^{-1}$ 也始终满足条件 $\gcd(a^{-1}, 26) = 1$，因为 a^{-1} 的逆元始终存在。实际上 a^{-1} 的逆元就是 a 本身。因此，这种确定 a^{-1} 的试错法仅仅只需要检查等式(1.2)中给出的值。

示例 1.12　假设密钥 $k=(a, b)=(9, 13)$，明文为

$$\text{ATTACK} = x_1, x_2, \ldots, x_6 = 0, 19, 19, 0, 2, 10。$$

a 的逆元 a^{-1} 存在，并且可以表示为 $a^{-1}=3$。计算得到的密文为：

$$y_1, y_2, \ldots, y_6 = 13, 2, 2, 13, 5, 25 = \text{nccnfz}$$

◇

仿射加密是否安全？否！它的密钥空间仅比移位密码的大一点而已：

$$密钥空间 = (a 可以取的值) \times (b 可以取的值)$$
$$= 12 \times 26 = 312$$

显而易见，拥有 312 个元素的密钥空间很容易就可以穷尽搜索——即使用现在的计算机，在几分之一秒内就可以蛮力破解。此外，仿射密码拥有与替换密码和移位密码同样的缺点，即明文和密文之间的映射关系是固定的。因此，使用频率分析方法一样可以轻而易举破解该密码。

后续章节将介绍更为强壮的具有实用性的加密算法。

1.5　讨论及扩展阅读

本书阐述了密码学和数据安全的实用领域，旨在作为一本入门级教材。本书适合课堂教学、远程学习和自学。每章最后都安排了讨论环节，提供了一些话题和资料，方便感兴趣的读者进行深入学习。

关于本章：古典密码与模运算　本章介绍了若干种古典密码。然而，从远古时代到第二次世界大战期间还出现了很多其他密码。对于想了解古典密码及其在历史中发挥的作用的读者，推荐你阅读 Bauer[13]，Kahn[97] 与 Singh[157] 撰写的书。这些书除了陪伴你度过一个愉悦的睡前阅读外，还能帮助你理解军事和外交才能在塑造世界历史中发挥的重要作用。同时，本书还介绍了现代密码学更为广泛的应用。

本节介绍的数学知识，即模运算，属于数论方面的内容。这原本是一个非常有趣的学科，但不幸的是，由于历史原因它一直被看作是一个不具实用性的数学分支。因此，除了数学课程外，这方面的内容总是很少讲到。数论方面的书籍非常多，经典的入门书请参见参考文献[129,148]；而对非数学专业人士强烈推荐阅读[156]。

研究机构和通用文献　尽管密码学在过去的 30 年里已经发展得相当成熟，但是与其他学科相比，它仍然是一个相对比较年轻的领域，每年都会涌现新的发展和发现。许多研

究成果在国际密码逻辑研究学会(International Association for Cryptologic Research，IACR)组织的活动中发表。CRYPTO、EUROCRYPT 和 ASIACRYPT 这三个 IACR 会议的会刊，以及 IACR 研讨会加密硬件与嵌入式系统(CHES)、快速软件加密(FSE)、公钥密码学(PKC)和密码学理论(TCC)都是了解密码学最新发展动向的极佳来源。而关于安全(密码学只是其中的一个方面)中更重大问题的两个重要会议就是 IEEE 在安全与隐私方面的学术报告和 USENIX 安全论坛。以上列举的所有活动都年年举办。

密码学方面的优秀书籍不少。强烈推荐参考 *Handbook of Applied Cryptography*[120]和最近的一本 *Encyclopedia of Cryptography and Security* [168]，这两本书是本书的绝佳补充。

可证明的安全性 由于本书将重点放在应用密码学，所以与加密算法和协议理论知识相关的很多内容都被省略了。尤其是在现代密码研究中，人们总是试图以严格的数学方式给出可证明的加密方案的描述。同时，人们也会使用正式模型来描述安全系统及对手的目的。通常，人们会将系统的安全性缩小为某个假设条件进行证明，比如整数的因式分解非常困难或哈希函数不存在冲突。

可证明安全性的领域非常广，我们目前只列举了部分重要的分支领域。[55]给出了最近的一个关于可证明公钥加密的特定领域的调查。加密基础与可证明安全性紧密相关，它研究的是所需要的通用假设和方法，例如某些难问题之间的相互关系(比如整数因素分解与离散对数之间的关系)。标准文献为[81,83]。零知识证明就是在不泄露秘密的前提下，向另一方证明某个知识。零知识验证的初衷是在不泄露密码或密钥的前提下证明某个实体的身份。然而这种方式现在已经不再使用。早期的文献资料请参考[139]，而最新的指南为[82]。多方计算可以用来计算基于加密数据的答案，比如选举结果或拍卖中最高的投标。这种方法有趣的一点就是，当协议结束时，参与者只知道他们自己的输入和输出，而对加密的其他参与者的数据一无所知。推荐的参考资料有[112]和[83，第 7 章]。

本书有时也会涉及某些可证明安全性，例如 Diffie-Hellman 密钥交换与 Diffie-Hellman 问题之间的关系(第 8.4 节)，基于 Hash 函数的分组密码(第 11.3.2 节)或 HMAC 消息验证方案的安全性(第 12.2 节)。

需要提醒的一点是，尽管实际结果都来自于密码方案可证明安全性的研究，但有很多发现的实际价值非常有限。此外，人们对整个领域的认知还存在一定争议[84,102]。

安全系统设计 密码学通常是构建安全系统的一个重要工具，但同时，安全系统设计还包括其他很多方面。安全系统主要是为了保护有价值的东西，比如信息、货币价值和个人财产等。安全系统设计的主要目的是使破解系统的代价比被保护财产的价值更高，而这里的价值可以用金钱来衡量，但也可以用类似"付出"或"名誉"等抽象术语来衡量。一般而言，增加系统的安全性通常会限制其可用性。

目前存在几种通用框架可以系统地处理这个问题。它们通常要求明确定义资产和相应的安全需求，并且也需要评估可能的攻击路径。最后，为了在某个给定的应用或环境中实现合适的安全级别，我们需要拥有充分的对策。

可以使用一些标准来评估和帮助定义安全系统。其中最突出的标准有 ISO/IEC[94] (15408，15443-1，15446，19790，19791，19792，21827)，信息技术安全评估准则[46]、德国 IT-Grundschutzhandbuch[37]和 FIPS PUBS[77]和其他很多标准。

1.6　要点回顾

- 除非拥有经验丰富的密码分析团队帮你检查设计，否则切勿开发你自己的加密算法。
- 不要使用未经证明的加密算法(即对称密码，非对称密码和哈希函数)或未经证明的协议。
- 攻击者总是试图寻找密码体制的最薄弱之处，例如大的密钥空间本身并不保证密钥的安全性，该密码仍然无法抵抗分析攻击。
- 为了抵抗穷尽密钥搜索攻击，对称算法对应的密钥长度为:
  - 64 位：除非用来加密拥有短期价值的数据外，其他时候都不安全;
  - 112~128 位：可以提供长达几十年的长期安全性，也能够抵抗情报机构的攻击，除非他们拥有量子计算机。从目前的知识来看，只有使用量子计算机的攻击才可行(量子计算机目前还不存在，也许永远也不会存在)。
  - 256 位：如上所述，也许只有使用量子计算机的攻击才有可能得逞。
- 模运算是一种以严格数学方式表示古典密码方案(比如仿射密码)的工具。

1.7　习题

1.1　以下密文是使用替换密码加密得到的。请在不知道密钥的情况下解密该密文。

1rvmnir bpr sumvbwvr jx bpr lmiwv yjeryrkbi jx qmbm wibpr xjvni mkd ymibrut jx irhx wi bpr riirkvr jx ymbinlmtmipw utn qmumbr dj w ipmhh but bj rhnvwdmbr bpr yjeryrkbi jx bpr qmbm mvvjudwko bj yt wkbrusurbmbwjk lmird jk xjubt trmui jx ibndt

Wb wi kjb mk rmit bmiq bj rashmwk rmvp yjeryrkb mkd wbi iwokxwvmkvr mkd ijyr ynib urymwk nkrashmwkrd bj ower m vjyshrbr rashmkmbwjk jkr cjnhd pmer bj

lr fnmhwxwrd mkd wkiswurd bj invp mk rabrkb bpmb pr vjnhd urmvp bpr ibmbr jx
rkhwopbrkrd ywkd vmsmlhr jx urvjokwgwko ijnkdhrii ijnkd mkd ipmsrhrii ipmsr w
dj kjb drry ytirhx bpr xwkmh mnbpjuwbt lnb yt rasruwrkvr cwbp qmbm pmi hrxb kj
djnlb bpmb bpr xjhhjcwko wi bpr sujsru msshwvmbwjk mkd wkbrusurbmbwjk w jxxru
yt bprjuwri wk bpr pjsr bpmb bpr riirkvr jx jqwkmcmk qmumbr cwhh urymwk wkbmvb

(1) 请计算密文中所有字母 A...Z 的相对频率。你可以使用工具来完成这个任务，比如
开源程序 CryptTool [50]。但是，使用笔和纸来完成也是可以的。

(2) 请利用英文语言中相对字母频率来解密该密文(参见第 1.2.2 节的表 1-1)。注
意，这个文本长度较短，所以字母频率与表格中英文字母的频率可能不是那
么一致。

(3) 谁写的这个文本？

1.2 假设我们收到使用移位密码加密的以下密文：

Xultpaajcxitltlxaarpjhtiwtgxktghidhipxciwtvgtpilpitghlxiwiwtxgqadds.

(1) 请基于字母频率计数对该密文发起攻击：为了得到密钥你需要通过频率计算确定
多少个字母？明文是什么？

(2) 这个消息是谁写的？

1.3 现在考虑密钥长度为 128 位的 AES(Advanced Encryption Standard，AES)抵抗穷
尽密钥搜索攻击的长期安全性。AES 可能是目前使用最广泛的对称密码。

(1) 假设某个攻击者拥有一个特殊目的的专用集成电路(Application specific
integrated circuit，ASIC)，该电路每秒可以检查 $5 \cdot 10^8$ 个密钥。该攻击者拥有
一百万美元的预算。一个专用集成电路总共花费 50 美元，我们考虑了集成
ASIC 的全部开销(生产印刷电路板、电力供应、制冷等)。请问在给定的预算
里，我们可以同时并行运行多少个 ASIC？每个密钥搜索平均需要多长时间？
将这个时间与宇宙的年龄(大概 10^{10} 年)比较一下。

(2) 现在我们将计算机技术加到考虑范围内。准确预测未来可能非常棘手，但用摩尔
定律来估测未来是可以的。根据摩尔定律，在集成电路的成本保持不变的情况下，
计算能力每隔 18 个月就会翻番。请问需要等待多少年才能建造一个密钥搜索机
器，能在 24 小时的平均搜索时间内破解 128 位的 AES 密码？同样地，假设其预
算为一百万美金(不考虑通货膨胀)。

1.4 现在考虑密码和密钥大小之间的关系。首先考虑一个需要用户以密码形式输入密
钥的密码体制。

(1) 假设这个密码由 8 个字母组成，而且每个字母都是 ASCII 方案编码(每个字符占 7

位，即 128 个可能字符)。请问使用这样的密码构建的密钥空间有多大？

(2) 对应的密钥长度是多少位？

(3) 假设大多数用户只使用字母表中的 26 个小写字母，而不是 ASCII 编码的全 7 位的字符作为密码，请问其对应的密钥长度是多少位？

(4) 假设字符分别由以下两种组成形式，请问生成一个长度为 128 位的密钥至少需要多少个字符组成的密码？

　　1) 7 位的字符；

　　2) 字母表中 26 个小写字母。

1.5　从本章的内容可知，模运算是很多密码体制的基础。因此，我们将在这里和后续章节里讨论这个话题。

首先从一个简单的问题入手：在不使用计算器的情况下计算以下结果：

(1) $15 \cdot 29 \bmod 13$

(2) $2 \cdot 29 \bmod 13$

(3) $2 \cdot 3 \bmod 13$

(4) $-11 \cdot 3 \bmod 13$

得到的结果应该在 0, 1，…，模数-1 的范围内。请概述这个问题中不同部分之间的联系。

1.6　请在不使用计算器的情况下计算以下结果：

(1) $1/5 \bmod 13$

(2) $1/5 \bmod 7$

(3) $3 \cdot 2/5 \bmod 7$

1.7　请构建环 $\mathbb{Z}_4$ 内所有元素之间相加得到的表：

+	0	1	2	3
0	0	1	2	3
1	1	2	…	
2	…			
3				

(1) 请构建环 $\mathbb{Z}_4$ 的乘法表。

(2) 构建 $\mathbb{Z}_5$ 的加法表和乘法表。

(3) 构建 $\mathbb{Z}_6$ 的加法表和乘法表。

(4) $\mathbb{Z}_4$ 和 $\mathbb{Z}_6$ 内有些元素没有乘法逆元，请问这些元素是哪些？为什么 $\mathbb{Z}_5$ 内所有的非零元素都存在乘法逆元呢？

1.8 请问在 $\mathbb{Z}_{11}$、$\mathbb{Z}_{12}$ 和 $\mathbb{Z}_{13}$ 中 5 的乘法逆元分别是什么？你可以使用计算器或 PC 实现试错法搜索。

我们利用这个简单的问题想强调的一个事实是：给定环中某个整数的逆元完全依赖于这个环。这意味着如果模数改变了，则对应的逆元也随之改变。所以，在没有弄清模数的情况下来讨论一个元素的逆元是没有任何意义的。这个事实在 RSA 密码体制(参见本书第 7 章)中至关重要。本书第 6.3 节将介绍扩展的欧几里德算法，它可以高效地计算逆元。

1.9 请在不使用计算器的情况下尽可能快地计算 x。如有必要，可参考第 1.4.1 一节中巧妙指数分解的例子。

(1) $x = 3^2 \bmod 13$

(2) $x = 7^2 \bmod 13$

(3) $x = 3^{10} \bmod 13$

(4) $x = 7^{100} \bmod 13$

(5) $7^x = 11 \bmod 13$

最后一个问题称为离散对数，它是一个非常难的问题(请参见第 8 章)。很多公钥方案的安全性都基于求解大整数(比如超过 1 000 位的整数)的离散对数的难度。

1.10 对于 $m=4$，5，9，26，请找出与 m 互素的所有整数 n，其中 $0 \leq n < m$。我们将所有满足此条件的整数 n 的个数记作 $\phi(m)$，比如 $\phi(3)=2$。此函数也称为欧拉(Euler's phi)函数。$m=4$，5，9，26 对应的 $\phi(m)$ 分别是多少？

1.11 这个问题与仿射加密相关，其中密钥参数 $a=7$，$b=22$。

(1) 请解密以下密文：

```
falszztysyjzyjkywjrztyjztyynaryjkyswarztyegyyj
```

(2) 这行内容是谁写的？

1.12 现在，我们想将第 1.4.4 节中介绍的仿射加密扩展为可以加密和解密所有用德国字母表写的消息。德国字母表是由英文字母表，三个元音变体 Ä，Ö，Ü，以及(非常罕见)双 s 字符 β 组成。我们使用下面的规则将字符映射为整数：

A ↔ 0	B ↔ 1	C ↔ 2	D ↔ 3	E ↔ 4	F ↔ 5
G ↔ 6	H ↔ 7	I ↔ 8	J ↔ 9	K ↔ 10	L ↔ 11
M ↔ 12	N ↔ 13	O ↔ 14	P ↔ 15	Q ↔ 16	R ↔ 17
S ↔ 18	T ↔ 19	U ↔ 20	V ↔ 21	W ↔ 22	X ↔ 23
Y ↔ 24	Z ↔ 25	Ä ↔ 26	Ö ↔ 27	Ü ↔ 28	β ↔ 29

(1) 请问此密码的加密等式和解密等式分别是什么？

(2) 此字母表仿射密码的密钥空间是多大？

(3) 以下密文是使用密钥(a=17，b=1)得到的，请问它们对应的明文是什么？

ä u β w β

(4) 上述明文来自哪个村庄？

1.13 在攻击场景中，我们假设攻击者 Oscar 能够用某种方式设法让 Alice 得到她加密的一些明文片段。请说明 Oscar 如何使用两个明文-密文对(x_1，y_1)和(x_2，y_2)来破解此仿射密码。选择 x_1 和 x_2 的条件是什么？

注意，事实上，这个假设在某些设置下也是有效的，比如 Web 服务器的加密等。因此，这种攻击情景非常重要，而且常被叫做选择明文攻击(chosen plaintext attack)。

1.14 增加对称算法安全性的一个最显而易见的方法就是使用两次相同的加密，即：

$$y = e_{k2}(e_{k1}(x))$$

事情非常微妙，结果总是与预期大相径庭，这样的情形在密码学中非常常见。我们希望通过下面这个问题说明，放射密码两次加密的安全性和加密一次的安全性没什么区别！假设两个仿射密码为：$e_{k1} = a_1x + b_1$ 和 $e_{k2} = a_2x + b_2$。

(1) 请证明存在单个仿射加密 $e_{k3} = a_3x + b_3$ ，它与组合加密 $e_{k2}(e_{k1}(x))$ 执行相同的加密和解密。

(2) 当 a_1=3，b_1=5 和 a_2=11，b_2=7 时，请找出对应的 a_3、b_3 的值。

(3) 请验证：(1)使用密钥 e_{k1} 加密字母 K，然后使用 e_{k2} 加密得到的结果；(2)使用密钥 e_{k3} 加密字母 K。

(4) 请简单描述对双重加密放射密文发起穷尽密钥搜索攻击会发生什么？有效密钥空间是否增加了？

注意，在 DES 中，多重加密问题具有非常重要的实际意义，因为多重加密(尤其是三重加密)的确在一定程度上增加了安全性。

序列密码

如果更深入地了解一下已有的加密算法类型就会发现：对称密码可以分为序列密码 (Stream Ciphers)和分组密码两类(如图 2-1 所示)。

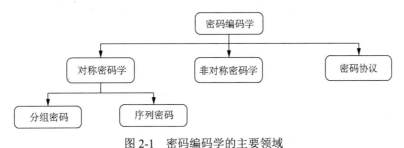

图 2-1　密码编码学的主要领域

 本章主要内容包括

- 序列密码的利与弊
- 随机数生成器与伪随机数生成器
- 一种坚不可摧的密码：一次一密(One-Time Pad，OTP)
- 现代分组密码：线性反馈移位寄存器和 Trivium

2.1　引言

2.1.1　序列密码与分组密码

对称密码学分成分组密码和序列密码两部分，而且它们差异较大，易于区分。图 2-2

描述了在一次加密 b 位数据时(b 指的是分组密码的宽度)，序列密码(图 2-2a)与分组密码(图 2-2b)在操作上的差异。

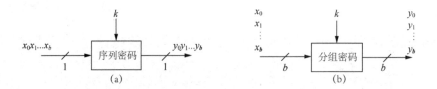

图 2-2　使用序列密码(a)和分组密码(b)加密 b 位数据的基本原理

下面描述了这两种类型对称密码的基本原理。

序列密码　序列密码单独加密每个位。它是通过将密钥序列中的每个位与每个明文位相加实现的。同步序列密码的密码序列仅仅取决于密钥，而异步序列密码的密钥序列则取决于密钥和密文。如果图 2-3 中的虚线出现了，则说明该序列密码是异步序列密码。绝大多数实际中使用的序列密码都是同步序列密码，本书第 2.3 节将讨论此问题。第 5.1.4 节介绍了密码反馈(cipher Feedback，CFB)模式下异步序列密码的一个示例。

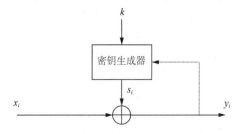

图 2-3　同步序列密码与异步序列密码

分组密码　分组密码每次使用相同的密钥加密整个明文位分组。这意味着对给定分组内任何明文位的加密都依赖于与它同在一个分组内的其他所有的明文位。实际中，绝大多数分组密码的分组长度要么是 128 位(16 字节)，比如高级加密标准(AES)，要么是 64 位(8 字节)，比如数据加密标准(DES)或三重 DES(3DES)算法。后续章节将简要介绍这些算法。

本节简要介绍了序列密码。在学习各种细节前，了解序列密码与分组密码之间的区别将有助于我们的学习。

(1) 现实生活中分组密码的使用比序列密码更为广泛，尤其是在 Internet 上计算机之间的通信加密中。

(2) 由于序列密码小而快，所以它们非常合适计算资源有限的应用，比如手机或其他小型的嵌入式设备。序列密码的一个典型示例就是 A5/1 密码，它是 GSM 手机标准的一部分，常用于语音加密。但是，序列密码有时也可用于加密 Internet 流量，尤其是分组密码 RC4。

(3) 以前，人们认为序列密码比分组密码要更高效。软件优化的序列密码的高效率意味着加密明文中的 1 位需要的处理器指令(或处理器周期)更少。对硬件优化的序列密码而言，高效率意味着在相同加密数据率的情况下，序列密码比分组密码需要的门更少(或更小的芯片区域)。然而，诸如 AES 的现代分组密码在软件实现上也非常有效。此外，有一些分组密码在硬件实现上也非常高效，比如 PRESENT，它的效率与极紧凑型分组密码相当。

2.1.2 序列密码的加密与解密

正如上文所述，序列密码是单独地加密每个明文位。现在的问题是：如何加密每个单独的位？答案也非常简单：将每个位 x_i 与一个密钥序列位 s_i 相加再使用模数 2 执行运算。

> **定义 2.1.1 序列密码的加密与解密**
>
> 明文、密文和密钥序列都是由单独的位组成，即 $x_i, y_i, s_i \in \{0, 1\}$。
>
> **加密：** $y_i = e_{s_i}(x_i) \equiv x_i + s_i \bmod 2$
>
> **解密：** $x_i = d_{s_i}(y_i) \equiv y_i + s_i \bmod 2$

由于加密函数和解密函数都是非常简单的加法模 2 运算，图 2-4 显示了分组密码的基本操作。注意：图中带加号的环表示模 2 加法。

图 2-4 使用序列密码的加密与解密

在加密和解密公式中，关于序列密码加密和解密函数有三点需要说明：

(1) 加密和解密使用相同的函数！

(2) 为什么可使用简单的模 2 加法来进行加密呢？

(3) 密钥序列位 s_i 的本质是什么？

下面关于这三点的讨论有助于我们理解一些重要的分组密码属性。

1. 为什么加密和解密使用相同的函数？

使用相同的加密函数和解密函数的原因显而易见。我们必须证明解密函数的确可以再次得到明文位 x_i。我们已知密文位 y_i 是通过加密函数 $y_i \equiv x_i + s_i \bmod 2$ 计算得到的，将这个加密表达式插入到解密函数中可得：

$$
\begin{aligned}
d_{s_i}(y_i) &\equiv y_i + s_i \bmod 2 \\
&\equiv (x_i + s_i) + s_i \bmod 2 \\
&\equiv x_i + s_i + s_i \bmod 2 \\
&\equiv x_i + 2s_i \bmod 2 \\
&\equiv x_i + 0 \bmod 2 \\
&\equiv x_i \bmod 2 \qquad Q.E.D.
\end{aligned}
$$

这里的巧妙之处在于：表达式 $(2\,s_i \bmod 2)$ 的值总是 0，因为 $2 \equiv 0 \bmod 2$。对此的另一种理解方式为：s_i 的值为 0，此时 $2s_i = 2 \cdot 0 \equiv 0 \bmod 2$；或者 $s_i = 1$，此时 $2s_i = 2 \cdot 1 = 2 \equiv 0 \bmod 2$。

2. 为什么模 2 加法会是一个很好的加密函数？

对这个问题的一个数学解释可以参见第 2.2.2 节中关于一次一密背景知识的介绍。然而，更进一步了解模 2 加法也是非常有意义的。在执行模 2 算术运算时，得到的结果只可能是 0 和 1(因为任何数除以 2 得到的余数只可能是 0 和 1)。因此，我们可以将模 2 的算术运算看做是布尔函数，比如与门(AND)、或门(OR)、与非门(NAND)等。下面将介绍模 2 加法的真值表：

x_i	s_i	$y_i \equiv x_i + s_i \bmod 2$
0	0	0
0	1	1
1	0	1
1	1	0

对大多数读者而言，这部分内容看起来应该比较熟悉：这是异或 OR(或 XOR)门的真值表。非常重要的一个事实是：模 2 加法与 XOR 运算是等价的。异或运算在现代密码学中具有非常重要的作用，本书其他章节中也会多次用到它。

现在的问题是，和与操作等相比，XOR 操作为什么会如此有用呢？假设我们想加密明文位 $x_i = 0$。通过查看真值表发现，我们一直停留在真值表的前两列，要么在第一列，要么在第二列，如表 2-1 所示。

表 2-1　异或运算的真值表

x_i	s_i	y_i
0	**0**	**0**
0	**1**	**1**
1	0	1
1	1	0

取决于密钥位，密文 y_i 要么是 0(s_i=0)要么是 1(s_i=1)。如果密钥位 s_i 完全是随机的，即 s_i 的值是不可预测的，值为 0 和 1 的概率完全相等，则密文为 0 和 1 的概率也完全相同。同样地，如果我们加密的是明文位 x_i=1，则将停留在真值表的第 3 或 4 行。此外，密文的值为 1 或 0 的概率都是 50%，这也取决于密钥序列位 s_i 的值。

值得注意的是，XOR 函数是完全均衡的，即仅观察输出值，输入位的值为 0 和 1 的概率均为 50%。这一点是 XOR 门与其他布尔函数(比如 OR 门、AND 或 NAND 门)完全不同的地方。此外，AND 和 NAND 门不是可逆的。下面来看一个序列密码加密的简单例子。

示例 2.1　Alice 想加密字母 A，其中 A 以 ASCII 码表示。A 的 ASCII 值为 65_{10}=1000001_2。进一步假设密钥序列的开头位为(s_0, …, s_6)=0101100。

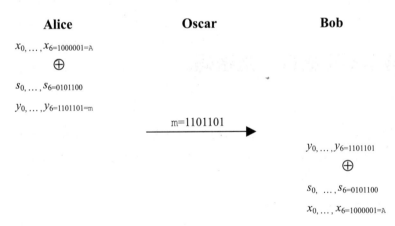

这个例子中 Alice 的加密操作为：将大写字母 A 转换为小写字母 m。在信道上进行窃听的攻击者 Oscar 只看到了密文字母 m。Bob 将使用相同的密钥序列对此密文 m 进行解密，重现明文 A。

目前你可以发现，序列密码看上去非常简单：发送者简单地接收明文，使用密钥执行 XOR 运算即可得到密文。接收方 Bob 也执行相同的操作。剩下的"唯一"需要讨论的就是上面提到的最后一个问题。

3. 密钥序列的本质究竟是什么？

事实证明，值 s_i 的生成(也称为密钥序列)是序列密码安全性的核心问题。实际上，序列密码的安全性完全取决于密钥序列。密钥序列位 s_i 本身不是密钥位。所以，我们如何得到密钥序列呢？生成密钥序列其实就是序列密码的关键所在。这是一个非常重要的主题，并将在本书的后续章节中进行讨论。然而，大家可能已经猜测到，密钥序列位的核心要求就是对攻击者而言它必须看上去是随机的。否则，攻击者 Oscar 就可以猜测到该密钥序列位，进而能自行解密。因此，我们首先需要学习有关随机数的内容。

历史回顾：序列密码最早是在 1917 年由 Gilbert Vernam 发明，不过在那个时代我们还没有称之为序列密码。Vernam 发明了一个可以自动加密电传打字机通信的电机设备。明文以纸带的形式输入到该设备中，而密钥序列则是作为第二条纸带输入到该设备中。这是历史上第一次可以在同一台机器中自动进行加密和传输。Vernam 就读于维特斯工艺学院(WPI)的电气工程专业；而巧合的是，本书的作者之一在 20 世纪 90 年代也在该校执教。序列密码有时也称作 Vernam 加密，而一次一密有时也称作 Vernam 密码。关于 Vernam 设备的更多内容，推荐阅读 Kahn [97]的书。

2.2 随机数与牢不可破的分组密码

2.2.1 随机数生成器

从前一节可知，序列密码实际的加密和解密过程都非常简单。序列密码的安全性完全取决于"合适的"密钥序列 s_0, s_1, s_2, ...。由于随机性具有十分重要的作用，我们将首先学习三种非常重要的随机数生成器(RNG)。

1. 真随机数生成器(TRNG)

真随机数生成器(TRNG)的突出特点就是它的输出是不可复制的。例如，如果我们抛 100 次硬币并将这 100 次的结果记作一个 100 位长的序列；地球上几乎没有人可以产生与这 100 位相同的序列——成功的几率为 $1/2^{100}$，这是一个极其小的概率。真随机数生成器都是基于物理过程，主要的例子包括抛硬币、掷骰子、半导体声音、数字电路中的时钟抖动和放射性衰变。密码学中通常使用 TRNG 生成会话密钥，然后在 Alice 和 Bob 之间进行分发或用于其他用途。

2. (通用的)伪随机数生成器(PRNG)

伪随机数生成器从一个初始种子值开始通过各种计算得到序列。通常，伪随机数序列是递归地执行以下计算得到的：

$$s_0 = \text{seed}$$
$$s_{i+1} = f(s_i),\ i=0,1,\ldots$$

此表达式的一个推广形式就是 $s_{i+1}=f(s_i, s_{i-1},\ldots, s_{i-t})$ 所示的生成器，其中 t 是一个固定整数。最常见的例子就是线性同余生成器：

$$s_0 = \text{seed}$$
$$s_{i+1} \equiv as_i + b \bmod 2,\ i=0,1,\ldots$$

其中，a，b，m 都是整型常量。注意，PRNG 并不是真正意义上的随机，因为它们可以计算出来，因此可以称为是计算确定的。一个广泛使用的例子就是 ANSI C 中的 $rand()$ 函数，它的参数为：

$$s_0 = 12345$$
$$s_{i+1} \equiv 1103515245s_i + 12345 \bmod 2^{31},\ i=0,1,\ldots$$

对 PRNG 的一个一般要求就是：它必须拥有良好的统计属性，意味着它的输出近乎与真随机数序列相同。有许多数学测试都可以验证 PRNG 序列的统计行为，比如卡方检验。注意，除了密码学外，伪随机数在许多其他应用中也广泛使用。例如，很多软件或 VLSI 芯片的仿真或检验都需要将随机数作为输入。这也是 PRNG 被纳入 ANSI C 规范的原因。

3. 加密安全的伪随机数生成器

加密安全的伪随机数发生器(CSPRNG)是 PRNG 的一个特例，它拥有以下额外的属性：CSPRNG 是一种不可预测的 PRNG。通俗地说，这意味着给定密钥序列 $s_i, s_{i+1},\ldots, s_{i+n-1}$ 的 n 个输出位(其中 n 为一个整数)，得到后续位 $s_{i+n}, s_{i+n+1},\ldots$ 在计算上是不可行的。更准确的定义为：给定密钥序列中 n 个连续位，不存在一个时间复杂度为多项式的算法使得成功预测下一个位 s_{n+1} 的概率超过 50%。CSPRNG 的另一个属性是，给出上述序列，计算任何之前的位 $s_{i-1}, s_{i-2},\ldots$ 在计算上都是不可行的。

注意：只有密码学中才要求 CSPRNG 具有不可预知性。在几乎所有的计算机科学或计算机工程的情况中都需要伪随机数，但并不要求其具有不可预知性。这导致很多非密码学人士都不清楚 PRNG 和 CSPRNG 之间的区别，以及这两者与序列密码的联系。几乎所有的不是专门为序列密码而设计的 PRNG 都不是 CSPRNG。

2.2.2　一次一密

下面我们将讨论，如果使用以上三种类型的随机数作为序列密钥的密钥流序列 s_0, s_1, s_2, ...的生成器，结果会如何。首先需要定义一个完美的密钥应该具有的特性。

> **定义 2.2.1　无条件安全**
>
> 如果一个密码体制在无限计算资源的情况下也不能被破译，则说明它是无条件安全的或信息理论上安全的。

无条件安全基于信息理论，并对攻击者的计算能力没有任何限制。这个定义非常简单易懂，实际上也非常直观，但要求一个密码达到无条件安全却是非常困难的。现在我们使用思想实验来看看这个问题：假设有一个密钥长度为 10 000 位的对称加密算法(序列加密或分组加密都可以)，并且唯一可行的攻击只有穷尽密钥搜索攻击，即蛮力攻击。根据第 1.3.2 节的讨论可知，128 位的密钥长度提供的长期安全性已经足够；那么，使用长度为 10 000 位的密钥进行加密是否是无条件安全的呢？答案很简单：否！由于攻击者的计算资源无限，我们可以简单地假设攻击者有 2^{10000} 台可用的计算机，每台计算机只检查一个密钥。在一个时间步长内，我们可以得到一个正确的密钥。当然，拥有 2^{10000} 台可用的计算机是不可能的，因为这个数目太过庞大(在已知宇宙内估计也只有 2^{266} 个原子)。这个密码只可能是计算安全的，而不可能是无条件安全的。

下面，我们将描述如何简单地构建一个无条件安全的密码。这个密码就是一次一密。

> **定义 2.2.2　一次一密(OTP)**
>
> 一个序列密码称为一次一密，必须满足以下条件：
> 1. 通过真随机数生成器得到密钥序列 s_0, s_1, s_2, ...;
> 2. 只有合法的通信方才知道密钥序列；
> 3. 每个密钥序列位 s_i 仅使用一次。
>
> 一次一密是无条件安全的。

证明 OTP 是无条件安全的方法非常简单，以下是该证明的概述。对每个密文位，可得到以下形式的等式：

$$y_0 \equiv x_0 + s_0 \bmod 2$$
$$y_1 \equiv x_1 + s_1 \bmod 2$$
$$\vdots$$

每个单独的关系都是有两个未知数的线性等式模 2，它们是无法求解的。即使攻击者知道了 y_0 的值(0 或 1)，他也无法确定 x_0 的值。实际上，如果 s_0 来自于一个真随机源，且值为 0 或 1 的概率都是 50%，则解 $x_0=0$ 和 $x_0=1$ 的概率也完全相同。第二个等式以及后面所有的等式情况相同。请注意，如果 s_i 的值不是真随机数，则情况将完全不同。在那种情况下，x_0，y_0 之间会存在一定的函数关系，以上等式也不是完全独立的。即使求解等式系统仍然非常困难，但它却不是可证明安全的。

现在，我们来看一个简单却完全安全的密码。据传言，在冷战期间白宫和克里姆林宫之间的红色电话就是使用 OTP 加密的。显而易见，OTP 并没有在 Web 浏览器、电子邮件加密、智能卡、手机或其他重要应用中使用，这说明它肯定存在一些缺陷。下面来看一下定义 2.2.2 给出的三个条件的含义。第一个条件意味着需要一个 TRNG，也意味着需要一个可以生成真随机位的设备，比如基于半导体白噪音的设备。由于标准 PC 没有 TRNG，这个需求可能不是那么容易满足，但肯定也能满足。第二个条件意味着 Alice 必须将此随机位安全地传给 Bob。实际中，这可能意味着 Alice 需要将真随机位烧录到 CD ROM 中，并将此 CD ROM 安全地发送到 Bob，比如通过一个可靠的信使传递给 Bob。这种方法可行但不是很好。第三个条件可能是最不切合实际的一个：密钥序列位不能被重复使用。这意味着每个明文位都需要一个密钥位！因此，一次一密的密钥长度必须和明文长度一样，这也许是 OTP 最大的缺点。即使 Alice 和 Bob 共享一个由真随机数组成的大小为 1MB 的 CD，也会很快遇到瓶颈，如果他们发送一封附件大小为 1MB 的邮件，则可以加密和解密它，但此后，他们需要再次交换真随机密钥序列。

正因为这些原因，OTP 在实际中很少使用。但是，它为安全密码提供了很好的设计思想：如果将真随机位与明文进行 XOR 操作，则攻击者肯定无法破解得到的密文。下一章节将介绍我们如何根据这个事实来构建实际中使用的序列密码。

2.2.3　关于实际序列密码

从前一节可以了解到，OTP 是无条件安全的，但它同时也存在一些缺点，这也使得它不具有实际使用意义。我们处理实际序列密码的方式就是使用伪随机数生成器替换真随机密钥序列位，其中密钥 k 是种子。实际序列密码的基本原理如图 2-5 所示。

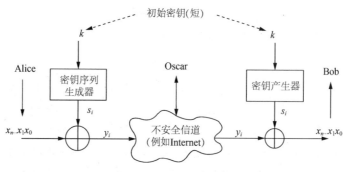

图 2-5　实际序列密码

在讲述现实世界中使用的序列密码前，需要强调的一点就是实际序列密码并不是无条件安全的。实际上，所有已知的实际加密算法(序列密码、分组密码、公钥算法)都不是无条件安全的。我们能期望的最好结果就是计算安全，其定义如下：

> **定义 2.2.3　计算安全**
>
> 　　如果为破解一个密码体制，最好的已知算法需要至少 t 个操作，则说明此密码体制是计算安全的。

这个定义看上去十分合理，但它仍存在若干问题。首先，人们通常不知道对于给定攻击而言最好的算法是哪一个。最突出的一个例子就是 RSA 公钥方案，该方案可以通过因式分解大整数破解。尽管很多因式分解算法都是已知的，但我们并不知道是否存在更好的攻击方法。其次，尽管某个攻击复杂度的下界是已知的，但我们不知道是否存在其他更强大的攻击。这一点可以从第 1.2.2 节中关于替换密码的讨论得到：尽管我们可以知道穷尽密钥搜索准确的计算复杂度，但还存在其他更强大的攻击。实际中可行的最好方法就是设计一个加密方案，并假设它是计算安全的。对于对称密码而言，这通常意味着希望穷尽密钥搜索是最好的攻击方法。

回顾一下图 2-5。这个设计模仿了一次一密(或表现跟一次一密相似)，它优于 OTP 之处在于，Alice 和 Bob 只需要交换一次密钥，并且该密钥的长度不超过 100 位，而且不见得非要与加密消息长度相同。下面将仔细研究 Alice 和 Bob 生成的密钥序列 $s_0, s_1, s_2, \ldots$ 的属性。显而易见，我们需要不同类型的随机数生成器生成密钥序列。首先需要注意，我们不能使用 TRNG，因为根据其定义 Alice 和 Bob 不可能产生相同的密钥序列。相反，我们需要确定的数字生成器，即伪随机数。下面将介绍前一节中提到的两种生成器。

1. 利用 PRNG 构建密码流

下面这个想法看上去很有希望(但实际上很没用)：许多 PRNG 都拥有良好的统计属性，这对强壮的序列密码而言是非常必要的。如果我们对密钥流序列进行统计检验，其输出结果的行为表现应该与抛硬币得到的位序列非常类似。因此，自然而然假设： PRNG 可以用来生成密钥流。但是，所有这些对序列密码而言都不足够，因为对手 Oscar 也非常聪明。考虑下面这个攻击：

示例 2.2　假设一个基于线性同余发生器的 PRNG：

$$S_0 = \text{seed}$$
$$S_{i+1} \equiv AS_i + B \bmod m, \quad i = 0, 1, \dots$$

其中选择的 m 为 100 位长，$S_i, A, B \in \{0, 1, \dots, m\text{-}1\}$。注意，如果我们仔细地选择这些参数，此 PRNG 将拥有良好的统计属性。模数 m 是加密方案的一部分，并且是公开已知的。密钥包含值(A, B)，也可能包含种子 S_0，并且每个值的长度均为 100 位。这使得总共的密钥长度为 200 位，此长度已经足够抵抗蛮力攻击。由于这是一个序列密码，Alice 可以使用以下表达式进行加密：

$$y_i \equiv x_i + s_i \bmod 2$$

其中，s_i 为 PRNG 输出符号 S_j 的二进制表示的位。

但 Oscar 可以轻易发起攻击。假如他知道明文的前 300 位(即明文的前 300/8=37.5 个字节)，比如文件头信息，或者他猜出了部分明文。由于他肯定知道密文，所以他现在可以利用以下表达式计算密钥序列的前 300 位：

$$s_i \equiv y_i + x_i \bmod m, i=1, 2, \dots, 300$$

这 300 位立刻给出了 PRNG 的前三个输出符号：$S_1 = \{s_1, \dots, s_{100}\}$，$S_2 = \{s_{101}, \dots, s_{200}\}$ 和 $S_3 = \{s_{201}, \dots, s_{300}\}$。Oscar 现在可以得到两个等式：

$$S_2 \equiv AS_1 + B \bmod m$$
$$S_3 \equiv AS_2 + B \bmod m$$

这是一个基于 $\mathbb{Z}_m$ 的线性等式系统，并拥有两个未知数 A 和 B。但这两个值都是密钥，我们可以立即求解该系统，得到：

$$A \equiv (S_2 - S_3) / (S_1 - S_2) \bmod m$$

$$B \equiv S_2 - S_1 (S_2 - S_3) / (S_1 - S_2) \bmod m$$

在 $\gcd((S_1 - S_2), m)) \neq 1$ 的情况下可以得到多个解，因为这个等式系统基于 $\mathbb{Z}_m$。然而，在绝大多数的情况下，如果得到已知明文的第四片信息，就可以唯一地检测出密钥。反过来，Oscar 可以利用找到的多个解之一来加密消息。因此，概括地讲：如果已知一些明文片段，我们就可以计算密钥并解密整个密文。

◇

这种类型的攻击正是发明 CSPRNG 表示方法的原因。

2. 利用 CSPRNG 构建密钥序列

为了抵抗上述攻击，我们可以做的就是使用 CSPRNG，因为它可以确保密钥序列是不可预测的。回顾前面的内容可知，密钥流不可预测意味着，给定密钥序列 $s_1, s_2, \ldots, s_n$ 的前 n 位输出位，不可能计算出位 $s_{n+1}, s_{n+2}, \ldots$。遗憾的是，相当一部分在密码学之外使用的伪随机数生成器都不是密码学安全的。因此，实际中我们需要使用专门设计的伪随机数生成器来生成序列密码。

现在的问题是，实际中的序列密码是怎样的？有不少文献都给出了序列密码的建议，大致可以归纳为两种：要么是针对软件实现优化的密码，要么是针对硬件实现优化的密码。在前一种情况下，计算一个密钥序列位通常需要更少的 CPU 指令；而后一种情况更倾向于使用便于硬件实现的操作。一个典型的例子就是反馈移位寄存器，将在下一节中对此进行讨论。第三种序列密码是将分组密码作为基本块来实现的。将在第 5 章中介绍的密码反馈模式、输出反馈模式和计数器模式都是来源分组密码的序列密码的示例。

人们对最先进的分组密码设计肯定比最先进的序列密码要高级很多的观点存在争论。目前，科学家设计更安全的分组密码看上去比序列密码要更容易一些。后续章节将介绍两种最常用的、标准化的分组密码，即 DES 和 AES。

2.3   基于移位寄存器的序列密码

从目前学习到的知识来看，实际序列密码使用的密钥位序列 s_1，s_2，…是通过具有某些属性的密钥流生成器得到的。一种得到长伪随机序列的简单方法就是使用线性反馈移位寄存器(LFSR)。LFSR 很容易使用硬件实现，许多序列密钥是都是利用 LFSR 来实现的，但并不是全部。最典型的一个例子就是 A5/1 密码，它也是 GSM 中的语音加密标准。我们将看到，尽管一个简单 LFSR 就可以产生拥有良好统计属性的序列，但该序列在密码体制中却是非常脆弱的。然而，LFSR 组合(比如 A5/1 或 Trivium 密码)可以得到安全的序列密码。需要强调的一点就是，构建序列密码的方法很多，本节仅介绍主流方法中的一种。

2.3.1 线性反馈移位寄存器(LFSR)

一个 LFSR 由若干时钟存储元件(触发器)和一个反馈路径组成。存储元件的数目给出了 LFSR 的度。换言之，一个拥有 m 个触发器的 LFSR 可以称为"度为 m"。反馈网络计算移位寄存器中某些触发器的 XOR 和，并将其作为上一个触发器的输入。

示例 2.3　简单 LFSR

考虑一个度 $m=3$、拥有三个触发器 FF_2、FF_1 和 FF_0，且反馈路径如图 2-6 所示的 LFSR。内部状态位由 s_i 表示，在每个时钟滴答内，内部状态位会向右移动一位。最右边的状态位也是当前的输出位。最左边的状态位则是在反馈路径中计算的，它是前面时钟周期中一些触发器值的 XOR 和。由于 XOR 是一个线性操作，这样的环路也叫线性反馈移位寄存器。假设初始状态为($s_2=1$，$s_1=0$，$s_0=0$)，表 2-2 给出了 LFSR 的完整状态序列。注意，最右边一列表示 LFSR 的输出。从这个例子中可以看出，LFSR 从第 6 个时钟周期后开始重复，这意味着 LFSR 输出的周期长度为 7，并且形式如下：

0010111　0010111　0010111

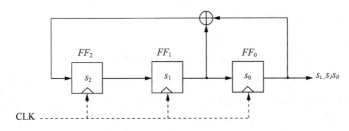

图 2-6　度为 3 且初始值为 s_2，s_1，s_0 的线性反馈移位寄存器

表 2-2　LFSR 的状态序列

Clk	FF_2	FF_1	$FF_0=s_i$
0	1	0	0
1	0	1	0
2	1	0	1
3	1	1	0
4	1	1	1
5	0	1	1
6	0	0	1
7	1	0	0
8	0	1	0

有一个简单的公式可以确定此 LFSR 的功能。假设初始状态位 s_0, s_1, s_2，下面来看如何计算输出位 s_i：

$$s_3 \equiv s_1 + s_0 \bmod 2$$
$$s_4 \equiv s_2 + s_1 \bmod 2$$
$$s_5 \equiv s_3 + s_2 \bmod 2$$
$$\vdots$$

从上面归纳可知，输出位的计算公式为：

$$s_{i+3} \equiv s_{i+1} + s_i \bmod 2$$

其中 $i = 0, 1, 2\dots$

◇

这个例子非常简单，但是我们已经从中领略了 LFSR 的很多重要属性。下面将看一下通用的 LFSR。

1. LFSR 的数学描述

图 2-7 显示了一个度为 m 的 LFSR 的通用形式。从图中可以看出，此 LFSR 拥有 m 个触发器和 m 个可能的反馈位置，并且这些触发器和反馈位置之间通过 XOR 操作连接。某条反馈路径是否活跃则取决于反馈系数 $p_0, p_1, \dots, p_{m-1}$：

- 如果 $p_i = 1$(关闭开关)，此反馈是活跃的。
- 如果 $p_i = 0$(打开开关)，对应触发器的输出将不会被反馈。

使用这种表示方法，我们可以得到反馈路径精确的数学描述。将触发器 i 的输出与它对应的系数 p_i 相乘，如果 $p_i = 1$，则其结果也是输出值(对应关闭开关)；如果 $p_i = 0$，则输出值也为 0(对应打开开关)。反馈系数的值对 LFSR 产生的输出序列非常重要。

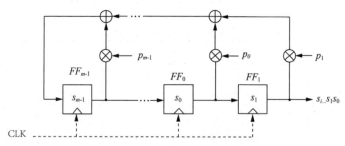

图 2-7　初始值为 $s_{m-1}, \dots, s_0$、反馈系数为 p_i 的通用 LFSR

假设某个 LFSR 初始加载的值为 $s_0, \dots, s_{m-1}$，则 LFSR 的下一个输出位 s_m(即最左边触发器的输入)可以通过触发器的输出与对应的反馈系数的积的 XOR 和计算出来：

$$s_m \equiv s_{m-1}\,p_{m-1} + \cdots + s_1\,p_1 + s_0\,p_0 \bmod 2$$

下一个 LFSR 输出的计算式为：

$$s_{m+1} \equiv s_m\,p_{m-1} + \cdots + s_2\,p_1 + s_1\,p_0 \bmod 2$$

归纳可以得出，输出序列可以描述为：

$$s_{i+m} \equiv \sum_{j=0}^{m-1} p_j \cdot s_{i+j} \bmod 2; \quad s_i, p_j \in \{0, 1\}; \quad i = 0, 1, 2, \ldots \tag{2.1}$$

显然，输出值都是前面一些输出值的组合形式。因此，LFSR 有时也称为线性递归。

由于可重复出现状态的数量有限，所以 LFSR 的输出序列会周期性重复，示例 2.3 对此进行了说明。此外，LFSR 可以生成不同长度的输出序列，具体取决于反馈系数。以下定理将 LFSR 的最大长度定义为其度的函数。

> **定理 2.3.1** 度为 m 的 LFSR 可以产生的最大序列长度为 $2^m\text{-}1$。

这个定理的证明非常简单。LFSR 的状态是由 m 个内部寄存器位唯一确定。给定某个状态，LFSR 可以确定地推断出它的下一个状态。正因为如此，只要 LFSR 得到了前一个状态，它马上就开始重复。由于一个 m 位状态向量只能得到 $2^m\text{-}1$ 个非零状态，因此在出现重复之前的最长序列长度为 $2^m\text{-}1$。注意，必须排除所有为零的状态。如果某个 LFSR 的状态是全零，它将会陷在这个状态中，即它永远都不可能离开这个状态。请记住，只有特定的设置 $(p_0, \ldots, p_{m-1})$ 才能得到最大长度的 LFSR。下面列举一个简短例子。

示例 2.4 最大长度输出序列的 LFSR

给定一个度 $m=4$，反馈路径为 $(p_3=0,\ p_2=0,\ p_1=1,\ p_0=1)$ 的 LFSR，其输出序列的周期为 $2^m\text{-}1=15$，即它是拥有最大长度的 LFSR。

$\diamondsuit$

示例 2.5 非最大长度输出序列的 LFSR

给定一个度 $m=4$，反馈路径为 $(p_3=1,\ p_2=1,\ p_1=1,\ p_0=1)$ 的 LFSR，其输出序列的周期为 5，因此，它不是一个最大长度的 LFSR。

$\diamondsuit$

LFSR 序列属性的数学背景已经超出了本书的讨论范畴。前面简要介绍了 LFSR，下面将列举其他一些事实。LFSR 通常用以下多项式来指定：反馈系数向量为 $(p_{m-1}, \ldots, p_1, p_0)$

的 LFSR 可以表示为以下多项式：

$$P(x) = x^m + p_{m-1}x^{m-1} + \ldots + p_1x + p_0$$

例如，上述例子中系数为(p_3=0，p_2=0，p_1=1，p_0=1)的 LFSR 可以表示为多项式 $x^4 + x + 1$。多项式的表示形式虽然看上去有些古怪，但却拥有不少优点。比如，最大长度 LFSR 拥有所谓的本原多项式(primitive polynomial)。本原多项式是一种特殊的不可约分多项式。可以将不可约分多项式大致比作素数，即它们仅有的因子就是 1 和多项式本身。本原多项式的计算相对简单，因此，很容易就能找到最大长度 LFSR。表 2-3 显示了 m 的值在范围 $m = 2, 3, \ldots, 128$ 内对应的本原多项式。例如，符号(0, 2, 5)表示多项式 $1 + x^2 + x^5$。注意，对每个给定的度 m 而言，可能存在多个本原多项式，比如对于度 m=31 而言，存在 69 273 666 个不同的本原多项式。

表 2-3　最大长度 LFSR 对应的本原多项式

(0,1,2)	(0,1,3,4,24)	(0,1,46)	(0,1,5,7,68)	(0,2,3,5,90)	(0,3,4,5,112)
(0,1,3)	(0,3.25)	(0,5,47)	(0,2,5,6,69)	(0,1,5,8,91)	(0,2,3,5,113)
(0,1,4)	(0,1,3,4,26)	(0,2,3,5,48)	(0,1,3,5,70)	(0,2,5,6,92)	(0,2,3,5,114)
(0,2,5)	(0,1,2,5,27)	(0,4,5,6,49)	(0,1,3,5,71)	(0,2 ,93)	(0,5,7,8,115)
(0,1,6)	(0,1,28)	(0,2,3,4,50)	(0,1,3,9,10,72)	(0,1,5,6,94)	(0,1,2,4,116)
(0,1,7)	(0,2,29)	(0,1,3,6,51)	(0,2,3,4,73)	(0,11,95)	(0,1,2,5,117)
	(0,1,30)	(0,3,52)	(0,1,2,6,74)	(0,6,9,10,96)	(0,2,5,6,118)
(0,1,9)	(0,3,31)	(0,1,2,6,53)	(0,1,3,6,75)	(0,6,97)	(0,8, 119)
(0,3,10)	(0,2,3,7,32)	(0,3,6,8,54)	(0,2,4,5,76)	(0,3,4,7,98)	(0,1,3,4,120)
(0,2,11)	(0,1,3,6,33)	(0,1,2,6,55)	(0,2,5,6,77)	(0,1,3,6,99)	(0,1,5,8,121)
(0,3,12)	(0,1,3,4,34)	(0,2,4,7,56)	(0,1,2,7,78)	(0,2,5,6,100)	(0,1,2,6,122)
(0,1,3,4,13)	(0,2,35)	(0,4,57)	(0,2,3,4,79)	(0,1,6,7,101)	(0,2,123)
(0,5,14)	(0,2,4,5,36)	(0,1,5,6,58)	(0,2,4,9,80)	(0,3,5,6,102)	(0,37,124)
(0,1,15)	(0,1,4,6,37)	(0,2,4,7,59)	(0,4,81)	(0,9,103)	(0,5,6,7,125)
(0,1,3,5,16)	(0,1,5,6,38)	(0,1,60)	(0,4,6,9,82)	(0,1,3,4,104)	(0,2,4,7,126)
(0,3,17)	(0,4,39)	(0,1,2,5,61)	(0,2,4,7,83)	(0,4 ,105)	(0,1,127)
(0,3,18)	(0,3,4,5,40)	(0,3,5,6,62)	(0,5,84)	(0,1,5,6,106)	(0,1,2,7,128)
(0,1,2,5,19)	(0,3,41)	(0,1,63)	(0,1,2,8,85)	(0,4,7,9,107)	
(0,3,20)	(0,1,2,5,42)	(0,1,3,4,64)	(0,2,5,6,86)	(0,1,4,6,108)	
(0,2,21)	(0,3,4,6,43)	(0,1,3,4,65)	(0,1,5,7,87)	(0,2,4,5,109)	
(0,1,22)	(0,5,44)	(0,3,66)	(0,8,9,11,88)	(0,1,4,6,110)	
(0,5,23)	(0,1,3,4,45)	(0,1,2,5,67)	(0,3,5,6,89)	(0,2,4,7,111)	

2.3.2 针对单个 LFSR 的已知明文攻击

顾名思义，LFSR 是线性的。线性系统是由其输入和输出之间的线性关系来决定的。由于线性依赖易于分析，使得 LFSR 在诸如通信系统的应用中具有很大的优势。然而，如果一个密码体制中的密钥位只呈现线性关系，那么该密钥会相当不安全。现在我们将探讨 LFSR 的线性行为如何导致强大的攻击。

如果将 LFSR 作为序列密码使用，密钥 k 就是反馈系数向量$(p_{m-1}, ..., p_1, p_0)$。如果攻击者 Oscar 知道某些明文和对应的密文，他就可能发起攻击。进一步假设 Oscar 知道 LFSR 的度 m，那么攻击将非常高效，他可以尝试很多可能的 m 值，因此这个假设并不是一个很重要的限制条件。假设已知明文表示为 $x_0, x_1, ..., x_{2m-1}$，它们对应的密文表示为 $y_0, y_1, ..., y_{2m-1}$。Oscar 利用这 $2m$ 对明文和密文位，就可以重构开头的 2m 个密钥序列位：

$$s_i \equiv x_i + y_i \bmod 2; \quad i = 0, 1, ..., 2m\text{-}1 \text{。}$$

现在的目标就是找出由反馈系数 p_i 给出的密钥。

等式(2.1)描述了未知密钥位 p_i 与密钥序列输出之间的关系。为方便起见，在此重复一下该等式：

$$s_{i+m} \equiv \sum_{j=0}^{m-1} p_j \cdot s_{i+j} \bmod 2; \quad s_i, p_j \in \{0, 1\}; \quad i = 0, 1, 2, ...$$

注意：每个 i 值都会得到不同的等式；此外，此等式都是线性无关的。有了这些知识，Oscar 就可以生成 i 开头 m 个值对应的 m 个等式。

$$
\begin{aligned}
i=0, \quad & s_m \equiv p_{m-1} s_{m-1} + ... + p_1 s_1 + p_0 s_0 && \bmod 2 \\
i=1, \quad & s_{m+1} \equiv p_{m-1} s_m + ... + p_1 s_2 + p_0 s_1 && \bmod 2 \\
\vdots \quad & \quad \vdots \quad \vdots && \vdots \\
i=m-1, \quad & s_{2m-1} \equiv p_{m-1} s_{2m-2} + ... + p_1 s_m + p_0 s_{m-1} && \bmod 2
\end{aligned}
\tag{2.2}
$$

Oscar 现在得到了拥有 m 个未知数 $p_0, p_1, ...p_{m-1}$ 的 m 个线性等式。Oscar 利用高斯消去、矩阵求逆或其他任何方法来求解此线性等式系统。即使 m 的值非常大，使用标准 PC 也可以很容易地做到这一点。

这种情况的后果非常严重：只要 Oscar 知道度为 m 的 LFSR 的 $2m$ 个输出位，他就可以通过仅求解一个线性等式系统来精确地构建系数 p_i。一旦 Oscar 知道了这些反馈系数，他就可以构建 LFSR，并加载他已知道的任意 m 个连续的输出位。现在，Oscar 可以计时 LFSR，并得到整个输出序列。正因为这种强大的攻击，LFSR 本身就是极其不安全的！这是一个很好的拥有良好统计属性但密码学属性非常差的 PRNG 示例。然而，它并没有丧失所有密码属性。有不少序列密码都是使用多个 LFSR 的组合构建强壮的密码体制。下一节将要介绍的 Trivium 就是一个例子。

2.3.3　Trivium

Trivium 是一个较新的序列密码，它的密钥长度为 80 位。Trivium 基于三个移位寄存器的组合。尽管它所使用的移位寄存器都是反馈移位寄存器，但与前一节所介绍的 LFSR 不同的是，Trivium 在得到每个寄存器的输出时使用了非线性组件。

1. 对 Trivium 的描述

如图 2-8 所示，Trivium 的核心就是三个移位寄存器，A，B 和 C。这三个寄存器的长度分别为 93、84 和 111 位。所有三个寄存器输出的 XOR 和构成了密钥序列 s_i。此密码的一个特征就是，每个寄存器的输出都与另一个寄存器的输入相连。因此，寄存器是以一种类似环的形式排列的。这个密码可以看作是由一个总长度为 93 + 84 + 111 = 288 的环形寄存器构成的。这三个寄存器具有类似的结构，请参见以下描述。

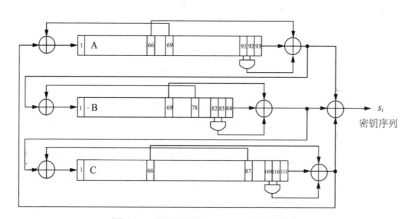

图 2-8　序列密码 Trivium 的内部结构

每个寄存器的输入是由两个位的 XOR 和计算得到的：

- 图 2-8 中另一个寄存器的输出位。比如，寄存器 A 的输出就是寄存器 B 输入的一部分。
- 特定位置的一个寄存器位被反馈给输入。表 2-4 给出了所有可能的位置，比如寄存器 A 的第 69 位被反馈给它的输入。

每个寄存器的输出是由三个位的 XOR 和计算得到的：

- 最右边的寄存器位。

- 特定位置的一个寄存器位被反馈给输出。表 2-4 给出了所有可能的位置，比如寄存器 A 的第 66 位被反馈给它的输出。
- 逻辑 AND 函数的输出，该函数的输入是两个特定的寄存器位。同样，表 2-4 也给出了 AND 门输入的位置。

表 2-4　Trivium 的规范

	寄存器长度	反馈位	前馈位	AND 输入
A	93	69	66	91，92
B	84	78	69	82，83
C	111	87	66	109，110

注意：AND 操作与乘法模 2 运算等价。如果两个未知数相乘，并且攻击者想恢复的寄存器的内容也是未知的，则产生的等式就不再是线性的，因为它们包含了两个未知数的乘积。因此，对 Trivium 的安全性而言，包含 AND 操作的前馈路径对于安全而言非常重要，因为它能抵抗发现密码线性特征的攻击；而前一节提到的简单 LFSR 则无法抵抗此攻击。

2. 使用 Trivium 加密

几乎所有的现代序列密码都拥有两个输入参数：密钥 k 和初始向量 IV。前者是每个对称密码体制中都会使用的普通密钥。而 IV 的功能与随机函数一样，每个加密会话都会产生一个新值。很重要的一点就是，IV 不需要保密，只需在每次会话时改变就行了。这样的值通常也称为 nonces，表示只使用一次的数字。nonce 主要目的为：即使在密钥不改变的情况下，此密码产生的两个密钥序列也必须不同。如果情况不是这样的话，则意味着此密码将易受以下攻击。如果攻击者从第一次加密中获得了一些明文，他就可以计算出对应的密钥序列。如果第二次加密使用了相同的密钥序列，则很容易被破解。如果不使用变化的 IV，序列密码也是高度确定的。生成 IV 的方法将在第 5.1.2 一节中进行介绍。下面来看一下运行 Trivium 的详细内容。

初始化阶段　开始时，将 80 位的 IV 加载到寄存器 A 最左边的 80 个位置和寄存器 B 最左边的 80 个位置。除了将寄存器 C 中最右边 3 位(即 109c，110c 和 111c)，置为 1 外，将其他所有寄存器的所有位都置为 0。

热身阶段　在第一阶段中，该密码计时了 $4 \times 288 = 1152$ 次，并没有产生任何密码输出。

加密阶段　自此阶段开始产生的位就构成了密钥序列，即从第 1153 周期的输出位开始。热身阶段的目的为了为了充分随机化密码，也确保密钥序列同时取决于密钥 k 和 IV。Trivium 非常吸引人的一个特征就是它的紧凑型，尤其是在硬件实现时。Trivium 主要由一个 288 位长的移位寄存器和一些布尔操作组成。据估计，此密码的硬件实现所占用的面积与 3500~5500 个门所占用的面积相当，具体取决于并行度(门等价指的是一个 2-输入的 NAND 门所占用的芯片面积)。例如，拥有 4000 门的硬件实现可以以 16 位/时钟周期的速率计算密钥序列。与绝大多数的分组密码(比如 AES)相比，这个硬件实现相对较小但却非常快。如果假设该硬件设计的主频为 125MHz，则加密速率为 16 位 × 125MHz=2G 位/秒。在软件实现中，在一个 1.5GHz 的 Intel CPU 中计算 8 个输出位大概需要 12 个时钟周期，这也使得其理论上的加密速率为 1G 位/秒。

尽管在本书撰写时还没有已知的攻击可以破解 Trivium，但必须谨记：Trivium 是一个相对较新的密码，将来很可能会出现能破解它的攻击方法。过去很多其他的序列密码都被发现是不安全的。关于 Trivium 的更多信息，请阅读[164]。

2.4　讨论及扩展阅读

已确立的序列密码：在过去数年中，尽管人们提出了很多序列密码，但真正被深入研究的方法却不多。人们提议的许多序列密码的安全性都是未知的，而且有不少序列密码已被破解。在面向软件的序列密码中，研究最深入的应该是 RC4[144]和 SEAL[120，第 6.4.1 节]。注意：尽管现实中 RC4 在正确使用的情况下是安全的，但它还是存在一些已知的缺陷[142]。而 SEAL 密码则是拥有专利的序列密码。

面向硬件的密码中存在大量基于 LFSR 的算法。人们提出的许多密码都已经被破解了，可以参考文献[8,85]了解相关介绍。A5/1 和 A5/2 就是研究得最透彻的两种算法，它们常被用于加密 GSM 手机网络中手机与基站之间的语音。A5/1 是绝大多数工业化国家使用的密码，它原本是保密的，但在 1998 年被反向工程并公布到 Internet 上。如今，A5/1 密码是临界安全的[22]；而更弱势的 A5/2 则拥有更严重的缺陷[11]。根据当前人们对密码分析的了解，这两种加密都不推荐使用。3GPP 手机通信使用了另一种不同的密码，即 A5/3(也称为 *KASUMI*)，但这个密码属于分组密码。

eSTREAM 项目使得人们对最新序列密码的较为悲观的看法有了转变，详情请见下文。

eSTREAM 项目　eSTREAM 项目的目标非常明确，就是推动序列密码设计最新知识的发展。作为此目标的一部分，人们一直在研究适合广泛使用的新型序列密码。eSTREAM 项目由 European Network of Excellence in Cryptography(ECPYPT)组织。该组织征集序列密码的活动始于 2004 年 11 月份，并于 2008 年结束。根据预期应用的不同，密码可以分为两种"配置"。

- 配置 1：针对要求高吞吐量的软件应用程序而设计的密码；

- 配置 2：针对资源有限(比如有限存储、有限门数量或有限功耗)的硬件应用程序而设计的密码。

曾经有不少密码学家强调密码中包含认证方法的重要性，为此，人们又提出了提供认证的密码的两个配置。

eSTREAM 总共收到了 34 个候选密码。在该项目结束时，人们发现有四个面向软件(配置 1)的密码拥有所希望的属性，即：HC-128、Rabbit、Salsa/12 和 SOSEMANUK。至于面向硬件的密码(配置 2)，eSTREAM 选择了以下三种密码：Grain V1、MICKEY V2 和 Trivium。注意：所有这些密码都相对较新，只有时间才能检验它们是否真正安全。这些密码的算法描述、源代码和四年评测过程的结果都可以在线获得[69]；此外还有官方书籍介绍了这些详细信息[146]。

必须牢记的是，ECRYPT 并不是一个标准机构，所以，从 eSTREAM 最终选择过程中决胜的密码也无法与 AES 相比(参见第 4.1 节)。

真随机数的生成　本节介绍了不同类型的 RNG，并发现密码安全的伪随机数生成器在序列密码中具有核心重要性。对其他密码学应用程序而言，真随机数生成器十分重要。比如，我们需要使用真随机数生成加密密钥，然后将其分发出去。许多密码与操作模式所依赖的初始值通常都从 TPNG 生成。而且，很多协议也需要源于 TRNG 的 nonce(只使用一次的数字)。所有的 TRNG 都需要利用一些熵源，即一些真正随机的过程。在过去几十年中，人们提出了许多种 TRNG 设计，而这些设计大致可以分为两类：一类是使用专门设计的硬件作为熵源的方法；另一类是利用外部随机源的 TRNG。前者的例子如具有随机行为的电路，比如基于半导体噪音，或某些不相关的振荡器。文献[104，第 5 章]包含对应的调查报告。后一类方法的例子就是在网络接口中计算触键间隔或包的到达时间的计算机系统。在使用所有的这些情况下，必须保证实际中的噪音源有足够的熵。实际中却有很多 TRNG 设计的例子，它们的随机行为很差，或引入了严重的安全漏洞，具体取决于其使用方式。有不少可用的工具[56, 125]可以用来测试 TRNG 输出序列的统计属性；当然也存在正式评估 TRNG 优劣的标准。

2.5　要点回顾

- 在绝大多数领域中，分组密码的使用比序列密码更广泛，比如 Internet 安全领域。当然也有例外的情况，比如非常流行的序列密码 RC4。
- 在某些情况下，序列密码实现比分组密码实现所需的资源(比如代码大小或芯片面积)少；所以对受限的环境而言(比如手机)，序列密码更具优势。

- 人们对密码学安全的伪随机数生成器的要求比在类似测试或仿真的其他应用中使用的伪随机数生成器的要求严格得多。
- 一次一密是可证明安全的对称密码，然而，它不适合用于绝大多数应用环境，因为其密钥长度必须和消息长度相等。
- 尽管单个 LFSR 拥有很好的统计属性，但它并不是很好的序列密码。然而，将多个 LFSR 精心地组合起来，将可以得到强大的密码。

2.6 习题

2.1 "定义 2.1.1"对序列密码的描述可以从二进制表示简单地推广到字母表中。对手动加密而言，最实用的方法就是作用于字母上的序列密码。

(1) 请设计一种操作字母 A，B,...Z 的方案，这些字母分别用数字 0,1，...25 表示。这个密钥(序列)是怎样的？对应的加密和解密函数分别是什么？

(2) 解密以下密文：

bsaspp kkuosr

使用该密钥，求解下面密文对应的明文：

rsidpy dkawoa

(3) 该年轻人是如何被谋杀的？

2.2 假设我们在一个容量为 1GB 的 CD-ROM 上存储了一个一次性密钥。请说明一次一密系统在实际生活中的意义。请解释以下问题：密钥的生命周期，在生命周期内或在生命周期后密钥的存储，以及密钥的分发与生成等。

2.3 假设一个类似 OTP 的加密，其拥有一个长度为 128 位的短密钥。会周期性地使用该密钥来加密大量数据。请描述破解此方案的攻击方式。

2.4 乍一看，穷尽密钥搜索方法似乎可以破解 OTP 系统。给定一小段信息，比如 40 位表示的 5 个 ASCII 字符，使用 40 位的 OTP 对其加密。为什么即使在计算资源充足的条件下，穷尽密钥搜索方法也不会成功？请给出准确的解释。我们已经知道 OTP 是无条件安全的，所以这是一个自相矛盾的说法。请解释蛮力攻击无法取得成功的原因。

注意：你必须解决这个悖论！这意味着类似"OTP 是无条件安全的，因此蛮力攻击不会成功"的答案是无效的。

2.5　下面分析由参数(p_2=1，p_1=0，p_0=1)指定的 LFSR 生成的伪随机序列。

(1) 初始向量(s_2=1，s_1=0，s_0=0)生成的序列是什么？

(2) 初始向量(s_2=0，s_1=1，s_0=1)生成的序列是什么？

(3) 这两个序列之间有什么联系？

2.6　假设我们拥有一个周期非常短的序列密码，碰巧我们也知道它的周期的长度在 150 位~200 位之间。假设我们对序列密码的内部结构一无所知。尤其是我们不能假设它是一个简单 LFSR。为了简单起见，假设加密的英文本文都是 ASCII 格式。

请详细描述如何破解这样的密码。请仔细说明 Oscar 需要从明文/密文知道的信息，以及他如何解密所有的密文。

2.7　对一个度为 8、反馈多项式来自于表 2-3 且初始向量值为十六进制表示的 FF 的 LFSR，请计算其前两个输出字节。

2.8　我们将利用下面这个问题更深入地研究 LFSR。LFSR 可以分为以下三种：

● 产生最大长度序列的 LFSR：它是基于本原多项式。

● 生成的序列长度不是最长，但其序列长度却与寄存器的初始值无关的 LFSR：这些 LFSR 基于非本原的不可约多项式。注意：所有的本原多项式都是不可约多项式。

● 生成的序列长度不是最长但长度与寄存器的初始值相关的 LFSR：这些 LFSR 基于不可约多项式。

下面来学习一些示例。请计算以下多项式产生的所有序列：

(1) $x^4 + x + 1$

(2) $x^4 + x^2 + 1$

(3) $x^4 + x^3 + x^2 + x + 1$

请画出以上三个多项式分别对应的 LFSR。请问其中哪个多项式是本原多项式，哪个多项式只是不可约多项式，哪个多项式是可约多项式？注意：以上每个 LFSR 产生的所有序列的总长度为 2^m-1。

2.9　给定一个使用单个 LFSR 作为密钥序列生成器的序列密码。该 LFSR 的度为 256。

(1) 发起一次成功的攻击需要多少个明文/密文位对？

(2) 请详细描述该攻击的每个步骤，并给出一个需要求解的公式。

(3) 此系统的密钥是什么？为什么不能使用 LFSR 的初始内容作为密钥或密钥的一部分？

2.10　对一个基于 LFSR 的序列密码发起一次已知明文攻击。假设我们已知发送的明文为：

```
1001    0010    0110    1101    1001    1001    0010    0110
```

通过窃听可以得到以下密文：

| 1011 | 1100 | 0011 | 0001 | 0010 | 1011 | 0001 |

(1) 此密钥生成器的度 m 为多少？

(2) 初始向量是什么？

(3) 请确定此 LFSR 的反馈系数。

(4) 请画出验证此 LFSR 输出序列的电路图。

2.11 现在我们攻击另一个基于 LFSR 的序列密码。为了方便地处理字母，26 个大写字母和数字 0，1，2，3，4，5 都使用下面的映射表示成一个 5 位向量：

$$A \leftrightarrow 0 = 00000_2$$
$$\vdots$$
$$Z \leftrightarrow 25 = 11001_2$$
$$0 \leftrightarrow 26 = 11010_2$$
$$\vdots$$
$$5 \leftrightarrow 31 = 11111_2$$

我们碰巧知道此系统的以下信息：

● 此 LFSR 的度 $m=6$。

● 每个消息都是以 WPI 头部开始。

并在信道上发现以下消息(第四个字母是 0)：

j5a0edj2b

(1) 初始向量是什么？

(2) LFSR 的反馈系数是什么？

(3) 请用你最喜欢的编程语言写一段程序生成整个序列，并找出所有明文。

(4) 在 WPI live 后面的事发生在什么地方？

(5) 我们发起的是哪种类型的攻击？

2.12 假设 Trivium 的 IV 和密钥都是由 80 位全为 0 的数组成。请计算 Trivium 热身阶段得到的前 70 位 $s_1, \ldots, s_{70}$。注意：这些位都是内部位，是不会用于加密，因为 Trivium 的热身阶段会持续 1152 个时钟周期。

第 3 章

数据加密标准与替换算法

在过去 30 年的大多数时间里，数据加密标准(Data Encryption Standard，DES)显然是最主流的分组密码。尽管如今在有恒心的攻击者眼里，DES 已经不再安全——因为它的密钥空间实在太小；但 DES 仍用于在那些历史遗留下来却又难以更新的应用中。此外，使用 DES 连续三次对数据进行加密——这个过程也称作 3DES 或三重 DES——也可以得到非常安全的密码，并且此方法在今天仍广为使用(本书的第 3.5 节将介绍 3DES)。更重要的是，由于 DES 是目前研究最透彻的对称算法，其设计理念给当前许多密码的设计提供了一定的启发作用。因此，学习 DES 也可以帮助我们更好地理解其他许多对称算法。

本章主要内容包括

- DES 的设计流程，这对理解现代密码学的技术和政治演变都有很大的帮助作用
- 分组密码的基本设计思想，包括混淆和扩散，这也是所有现代分组密码的重要属性
- DES 的内部结构，包括 Feistel 网络、S-盒和密钥编排
- DES 的安全性分析
- DES 的替换算法，包括 3DES

3.1 DES 简介

1972 年，美国标准局(NBS)——现在称为美国国家标准与技术局(*NIST*)——发起了一场温和的革命运动：NBS 发起一个请求，号召在美国实行标准密码。这个想法的初衷是找

到一个可用于多个应用领域、安全的密码学算法。当时，美国政府一直认为密码学(尤其是密码分析)对国家安全是非常重要的，所以这些信息必须保密。然而到 20 世纪 70 年代初期，商业应用(例如银行)对加密的需求异常迫切，这也使得美国政府不能不考虑经济后果地忽略它在商业上的应用。

1974 年，NBS 从 IBM 的一个密码研究小组提供的方法中找到了最合适的候选者。IBM 提交的算法基于 Lucifer 密码，而 Lucifer 是 Horst Feistel 在 20 世纪 60 年代末提出的一个密码家族，也是作用于数字数据上的首个分组密码示例。Lucifer 是一种 Feistel 密码，它使用 128 位的密钥对 64 位的分组进行加密。为了研究所提交密码的安全性，NBS 寻求美国国家安全局(*NSA*)的帮助，而国家安全局的存在性在那时还没有被承认。似乎可以肯定的是，NSA 在某种程度上影响了对密码(此密码后来重新命名为 DES)所进行的修改。修改之一就是：DES 是专门为了抵抗差分密码分析而设计的；然而，直到 1990 年差分密码攻击才被公众知晓。所以，目前人们也不清楚究竟是 IBM 自己提出了差分密码分析的知识，还是被 NSA 所指引的。据说 NSA 还说服 IBM 将 Lucifer 的密钥长度由 128 位减少为 56 位，这个做法也使得此密码很容易被蛮力攻击破解。

NSA 的介入让很多人感到担忧，因为人们担心陷阱门(即只有 NSA 知道如何破解 DES 的数学属性)才是对此密钥长度进行修改的真正原因。另一个较大的抱怨就是对密钥大小的削减。一些人推测，NSA 已经有能力搜索 2^{56} 大小的密钥空间，所以可以使用蛮力将其破解。在接下来的几十年里，绝大多数的这些顾虑都没有出现。第 3.5 节介绍了与 DES 实际安全缺陷和人们察觉到的安全缺陷有关的内容。

尽管面临很多批评和顾虑，NBS 最终于 1977 年发布了修订后的 IBM 密码的所有规范，并将它命名为数据加密标准(*FIPS PUB 46*)正式向社会公布。尽管此标准对密码的描述细化到位级别，但有部分 DES 设计(即所谓的设计标准)的动机却从未公开过，尤其是替换盒的选择部分。

随着 20 世纪 80 年代初期个人计算机的快速发展以及 DES 所有规范的逐步公开化，分析密码的内部结构变得更容易。在此期间，民间的密码学研究机构也蓬勃发展，DES 也经历了很多严格的检验。然而，直到 1990 年人们都没有发现 DES 存在任何严重的缺陷。起初，DES 标准化的有效期是 10 年，即该标准的有效期只到 1987 年。但由于 DES 的广泛使用及良好的安全性，NIST 重新声明联邦政府将对该密码的使用推迟到 1999 年；正是在那个时候，DES 最终被高级加密标准(*AES*)所取代。

混淆与扩散

在开始学习 DES 的详细内容之前，了解实现强加密而使用的基本操作是非常有帮助的。根据著名信息理论学家 Claude Shannon 的理论，强加密算法都是基于以下两种本原操作：

(1) 混淆(Confusion)：是一种使密钥与密文之间的关系尽可能模糊的加密操作。如今实现混淆常用的一个元素就是替换；这个元素在 DES 和 AES 中都有使用。

(2) 扩散(Diffusion)：是一种为了隐藏明文的统计属性而将一个明文符号的影响扩散到多个密文符号的加密操作。最简单的扩散元素就是位置换，它常用于 DES 中；而 AES 则使用更高级的 Mixcolumn 操作。

仅执行扩散的密码都是不安全的，比如移位密码(参见第 1.4.3 节)或第二次世界大战使用的密码机 Enigma。这两个密码都不是仅执行扩散的密码。然而，将扩散操作串联起来就可以建立一个更强壮的密码。将若干加密操作串联起来的思想也是 Shannon 提出的，这样的密码也叫乘积密码(Product cipher)。目前，所有的分组密码都是乘积密码，因为它们都是由对数据重复操作的轮组成的(如图 3-1)。

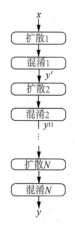

图 3-1　N 轮乘积密码的基本原理，其中每轮都执行一次扩散和混淆操作

现代分组密码都具有良好的扩散属性。从密码级别来说，这意味着修改明文中的 1 位将会导致平均一半的输出位发生改变，即第二位密文看上去与第一位密文完全没有关系。需要牢记的是，这个属性对分组密码的处理非常重要。下面将用一个简单的例子来解释这个行为。

示例 3.1　假设有一个分组长度为 8 位的小型分组密码。对两个只有 1 位差异的明文 x_1 和 x_2 而言，它们对应的加密后的密文大致如图 3-2 所示。

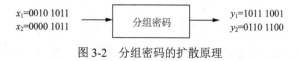

图 3-2　分组密码的扩散原理

注意：现代分组密码常用的分组长度为 64 位或 128 位，但如果有一个输入位发生翻转，不同分组长度的分组密码的行为都是一样的。

3.2 DES 算法概述

DES 是一种使用 56 位密钥对 64 位长分组进行加密的密码(如图 3-3)。

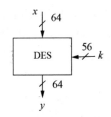

图 3-3 DES 分组密码

DES 是一种对称密码，即其加密过程和解密过程使用相同的密钥。与几乎所有现代分组加密一样，DES 也是一种迭代算法。DES 对明文中每个分组的加密过程都包含 16 轮，且每轮的操作完全相同。图 3-4 显示了 DES 的轮结构。每轮都会使用不同的子密钥，并且所有子密钥 k_i 都从主密钥 k 中推导而来的。

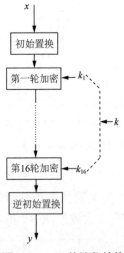

图 3-4 DES 的迭代结构

下面将更详细地介绍 DES 的内部结构，如图 3-5 所示。图中所示的结构称为 Feistel 网络。如果仔细设计这个内部结构，就可以得到非常强壮的密码。很多(但不是全部)现代分组密码都使用了 Feistel 网络(实际上，AES 不是 Feistel 密码)。除了潜在的密码学强度外，Feistel 网络的另一个优势就是它的加密过程和解密过程几乎完全相同。DES 的解密仅需要一个逆向密钥编排，这在软件和硬件实现上都是一个优势。下面将讨论 Feistel 网络。

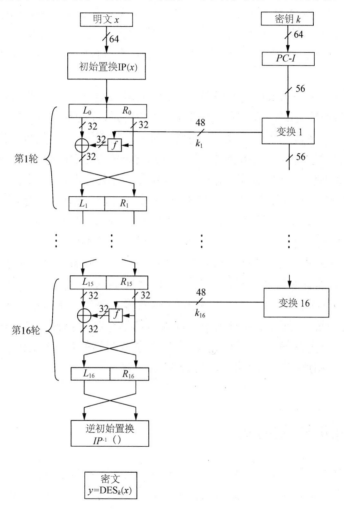

图 3-5　DES 的 Feistel 结构

将 64 位的明文 x 进行初始按位置换 IP 后，此明文会被分成 L_0 和 R_0 两部分；然后将得到的 32 位的左右两部分输入到 Feistel 网络，而 Feistel 网络包含 16 轮操作。右半部分 R_i 将被送入函数 f 中。f 函数的输出将与 32 位的左半部分 L_i 进行 XOR(通常用符号 $\oplus$ 表示)。

最后，左右两部分进行交换。后面的每轮都重复这个过程，可以表示为：

$$L_i = R_{i-1},$$
$$R_i = L_{i-1} \oplus f(R_{i-1}, k_i)$$

其中 i=1, ..., 16。经过 16 轮后，均为 32 位的左半部分 L_{16} 和右半部分 R_{16} 将再次交换，逆初始置换 IP^{-1} 是 DES 的最后一步操作。正如该符号所示，逆初始置换 IP^{-1} 是初始置换 IP 的逆操作。每轮中的轮密钥 k_i 均来自 56 位的主密钥，而这个过程则是通过密钥编排[Key schedule]实现的。

非常值得注意的是，Feistel 结构在每轮中仅加密(解密)输入位的一半，即输入的左半部分。输入的右半部分将原样复制到第二轮。尤其需要注意的是，f 函数并没有加密右半部分。为了更深入地理解 Feistel 密码的工作原理，下面这个解释非常有用：将 f 函数看作是有两个输入参数 R_{i-1} 和 k_i 的伪随机数产生器。该伪随机数产生器的输出将使用 XOR 操作来加密左半部分 L_{i-1}。从第 2 章可知，如果攻击者不能预测出 f 函数的输出，则说明此加密方法是非常强壮的。

前文提到的密码必须具备的两个基本属性，即扩散和混淆，都是在 f 函数内实现的。为了抵抗高级的分析攻击，设计 f 函数时必须十分小心。如果 f 函数的设计非常安全，Feistel 密码的安全性也会随着密钥位数目和轮数的增加而增强。

在进一步详细讨论 DES 的所有组件前，先来看一下 Feistel 网络的代数描述，这部分内容对数学背景的读者而言非常有用。每轮中使用的 Feistel 结构都将一个 64 位的输入分组双射映射到一个 64 位的输出分组(即每个可能的输入都唯一地映射到一个输出，反之亦然)。对任意函数 f 而言，即使 f 本身不是双向映射的这个映射仍然是双向映射。在 DES 中，f 函数实际上是一个满射(多对一的映射)，它使用了非线性的基本构造分组，并使用 48 位的轮密码 $k_i (1 \leq i \leq 16)$ 将 32 位的输入映射到 32 位的输出。

3.3　DES 的内部结构

DES 的结构如图 3-5 所示，它显示了 DES 的内部函数，本节会对其进行详细的介绍。DES 的基本构造元件为初始置换和逆初始置换、实际 DES 轮及其核心、f 函数以及密钥编排。

3.3.1　初始置换与逆初始置换

如图 3-6 和图 3-7 所示，初始置换 IP 与逆初始置换 IP^{-1} 都是按位置换。按位置换可以看作是简单的交叉连接。有趣的是，按位置换在硬件上很容易实现，但在软件实现上却不是很快。请注意，初始置换和逆初始置换都没有增加 DES 的安全性。尽管人们不是很清楚这两种置换存在的真正原理，但看上去它们的初衷是以字节形式排列明文、密文和位，以方便 8 位数据总线的数据读取；8 位数据总线是 20 世纪 70 年代初期最新的寄存器大小。

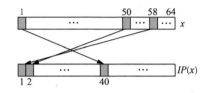

图 3-6　初始置换中位交换的示例

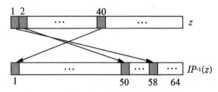

图 3-7　逆初始置换中位置换的示例

表 3-1 显示了变换 *IP* 的详情。与本章中其他所有的表一样，此表应该从左到右、从上到下地阅读。从此表中可知，输入的第 58 位将映射到第 1 个输出位置，输入的第 50 位将映射到第 2 个输出位置，依此类推。逆初始置换 IP^{-1} 的操作与 *IP* 的操作完全相反，如表 3-2 所示。

表 3-1　初始置换 *IP*

IP							
58	50	42	34	26	18	10	2
60	52	44	36	28	20	12	4
62	54	46	38	30	22	14	6
64	56	48	40	32	24	16	8
57	49	41	33	25	17	9	1
59	51	43	35	27	19	11	3
61	53	45	37	29	21	13	5
63	55	47	39	31	23	15	7

表 3-2　逆初始置换 IP^{-1}

IP^{-1}							
40	8	48	16	56	24	64	32
39	7	47	15	55	23	63	31
38	6	46	14	54	22	62	30
37	5	45	13	53	21	61	29
36	4	44	12	52	20	60	28
35	3	43	11	51	19	59	27
34	2	42	10	50	18	58	26
33	1	41	9	49	17	57	25

3.3.2　f 函数

正如前文所述，f 函数在 DES 的安全性中扮演着重要的角色。在第 i 轮中，f 函数的输入为前一轮输出的右半部分 R_{i-1} 和当前轮密钥 k_i。f 函数的输出将用作 XOR-掩码，用来加密左半部分输入位 L_{i-1}。

f 函数的结构如图 3-8 所示。首先将输入分成 8 个 4 位的分组，然后将每个分组扩展为 6 位，从而将 32 位的输入扩展为 48 位。这个过程在 E-盒中进行，E-盒是一种特殊的置换。第一个分组包含的位为(1，2，3，4)，第二个分组包含的位为(5，6，7，8)，依此类推。图 3-9 显示了将 4 位扩展为 6 位的过程。

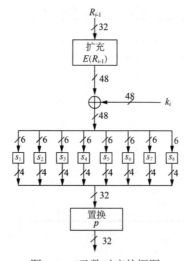

图 3-8　f 函数对应的框图

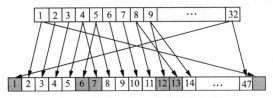

图 3-9　扩充函数 E 的位交换示例

从表 3-3 可知，32 个输入位中正好有 16 个输入位在输出中出现了两次。但是任意一个输入位都不会在同一个 6 位的输出分组出现两次。扩展盒增加了 DES 的扩散行为，因为某些输入位会影响两个不同的输出位置。

表 3-3　扩展置换 E

E					
32	1	2	3	4	5
4	5	6	7	8	9
8	9	10	11	12	13
12	13	14	15	16	17
16	17	18	19	20	21
20	21	22	23	24	25
24	25	26	27	28	29
28	29	30	31	32	1

接着将扩展得到的 48 位的结果与轮密钥 k_i 进行 XOR 操作，并将 8 个 6 位长的分组送入 8 个不同的替换盒中——这个替换盒也称为 S-盒，每个 S-盒都是一个查找表，它将 6 位的输入映射为 4 位的输出。较大的查找表肯定会有更好的加密效果，但 S-盒也会变得更大；而且 8 个 4 乘 6 的表已经接近 1974 年在单个集合电路上适用的最大尺寸。每个 S-盒包含 $2^6=64$ 项，可以表示为一个 4 行 16 列的表格。每项是一个 4 位的值。表 3-4~表 3-11 列出了所有 S-盒。请注意，所有 S-盒都不相同。图 3-10 列出了表格的读取方式：每个 6 位输入中的最重要的位(MSB)和最不重要的位(LSB)将选择表行，而 4 个内部位则选择列。该表中每个项的整数 0，1，…，15 表示的是 4 位值对应的十进制值。

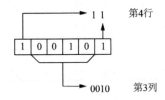

图 3-10　使用 S-盒 1 对输入 100101_2 进行解码的示例

示例 3.2 S-盒的输入 $b = (100101)_2$ 表示行 $11_2 = 3$(即第 4 行，因为起始行为 00_2)，以及列 $0010_2 = 2$(即第 3 列)。如果将输入 b 送入 S-盒 1，则输出为 $S_1(37 = 100101_2) = 8 = 1000_2$。

表 3-4 S-盒 S_1

S_1	0	1	2	3	4	5	6	7	8	9	10	11	12	13	14	15
0	14	04	13	01	02	15	11	08	03	10	06	12	05	09	00	07
1	00	15	07	04	14	02	13	01	10	06	12	11	09	05	03	08
2	04	01	14	08	13	06	02	11	15	12	09	07	03	10	05	00
3	15	12	08	02	04	09	01	07	05	11	03	14	10	00	06	13

表 3-5 S-盒 S_2

S_2	0	1	2	3	4	5	6	7	8	9	10	11	12	13	14	15
0	15	01	08	14	06	11	03	04	09	07	02	13	12	00	05	10
1	03	13	04	07	15	02	08	14	12	00	01	10	06	09	11	05
2	00	14	07	11	10	04	13	01	05	08	12	06	09	03	02	15
3	13	08	10	01	03	15	04	02	11	06	07	12	00	05	14	09

表 3-6 S-盒 S_3

S_3	0	1	2	3	4	5	6	7	8	9	10	11	12	13	14	15
0	10	00	09	14	06	03	15	05	01	13	12	07	11	04	02	08
1	13	07	00	09	03	04	06	10	02	08	05	14	12	11	15	01
2	13	06	04	09	08	15	03	00	11	01	02	12	05	10	14	07
3	01	10	13	00	06	09	08	07	04	15	14	03	11	05	02	12

表 3-7 S-盒 S_4

S_4	0	1	2	3	4	5	6	7	8	9	10	11	12	13	14	15
0	07	13	14	03	00	06	09	10	01	02	08	05	11	12	04	15
1	13	08	11	05	06	15	00	03	04	07	02	12	01	10	14	09
2	10	06	09	00	12	11	07	13	15	01	03	14	05	02	08	04
3	03	15	00	06	10	01	13	08	09	04	05	11	12	07	02	14

表 3-8　S-盒 S_5

S_5	0	1	2	3	4	5	6	7	8	9	10	11	12	13	14	15
0	02	12	04	01	07	10	11	06	08	05	03	15	13	00	14	09
1	14	11	02	12	04	07	13	01	05	00	15	10	03	09	08	06
2	04	02	01	11	10	13	07	08	15	09	12	05	06	03	00	14
3	11	08	12	07	01	14	02	13	06	15	00	09	10	04	05	03

表 3-9　S-盒 S_6

S_6	0	1	2	3	4	5	6	7	8	9	10	11	12	13	14	15
0	12	01	10	15	09	02	06	08	00	13	03	04	14	07	05	11
1	10	15	04	02	07	12	09	05	06	01	13	14	00	11	03	08
2	09	14	15	05	02	08	12	03	07	00	04	10	01	13	11	06
3	04	03	02	12	09	05	15	10	11	14	01	07	06	00	08	13

表 3-10　S-盒 S_7

S_7	0	1	2	3	4	5	6	7	8	9	10	11	12	13	14	15
0	04	11	02	14	15	00	08	13	03	12	09	07	05	10	06	01
1	13	00	11	07	04	09	01	10	14	03	05	12	02	15	08	06
2	01	04	11	13	12	03	07	14	10	15	06	08	00	05	09	02
3	06	11	13	08	01	04	10	07	09	05	00	15	14	02	03	12

表 3-11　S-盒 S_8

S_8	0	1	2	3	4	5	6	7	8	9	10	11	12	13	14	15
0	13	02	08	04	06	15	11	01	10	09	03	14	05	00	12	07
1	01	15	13	08	10	03	07	04	12	05	06	11	00	14	09	02
2	07	11	04	01	09	12	14	02	00	06	10	13	15	03	05	08
3	02	01	14	07	04	10	08	13	15	12	09	00	03	05	06	11

从密码学强度来讲，S-盒是 DES 的核心，也是该算法中唯一的非线性元素，并提供了混淆。尽管 NBS/NIST 早在 1977 年就发布 DES 的完整规范，但却从来没有完整披露过 S-盒表的选择动机。这个事实引发了人们的很多猜测，尤其是关于是否存在只有 NSA 才能破解的秘密后门的可能性或一些其他故意构造的缺陷。然而，现在我们已经知道 S-盒的设计准则如下。

(1) 每个 S-盒都有 6 个输入位和 4 个输出位。

(2) 任意一个输出位都不应该太接近于输入位的线性组合。

(3) 如果输入的最高位和最低位都是固定的，只有中间的 4 个位是可变的，则每个可能的 4 位输出值都必须只出现一次。

(4) 对于 S-盒的两个输入，如果仅有 1 位不同，则输出必须至少有两位不同。

(5) 对于 S-盒的两个输入，如果只有中间两位不同，则输出必须至少有两位不同。

(6) 对于 S-盒的两个输入，如果开头的两位不同，但最后两位相同，则输出必须不同。

(7) 对任意有 6 位非零差分的输入对，32 对输入中至多有 8 对有相同的输出差分。

(8) 8 个 S-盒对应的 32 位输出的冲突(零输出差异)只有在三个相邻的 S-盒的情况下才有可能。

请注意，这些设计标准的一部分是直到 20 世纪 90 年代才公诸于世。关于此设计标准的更多信息和细节请参见第 3.5 节。

S-盒是 DES 中最重要的元素，因为 S-盒在密码中引入了非线性，即：

$$S(a) \oplus S(b) \neq S(a \oplus b)$$

如果没有非线性构造元件，攻击者很容易就可以使用一个线性等式系统来表示 DES 的输入和输出；其中该系统密钥位是未知的。这样的系统很容易被破解，可以参见第 2.3.2 节中介绍的 LFSR 攻击。然而，人们通常会精心设计 S-盒，以便可以抵御各种高级的数学攻击，尤其是差分密码分析。有趣的是，差分密码分析直到 1990 年的一次学术论坛上才第一次被公开。当时，IBM 小组宣称设计者早在 16 年前就已经知道此攻击的存在，并说明 DES 就是专门为了抵抗差分密码分析而设计的。

最后，32 位的输出会根据表 3-12 中给出的置换 P 进行按位置换。与初始置换 IP 及其逆过程 IP^{-1} 不同，置换 P 将扩散引入到了 DES 中，因为每个 S-盒的 4 位输出都会进行置换，使得每位在下一轮中会影响多个不同的 S-盒。由扩充带来的扩散、S-盒与置换 P 可以保证，在第 5 轮结束时每个位都是每个明文位与每个密钥位的函数。这种行为也称为雪崩效应。

表 3-12　f 函数内的置换 P

P							
16	7	20	21	29	12	28	17
1	15	23	26	5	18	31	10
2	8	24	14	32	27	3	9
19	13	30	6	22	11	4	25

3.3.3　密钥编排

密钥编排从原始的 56 位密钥中得到 16 个轮密钥 k_i,其中每个轮密钥 k_i 都是 48 位。轮密钥的另一个术语叫子密钥。首先请注意,DES 的输入密钥通常是 64 位,其中每第 8 个位都作为前面 7 位的一个奇校验位。没有人清楚以这种方式规范 DES 的原因。任何情况下,这 8 个奇校验位都不是真的密钥位,也没有增加密码的安全性。所以可以说 DES 是一个 56 位的密码,而不是 64 位的。

如图 3-11 所示,首先通过忽略所有第 8 位的方式,即在初始 PC-1 置换时去掉校验位的方法,将 64 位的密钥缩短为 56 位。同样,校验位当然也没有增加密钥空间!PC-1 代表"置换选择 1"。PC-1 实现的真正位连接如表 3-13 所示。

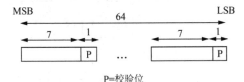

P=校验位

图 3-11　64 位输入密钥中 8 个校验位的位置

表 3-13　初始密钥置换 PC-1

				PC-1			
57	49	41	33	25	17	9	1
58	50	42	34	26	18	10	2
59	51	43	35	27	19	11	3
60	52	44	36	63	55	47	39
31	23	15	7	62	54	46	38
30	22	14	6	61	53	45	37
29	21	13	5	28	20	12	4

得到的 56 位密钥将分为 C_0 和 D_0 两部分,而图 3-12 显示了实际密钥编排开始时的操作。长度均为 28 位的左右两部分将周期性地向左移动一位或两位(即循环移位),而移动的具体位数则取决于轮数 i,其规则如下:

- 在第 i=1,2,9,16 轮中,左右两部分向左移动一位。
- 在 i≠1,2,9,16 的其他轮中,左右两部分向左移动两位。

注意,循环移位要么发生在左半部分,要么发生在右半部分。循环移动位置的总数为 $4 \cdot 1 + 12 \cdot 2 = 28$。这将带来一个有趣的属性,即 $C_0=C_{16}$ 和 $D_0=D_{16}$。这对解密密钥编排(其中子密钥都是逆序生成的)非常有用,请阅读第 3.4 节了解相关信息。

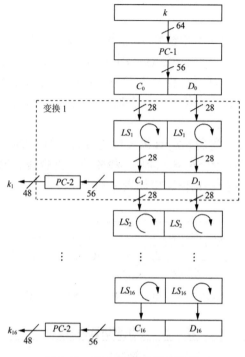

图 3-12   DES 加密的密钥编排

为了得到 48 位的轮密钥 k_i，左右两部分需要再次根据 PC-2(表示置换选择 2)进行按位置换。C_i 和 D_i 总共有 64 位，而 PC-2 忽略了其中的 8 位，只置换了 56 位。表 3-14 显示了 PC-2 中精确的位关系。

表 3-14   PC-2 的轮密钥置换

PC -2							
14	17	11	24	1	5	3	28
15	6	21	10	23	19	12	4
26	8	16	7	27	20	13	2
41	52	31	37	47	55	30	40
51	45	33	48	44	49	39	56
34	53	46	42	50	36	29	32

注意：每个轮密钥都是从输入密钥 k 中选择的 48 个置换位。密钥编排仅仅是一种系统化实现 16 轮置换的方法。密钥编排实现起来非常容易，在硬件实现上尤其如此。密钥编排的设计目的还包括使 56 个密钥位的每位都用于不同的轮密钥中；每个密钥位差不多会出现在 16 个轮密钥中的 14 个中。

3.4 解密

DES 的优势之一就是其解密过程与加密过程在本质上是完全相同的。这主要是因为 DES 是基于 Feistel 网络。图 3-13 显示了 DES 解密过程的框图。与加密相比，解密过程中只有密钥编排逆转了，即解密的第一轮需要子密钥 16；第二轮需要子密钥 15；依此类推。因此，密钥编排算法在解密模式中生成的轮密钥序列为 k_{16}, k_{15}, ..., k_1。

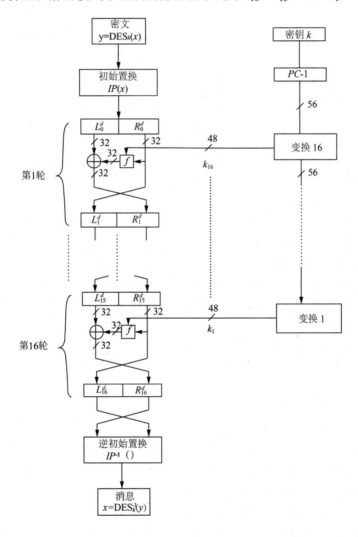

图 3-13 DES 解密

1. 逆向密钥编排

需要澄清的第一个问题是，给定一个初始 DES 密钥 k，我们是否可以方便地生成 k_{16}？请注意上面的结论 $C_0 = C_{16}$ 和 $D_0 = D_{16}$。因此，在 $PC\text{-}1$ 之后就可以直接得到 k_{16}。

$$k_{16} = PC\text{-}2(C_{16}, D_{16})$$
$$= PC\text{-}2(C_0, D_0)$$
$$= PC\text{-}2(PC-1(k))$$

计算 k_{15} 时需要中间变量 C_{15} 和 D_{15}，而这两个变量都可以由 C_{16} 和 D_{16} 经过循环右移(RS)得到：

$$k_{15} = PC\text{-}2(C_{15}, D_{15})$$
$$= PC\text{-}2(RS_2(C_{16}), RS_2(D_{16}))$$
$$= PC\text{-}2(RS_2(C_0), RS_2(D_0))$$

后面的轮密钥 k_{14}，k_{13}，…，k_1 是通过类似的方式右移得到的。在解密模式中每个轮密钥向右移动的位数为：

- 在解密的第 1 轮中，密钥不移位。
- 在解密的第 2、9 和 16 轮中，左右两部分均向右移动一位。
- 在 3、4、5、6、7、8、10、11、12、13、14 和 15 轮中，左右两部分均向右移动两位。

图 3-14 显示了解密过程中的逆向密钥编排。

2. Feistel 网络中的解密

目前我们没有解决这个核心问题：为什么解密函数本质上必须与加密函数相同呢？一个最基本的想法是，解密函数的每轮操作都是 DES 加密中对应轮的逆。这意味着解密的第一轮是加密第 16 轮的逆，解密的第二轮是加密第 15 轮的逆，依此类推。首先来看一下图 3-13 所示的解密的初始阶

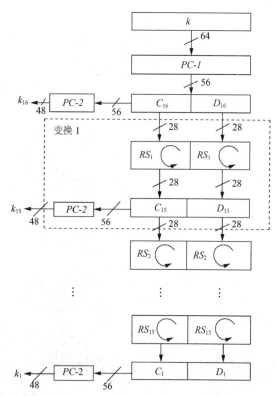

图 3-14　DES 解密过程中的逆向密钥编排

段。注意，在 DES 的最后一轮中左右两部分进行了交换：

$$(L_0^d, R_0^d) = IP(Y) = IP(IP^{-1}(R_{16}, L_{16})) = (R_{16}, L_{16})$$

因此，

$$L_0^d = R_{16}$$
$$R_0^d = L_{16} = R_{15}$$

注意：解密过程中的所有变量都注明了上标 d，而加密变量则没有上标。得到的等式简单地说明了解密过程第一轮的输入就是加密过程最后一轮的输出，因为初始置换与逆初始置换互相抵消了。下面我们将说明第一轮解密是最后一轮加密的逆。为此，我们需要将解密第一轮的输出值 L_1^d, R_1^d 表示为最后一轮加密的输入值 (L_{15}, R_{15})。第一个值很简单：

$$L_1^d = R_0^d = L_{16} = R_{15}$$

下面来看 R_1^d 是怎样计算的：

$$R_1^d = L_0^d \oplus f(R_0^d, k_{16}) = R_{16} \oplus f(L_{16}, k_{16})$$
$$R_1^d = [L_{15} \oplus f(R_{15}, k_{16})] \oplus f(R_{15}, k_{16})$$
$$R_1^d = L_{15} \oplus [f(R_{15}, k_{16}) \oplus f(R_{15}, k_{16})] = L_{15}$$

以上最后一个等式是最关键的步骤：f 函数的相同输出与 L_{15} 进行了两次 XOR 运算。由于这两个操作互相抵消了，所以得到 $R_1^d = L_{15}$。因此，我们在第一轮解密后得到的结果实际上与最后一轮加密前的结果相等。因此，可以说第一轮解密是最后一轮加密的逆。这是一个迭代的过程，接下来的 15 轮也执行相同的操作，可以表示为：

$$L_i^d = R_{16-i},$$
$$R_i^d = L_{16-i}$$

其中 $i=0, 1, \ldots, 16$。尤其需要注意的是，最后一轮解密后有以下结果：

$$L_{16}^d = R_{16-16} = R_0$$
$$R_{16}^d = L_0$$

最后，在解密过程结束时我们需要逆转初始置换：

$$IP^{-1}(R_{16}^d, L_{16}^d) = IP^{-1}(L_0, R_0) = IP^{-1}(IP(x)) = x$$

其中 x 表示 DES 加密的输入明文。

3.5 DES 的安全性

正如第 1.2.2 节中所讨论的，针对密码的攻击种类繁多。我们可以把密码攻击分为穷尽密钥搜索攻击(或蛮力攻击)与分析攻击。第 2.3.2 节将使用 LFSR 攻击介绍后者，即攻击者可以通过求解一个线性等式系统轻易地破解该序列密码。在 DES 被提出后不久，针对 DES 密码强度的批评主要围绕以下两个方面：

(1) DES 的密钥空间太小，即该算法很脆弱，易受蛮力攻击。

(2) DES S-盒的设计准则是保密的，所以有可能已经存在利用 S-盒数学属性的分析攻击，只是此攻击只有 DES 的设计者知道。

下面将讨论这两类攻击。但是，我们也已经在此给出了 DES 安全性的结论：尽管 DES 自诞生之日起就经历了许多很强的分析攻击，但至今还没发现能高效破解它的攻击方式。不过，由于利用穷尽密钥搜索攻击就可以较容易地破解单重 DES，因此，对大多数应用程序而已，单重 DES 都不再适用。

3.5.1 穷尽密钥搜索

现在看来对 DES 的第一个批评是情有可原的。IBM 提议的原始密码的密钥长度为 128 位，而将它减少为 56 位的做法很令人怀疑。1974 年的官方声明称，较短的密钥长度有助于在单个芯片上实现 DES 算法，但现在看来这个说法并没有什么可信度。首先回顾一下穷尽密钥搜索(或蛮力攻击)的基本原理：

定义 3.5.1 DES 穷尽密钥搜索

输入：至少一个明文密文对 (x, y)

输出：满足 $y=DES_k(x)$ 的 k

攻击：测试所有 2^{56} 个可能的密钥，直到以下条件成立：

$$DES_{k_i}^{-1}(y) \overset{?}{=} x, i = 0, 1, \ldots 2^{56} - 1 \, 。$$

请注意：找到错误密钥 k 的可能性很小——只有 $1/2^8$ 的几率。错误的密钥 k 指的是只能正确解密一个密文 y 而不能正确解密后续密文的密钥。如果攻击者想排除这样的可能性，必

须再使用一个明文-密文对来检查此候选密钥。本书的第 5.2 节对此进行了深入讨论。

普通计算机并不适合用来执行 2^{56} 次密钥测试,但可以选择专门用来搜索密钥的机器。说不定不少大型(政府)机构早已建立这样能在几天内破解 DES 密码的密码破译机。1977 年,Whitfield Diffie 与 Martin Hellman[59]预测构建一个价值接近 2 千万美元的穷尽密钥搜索机器也是可能的。尽管随后他们又声明,2 千万美元的成本太过乐观,但有一点从一开始就是明确的,即只要资金充裕,就可以构建出破译器。

在 CRYPTO 1993 年的最终会议上,Michael Wiener 提出了一种非常高效的密钥搜索机器设计方案,该方案使用的是管道技术。关于此设计的修订版可以参阅[174]。Michael 估测该设计的成本为一百万美元左右,而找到密钥所耗时长为 1.5 天。但这仅为一个提议,并没有实际构建实施。然而,EFF(Electronic Frontier Foundation)于 1998 年构建了一个硬件机器,叫 Deep Crack,它使用蛮力攻击可以在 56 个小时内破解 DES。图 3-15 是 Deep Crack 的图片。该机器由 1800 个集成电路构成,每个集成电路都拥有 24 个密钥测试单元。Deep Crack 的平均搜索时间为 15 天,而这台机器的成本不到 25 万美元。Deep Crack 对 DES 的成功破解可以看做是 DES 在"有决心"的攻击者眼中已经不再安全的官方说明。需要注意的是,Deep Crack 的成功破解并不代表人们在过去的 20 多年里使用的算法都非常脆弱。要以相对较低的成本构建 Deep Crack 总是可能的,因为数字硬件将越来越便宜。在 20 世纪 80 年代,不花费几百万美元是不可能构建出 DES 破译机的。据推测只有政府机构才会愿意为代码破译花费如此多的钱。

图 3-15   Deep Crack——在 1998 年破解 DES 的硬件穷尽密钥搜索机器(由 Paul Kocher 授权复制)

DES 蛮力攻击也为硬件开销的不断下降提供了很好的学习案例。在 2006 年,来自德国波鸿大学和基尔大学(本书的作者在其中也发挥了重要的作用)一个研究学者小组基于商业集成电路构建了 COPACOBANA(Cost-Optimized Parallel Code-Breaker)机器。COPACOBANA

机器破解 DES 的搜索时间平均不到 7 天。这项工作中有趣的部分在于，该机器构建的硬件成本竟然为一万美金左右。图 3-16 显示了 COPACOBANA 的图片。

图 3-16　COPACOBANA——一种成本优化的并行代码破译机

总之，56 位的密钥大小已经不足以保证当今机密数据的安全性。因此，单重 DES 只能用于要求短期安全性(比如几个小时)的应用或被加密数据价值较低的情况。然而，DES 变体仍然很安全，尤其是 3DES。

3.5.2　分析攻击

如第 1 章所述，分析攻击非常强大。随着 20 世纪 70 年代中期 DES 的引入，许多学术界的优秀学者(当然还包括很多在情报机构工作的学者)都试图找到 DES 结构中的缺陷，进而破解该密码。直到 1990 年人们也没有发现 DES 的任何缺陷，这对 DES 的设计者而言是一个很大的胜利。同年，Eli Biham 和 Adi Shamir 发现了所谓的差分密码分析(DC)。这是一种非常强大的攻击，理论上讲它可以破解任何分组密码。然而事实证明，DES 的 S-盒可以很好地抵抗这种攻击。实际上，在 DC 被公布后原来 IBM 设计组的其中一个成员透露，他们在设计时就已经意识到这种攻击的存在。据说，之所以没有向公众公布 S-盒设计标准的原因在于，设计组不想公开 DC 这种强大的攻击。如果这个声明是真的——当然所有的事实也支持这个说法——这意味着 IBM 和 NSA 小组已经领先于学术界 15 年。值得注意的是，在 20 世纪 70 年代和 80 年代只有相当少的人还在积极研究密码学。

1993 年，Mitsuru Matsui 公布了一种与 DC 相关但又不同的分析攻击，即线性分析攻击(LC)。与差分密码分析类似，这种攻击的有效性很大程度上取决于 S-盒的结构。

针对 DES 发起的这两种分析攻击有什么实际关联？实验证明，为了成功地发动一次 DC 攻击，攻击者需要 2^{47} 个明文-密文对。这个结论是基于特意选择的明文块的假设；对随机选择的明文而言，则需要 2^{55} 个明文-密文对。对 LC 而言，攻击者需要 2^{43} 个明文-密文对。所有这些数字看上去都非常不切实际，主要有以下几个原因。首先，攻击者需要知道相当多的明文，即需要被加密和保护的数据片段。第二，搜集和存储这样大的数据量需要花费相当长的时间，也需要相当大的内存资源。第三，攻击只能恢复一个密钥(这也是在密码学应用中引入密钥刷新的论据之一)。所有这些论据的结论就是，DC 和 LC 在现实世界的系统中都不可能破解 DES。然而，DC 和 LC 都是非常强大的攻击，并且它们对很多其他的分组密码也适用。表 3-15 展示了过去三十年中针对 DES 提出的和实现的攻击的概况。有些项目指的是 DES 面临的挑战。自 1997 年起，RSA 安全公司就一直在整理破译 DES 所面临的一些挑战。

表 3-15　全面的 DES 攻击的历史

时　　间	提议的攻击或实现的攻击
1977	W. Diffie 与 M. Hellman 提出了密钥搜索机器的成本评估
1990	E. Biham 与 A. Shamir 提出了一种只需要 2^{47} 个选择明文的差分密码分析
1993	M. Wiener 提出了密钥搜索机器的详细硬件设计，该机器的平均搜索时间为 36 小时，估计成本为一百万美元
1993	M. Matsui 提出了线性密码分析方法，它需要 2^{43} 个选择明文
1997.6	蛮力破解 DES 挑战赛 I；在 Internet 上的分布式攻击，耗时 4.5 个月
1998.2	蛮力破解 DES 挑战赛 II-1；在 Internet 上的分布式攻击，耗时 39 天
1998.7	蛮力破解 DES 挑战赛 II-2；EFF 耗费 25 万美元成本构建了 Deep Crack 密钥搜索机器。该攻击需要 56 个小时(平均为 15 天)
1999.1	蛮力破解 DES 挑战赛 III；结合 Deep Track Internet 上的分布式攻击，耗时 22 小时
2006.4	德国波鸿大学和基尔大学基于低廉的 FPGA，以将近一万美元的价格构建了 COPACOBANA 密钥搜索机器；平均搜索时间为 7 天

3.6　软件实现与硬件实现

下面将简单评估一下 DES 的硬件实现与软件实现。在讨论软件实现时，人们通常指的是在桌面 CPU 或类似智能卡或手机的嵌入式微处理器上运行 DES。硬件实现指的是在诸如专用集成电路(ASIC)或现场可编程门阵列(FPGA)的 IC 上运行 DES 实现。

3.6.1　软件

最简单直观的软件实现遵循大多数 DES 描述的数据流，如本章前文描述的方法；但这种方法性能通常较差。这主要是因为很多原子级的 DES 操作都涉及到位置换，尤其是 E 置换和 P 置换，这会使软件实现会变得很慢。同样，DES 中使用的小型 S-盒在硬件实现上非常高效，但在现代 CPU 上的效率却一般。为此，人们提出了许多加快 DES 软件实现的方法。其中最通常的思路就是使用一些表，这些表里的数据来自于一些 DES 操作预计算的值，比如一些 S-盒预计算的值和置换预计算的值。通常，在 32 位的 CPU 上优化后的实现加密一个分组大概需要 240 个周期。而在 2GHz 的 CPU 上，这个周期可以换算为 533Mb/s 的吞吐量，但这个数字也只是理论值。而比重 DES 更安全的 3DES 的运行速度是 DES 速度的 1/3。注意，未优化的软件实现肯定更慢，通常低于 100Mb/s。

加快 DES 软件实现的另一个值得注意的方法就是位分片(bitslicing)，它是由 Eli Biham[20]提出的。据说，300 MHz DEC Alpha 工作站上的加密速率一般为 137Mb/s，这比当时标准 DES 实现要快很多。然而，位分片的限制在于同时加密若干个分组；而这也是很多操作模式的缺陷，比如密码块链接(CBC)和输出反馈(OFB)模式(请参见第 5 章)等。

3.6.2　硬件

DES 的一个设计标准就是硬件实现的效率。类似 E 置换、P 置换、IP 置换和 IP^{-1} 置换的置换操作非常易于用硬件实现，因为它们只需要布线而不需要逻辑。小型 6 乘 4 的 S-盒在硬件实现上也相对简单，通常它们是使用布尔逻辑实现的，即逻辑门。平均来说，一个 S-盒大概需要 100 个门。

在充分利用空间的情况下，实现一轮单重 DES 需要的门可以少于 3000。如果想要更高的吞吐量，可在一个电路中实现 DES 的多个迭代轮，比如使用管道技术。在现代 ASIC 和 FPGA 中可以实现几百 Gb/s 的吞吐量。在性能频谱的另一端，少于 3000 门的小型实现也可以安装到低成本的无线电频率识别(RFID)芯片中。

3.7　DES 替换算法

除 DES 外，还存在许多其他的分组密码。尽管许多密码都有不少安全缺陷或没有经过仔细检查，但也有一些密码分组看上去很强壮。下面列出了一系列密码，读者可以根据应用需要选择感兴趣的内容阅读。

3.7.1　AES 和 AES 入围密码

到目前为止，相当多的应用都会选择 AES(Advanced Encryption Standard，高级加密标准)作为加密算法。下面将详细介绍 AES。在过去几十年中，AES 拥有三种不同的密钥长度抵抗蛮力攻击，分别为 128 位、192 位和 256 位。而且，目前还没有出现成功破译 AES 分析攻击。

AES 是公开竞争的结果，而与其他四种算法一起入围了决赛选择阶段。这四个入围的分组密钥为 Mars、RC6、Serpent 和 Twofish。所有这些密码都是密码学安全的，并且非常快，在软件实现上尤其如此。基于目前了解的情况，这些算法都值得推荐。Mars、Serpent 和 Twofish 都可供免费使用。

3.7.2　3DES 与 DESX

AES 的替换算法或 *AES* 最终入围算法就是三重 *DES*，通常表示为 3*DES*。3DES 是由三个连续的 DES 加密组成，可表示为：

$$y = DES_{k_3}(DES_{k_2}(DES_{k_1}(x)))$$

其中 k_1，k_2，k_3 是三个不同的密钥，如图 3-17 所示。

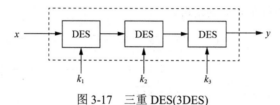

图 3-17　三重 DES(3DES)

3DES 似乎可以抵抗当时能想象到的所有蛮力攻击和分析攻击。关于两重和三重加密的更多信息请阅读第 5 章。3DES 的另一个版本为

$$y = DES_{k_3}(DES_{k_2}^{-1}(DES_{k_1}(x)))。$$

此版本的优点在于：如果 $k_3 = k_2 = k_1$，则 3DES 将执行单重 DES 加密。这在实现方式有时是非常需要的，对遗留下来而难以更新的应用而言尤其如此，因此它们通常需要支持单重 DES。3DES 在硬件实现上非常高效，但在软件实现上却不那么高效。3DES 在金融应用中非常常见，也常用来保护电子护照中的生物信息。

增强 DES 的另一种方法就是使用密钥漂白。这个方法的做法为：在 DES 算法之前和之后将明文和密文分别与另外两个 64 位密钥 k_1 和 k_2 进行 XOR 操作，并得到以下加密方案：

$$y = DES_{k,k_1,k_2}(x) = DES_k(x \oplus k_1) \oplus k_2$$

以上简单的修改使得 DES 更能抵抗穷尽密钥搜索。关于密钥漂白的更多内容请阅读第 5.3.3 节。

3.7.3　轻量级密码 PRESENT

在过去几年里人们提出了一些新的分组算法，而这些算法都可以归类为"轻量级密

码"。轻量级通常指实现复杂度非常低的算法,尤其指硬件实现方面。轻量级序列密码的一个例子就是 Trivium(第 2.3.3 节),而最有希望的分组密码就是 PRESENT,它是专门为类似 RFTD 标签或其他有严格性能或成本限制的常用计算应用而设计的(本书的作者之一就参与了 PRESENT 的设计)。

　　与 DES 不同的是,PRESENT 并非基于 Feistel 网络;相反,它是一个替换-置换网络(SP 网络),并由 31 轮组成。PRESENT 的分组长度为 64 位,并支持 80 位和 128 位两种长度的密钥。31 轮的每一轮都是由 XOR 操作组成,而 XOR 操作引入一个轮密钥 $K_i(1 \leq i \leq 32$,其中 K_{32} 是在第 31 轮后使用。)、一个非线性替换层(sBoxLayer)与线性按位置换(pLayer)。非线性层使用了一个单独的 4 位的 S-盒 S,这个 S-盒将在每轮中并行使用 16 次。密钥编排从用户提供的密钥中生成了 32 个轮密钥。密码的加密过程可以用如图 3-18 所示的伪码描述,下面将依次说明每个阶段的情况。

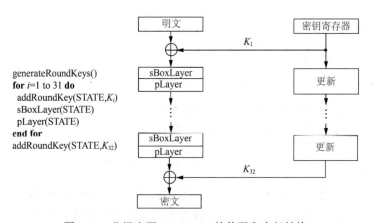

图 3-18　分组密码 PRESENT 的伪码和内部结构

addRoundKey　在每轮刚开始时,轮密钥 K_i 与当前状态进行 XOR 操作。

sBoxLayer　PRESENT 使用单个 4 位到 4 位的 S-盒。这是追求硬件效能的直接结果,因为这样的 S-盒的实现比 8 位的 S-盒的实现更紧凑。表 3-16 给出了 S-盒项对应的十六进制表示。

表 3-16　PRESENT S-盒的十六进制表示

x	0	1	2	3	4	5	6	7	8	9	A	B	C	D	E	F
S[x]	C	5	6	B	9	0	A	D	3	E	F	8	4	7	1	2

　　64 位的数据路径 $b_{63}...b_0$ 也称为状态。对 **sBoxLayer** 而言,当前状态可以看成是 16 个 4 位长的单词 $w_{15}...w_0$,其中 $w_i = b_{4*i+3} \| b_{4*i+2} \| b_{4*i+1} \| b_{4*i}$ $(0 \leq i \leq 15)$,输出为 16 个单词

$S[w_i]$。

pLayer　与 DES 类似，混合层通常被选作位置换，而位置换在硬件实现上可以极其紧凑。表 3-17 给出了 PRESENT 中使用的位置换。状态的第 i 位将被移动到第 $P(i)$ 位。

表 3-17　PRESENT 的置换层

i	0	1	2	3	4	5	6	7	8	9	10	11	12	13	14	15
$P(i)$	0	16	32	48	1	17	33	49	2	18	34	50	3	19	35	51
i	16	17	18	19	20	21	22	23	24	25	26	27	28	29	30	31
$P(i)$	4	20	36	52	5	21	37	53	6	22	38	54	7	23	39	55
i	32	33	34	35	36	37	38	39	40	41	42	43	44	45	46	47
$P(i)$	8	24	40	56	9	25	41	57	10	26	42	58	11	27	43	59
i	48	49	50	51	52	53	54	55	56	57	58	59	60	61	62	63
$P(i)$	12	28	44	60	13	29	45	61	14	30	46	62	15	31	47	63

位置换十分常见，可以用以下方式表示：

$$P(i) = \begin{cases} i \cdot 16 & \mod 63, i \in \{0,...,62\} \\ 63, & i = 63 \end{cases}$$

密钥编排　下面将描述密钥长度为 80 位的 PRESENT 的密钥编排方式。由于 PRESENT 主要用于低成本系统，这个密钥长度在大多数情况下都是合适的(关于 PRESENT-128 密钥编排的详细内容可参阅[29])。用户提供的密钥存放在一个密钥寄存器 K 中，并可表示为 $k_{79}k_{78}...k_0$。在第 i 轮中，64 位的轮密钥 $K_i = \kappa_{63}\kappa_{62}...\kappa_0$ 是由寄存器 K 当前内容最左边的 64 位组成。因此，在第 i 轮有：

$$K_i = \kappa_{63}\kappa_{62}...\kappa_0 = k_{79}k_{78}...k_{16}$$

第一个子密钥 K_1 是用户提供的 64 位密钥的直接副本。对于后续子密钥 K_2, ..., K_{32} 而言，密钥寄存器 $K = k_{79}k_{78}...k_0$ 的更新方式为：

(1) $[k_{79}k_{78}...k_1k_0] = [k_{18}k_{17}...k_{20}k_{19}]$

(2) $[k_{79}k_{78}k_{77}k_{76}] = S[k_{79}k_{78}k_{77}k_{76}]$

(3) $[k_{19}k_{18}k_{17}k_{16}k_{15}] = [k_{19}k_{18}k_{17}k_{16}k_{15}] \oplus$ round_counter

因此，密钥编排由三种操作组成：(1)密钥寄存器向左移动 61 个位置；(2)最左边的四位通过 PRESENT 的 S-盒进行传递；(3)将 round_counter 的值 i 与 K 的 $k_{19}k_{18}k_{17}k_{16}k_{15}$ 位进行 XOR 操作，其中 round_counter 最不重要的位在最右边。这个计数器是一个简单整数，取值范围为(00001，00010，...，11111)。注意，使用计数器值 00001 可以得到 K_2，使用计数器值 00010 可以得到 K_3，依此类推。

实现 由于 PRESENT 的硬件优化设计过于激进，与类似 AES 的现代密码相比，PRESENT 的软件性能并不是很具有竞争性。在频率为 1GHz 的奔腾 III CPU 上运行 C 语言编写的优化的 DES 软件实现可以获得 60 Mb/s 左右的吞吐量。然而，该实现在便宜的消费产品中常见的小型微处理器上的性能也很好。

PRESENT-80 的硬件实现大概与 1600 个门所占的面积等价[147]，其中一个 64 位明文分组的加密需要 32 个时钟周期。例如，低成本设备中典型的时钟率为 1MHz，通常可以获得 2Mb/s 的吞吐量，而这样的吞吐量对大多数这样的应用而言都是足够的。使用大概 1000 个门等价的面积就能实现该密码，其中加密一个 64 位的明文需要 547 个时钟周期。对拥有 31 个加密阶段的 PRESENT 进行完全管道化的实现可以取得每个时钟周期 64 位的吞吐量，而这样的吞吐量可以转换为大于 50Gb/s 的加密吞吐量。

尽管在撰写本书时还没有出现可以破解 PRESENT 的攻击，但是我们必须记住 PRESENT 还是一个相对较新的分组密码。

3.8 讨论及扩展阅读

DES 的历史与攻击 尽管单重 DES(注意，不是 3DES)目前只用于一些遗留的应用中，但单重 DES 的历史可以帮助我们理解密码编码学自 20 世纪 70 年代至今的演变过程：它从一个仅有政府组织研究的晦涩原理发展成一个在工业界和学术界都拥有很多研究人员的开放式原理。关于 DES 的历史概述可以阅读[165] 。针对 DES 的两种最主要的分析攻击，即差分分析和线性密码分析，也在当前破解分组密码最强壮和通用的方法之列。对分组密码理论感兴趣的读者可以研究这些攻击方法，[21, 114]都给出了很好的描述。

从本章的内容可知，DES 不应该继续使用，因为人们现在使用密码分析硬件就可以在很短的时间内、以较低的成本发起成功的蛮力攻击。非政府组织构建了两台机器，分别名为 Deep Crack 和 COPACOBANA，它们是在有限计算任务情况，构建的低成本的"超级计算机"直观例子。关于 Deep Crack 的更多信息可在 Internet[78]上找到；而关于 COPACOBANA 的更多信息则可阅读[105, 88]中的文章和网络资源[47]。对通用密码分析计算机这个引人入胜的领域感兴趣的读者，可以阅读 SHARCS(Special-purpose Hardware for Attacking Cryptographic Systems)的研讨会系列；该研讨会始于 2005 年，并提供在线资源[170]。

DES 替换算法 需要注意，在过去三十年中——尤其是在 20 世纪 80 年代末和 90 年代——人们提出了数百种分组密码。DES 对很多其他加密算法的设计都产生了很大的影响。即使说当前成功的分组密码都从 DES 借鉴了不少想法也不足为过。不少主流的分组密码也是基于 Feistel 网络，比如 AES。Feistel 网络的示例包括 Blowfish、CAST、KASUMI、Mars、MISTY1、Twofish 和 RC6。一个众所周知且与 DES 完全不同的密码就是 IDEA：它将 3 种不同的代数结构作为原子操作。

DES 是硬件实现上非常高效的分组密码的一个绝佳示例。普适计算的到来增加了应用中对超小型密码的需求，比如 RFID 标签或低成本的智能卡，例如高容量的公共交通支付车票。PRESENT 相关的优秀参考文献为[29, 147]。除 PRESENT 外，其他最近提议的小型分组密码还包括 Clefia[48]、HIGHT[93]和 mCrypton[111]。关于轻量级密码编码学新领域的概述，请查阅调查[71,98]。而对轻量级算法更深层次的论述可在博士论文[135]中找到。

实现　关于 DES 的软件实现，早期的一份参考文献是[20]。实现 DES 更高级的技术描述可以参阅[106]。位分片是一种功能非常强大的方法，不仅可以用于 DES，而且对其他大多数密码也适用。

关于 DES 硬件实现的一份久远但至今仍十分有趣的文献是[169]。在各种硬件平台上高效实现 DES 的描述有很多，包括 FPGA[163]、标准 ASIC 以及很多新颖的半导体技术[67]。

3.9　要点回顾

- 从 20 世纪 70 年代中期到 20 世纪 90 年代中期，DES 一直都是主流的对称加密算法。由于 56 位密钥不再安全，于是人们创建了 AES。

- 如今，使用穷尽密钥搜索就可以比较容易地破解密钥长度为 56 位的标准 DES。

- DES 非常强壮，能够抵抗目前已知的各种分析攻击：实际上，使用差分密码分析或线性密码分析破解 DES 也是非常困难的。

- DES 软件实现的效率一般，但其硬件实现则非常快，而且所需的硬件体积也非常小。

- 连续三次使用 DES 进行加密就可得到 3DES；目前已知的实际攻击都不能破解3DES。

- 当前"默认的"对称密码通常指的是 AES。此外，其他 4 种入围的 AES 密码看上去都非常安全和高效。

- 从 2005 年起，人们提出了几种轻量级密码。这些密码非常适用于资源有限的应用领域。

3.10 习题

3.1 如第 3.5.2 节所述,保证 DES 安全的一个重要属性就是 S-盒是非线性的。本题将通过计算若干输入对所对应的 S_1 的输出来验证这个属性。

请证明对于以下 x_1 和 x_2 而言,有 $S_1(x_1) \oplus S_1(x_2) \neq S_1(x_1 \oplus x_2)$,其中:$\oplus$ 表示按位 XOR 运算:

(1) x_1=000000,x_2=000001

(2) x_1=111111,x_2=100000

(3) x_1=101010,x_2=010101

3.2 我们想验证 $IP(\cdot)$ 和 $IP^{-1}(\cdot)$ 真的是互为逆操作。考虑一个 64 位的向量 $x=(x_1, x_2, \ldots, x_{64})$。请验证 x 的前 5 位 x_i,其中 i=1,2,3,4,5,满足 $IP^{-1}(IP(x))=x$。

3.3 如果明文和密钥都是全 0,DES 算法第一轮的输出是什么?

3.4 如果明文和密钥都是全 1,DES 算法第一轮的输出是什么?

3.5 请记住,良好的分组密码应该使一个输入位的改变会影响到多个输出位,这个属性也叫扩散或雪崩效应。现在让我们更直观地感受一下 DES 的雪崩属性。假设我们使用了一个第 57 位为 1 其他全为零的输入单词,密钥也为零(注意:输入单词必须贯穿初始置换)。

(1) 与提供的明文为全零相比,有多少个 S-盒得到的输入是不同的?

(2) 根据 S-盒的设计标准相比,S-盒的输出位最少有多少位将发生改变?

(3) 第一轮之后的输出是什么?

(4) 与明文全部为 0 的情况相比,第一轮后的输出位中有多少位真的发生了改变? (请注意:这里只考虑了单轮的情况。每经过新的一轮,越来越多的输出会不一样,这就叫雪崩效应。)

3.6 密钥最好能拥有雪崩效应:在明文未发生改变的情况下,单个密钥位的改变会产生完全不同的密文。

(1) 假设使用一个给定密钥进行加密。现在假设位置 1 上的密钥位发生了翻转(在 PC-1 之前),在 DES 加密第几轮的哪个 S-盒受到了这个位翻转的影响?

(2) 在 DES 解密期间,第几轮的哪个 S-盒受到了这个位翻转的影响?

3.7 如果加密过程和解密过程的操作相同,那么 DES 的密钥 K_w 就称为弱密钥。

$$对所有的\ x, \quad DES_{K_w}(x) = DES_{K_w}^{-1}(x) \tag{3.1}$$

(1) 请描述在满足等式(3.1)的情况下，加密算法和解密算法中子密钥之间的关系。

(2) 总共有四个弱 DES 密钥，分别是什么？

(3) 随机选择一个密钥是弱密钥的可能性是多少？

3.8　在输入和输出的按位实现上，DES 拥有一个奇怪的属性。我们将在下面这个问题中研究该属性。

假设将整数 A 的按位补码表示为 A'，$\oplus$ 表示按位 XOR。我们想证明如果

$$y = \text{DES}_k(x)$$

则

$$y' = \text{DES}_{k'}(x'). \tag{3.2}$$

这说明，如果对明文和密钥求补，则密文输出也将是原始密文的补码。你的任务是证明这个属性。

请使用下面的步骤证明这个属性。

(1) 请证明对任何等长的字符串 A 和 B，有
$$A' \oplus B' = A \oplus B$$
　　和
$$A' \oplus B = (A \oplus B)'。$$

下面的步骤都需要这两个操作。

(2) 请证明 $PC-1(k') = (PC-1(k))'$。

(3) 请证明 $LS_i(C'_{i-1}) = (LS_i(C_{i-1}))'$。

(4) 使用上面两个结果证明：如果 k_i 为来自于 k 的密钥，则 k'_i 也来自于 k'，其中 $i = 1$, 2, …, 16。

(5) 请证明 $IP(x') = (IP(x))'$。

(6) 请证明 $E(R'_i) = (E(R_i))'$。

(7) 请使用上面的所有结果证明，如果 R_{i-1}，L_{i-1}，k_i 生成 R_i，则 R'_{i-1}，L'_{i-1}，k'_i 生成 R'_i。

(8) 请证明等式(3.2)成立。

3.9　假设我们使用一个明文-密文对，对 DES 发起已知明文攻击。如果我们使用最直接的穷尽密钥搜索攻击，请问在最坏的情况下我们需要尝试多少个密钥才能成功？那平均情况下需要尝试多少个密钥？

3.10 这个问题将研究现实应用中 DES 硬件实现所需要的时钟频率。DES 实现的速度主要取决于执行一次核心迭代所需要的时间。这个硬件内核将连续使用 16 次，进而得到加密后的输出(另一种替换方法是构建一个拥有 16 个阶段的硬件管道，导致硬件开销增加 16 倍)。

(1) 假设一个时间周期内可以执行一次核心迭代。请写出以 r[位/秒]的数据率加密一个数据流所需的时钟频率的表达式。忽略初始置换和逆初始置换所需的时间。

(2) 加密一个以 1Gb/s 的速率运行的快速网络链路所需的时钟频率是多少？如果我们想支持 8Gb/s 的速率，则需要的时钟频率是多少？

3.11 正如 COPACOBANA[105]的例子所示，从货币的角度来说密钥搜索机器的开销总是有限的。现在考虑针对 DES 的一个运行在 COPACOBANA 上的简单蛮力攻击。

(1) 假设 COPACOBANA 的实现细节如下，请计算对 DES 进行穷尽密钥搜索的平均运行时间。

- 拥有 20 个 FPGA 模块的 COPACOBANA 平台
- 每个 FPGA 模块拥有 6 个 PFGA
- 每个 FPGA 有 4 个 DES 引擎
- 每个 DES 引擎都完全管道化，并能够在一个时钟周期内执行一次加密
- 100MHz 时钟频率

(2) 如果平均搜索时间为 1 个小时，请问我们需要多少个 COPACOBANA 机器？

(3) 为什么密钥搜索机器的任何设计都仅包含上限安全临界值？这里的上限安全临界值指的是一种(复杂度)测量方式，它描述了给定加密算法所能提供的最大安全性。

3.12 这个问题将研究现实世界中的情形。20 世纪 90 年代初的商业文件加密程序使用的是密钥为 56 位的标准 DES。在那时，执行一次穷尽密钥搜索比现在要困难得多，因此，这个长度的密钥对某些应用而言已经足够。不幸的是，密钥生成的实现存在一些缺陷，这也是我们准备分析的。假设传统 PC 每秒可以测试 10^6 个密钥。

这个密钥是从由 8 个字符组成的密码生成的。该密钥是 8 个 ASCII 字符的简单连接，得到了 $64 = 8 \cdot 8$ 个密钥位。在密钥编排的置换 PC-1 中，每个长度为 8 位的字符的最不重要位都被忽略了，进而生成一个 56 位的密钥。

(1) 如果所有的 8 个字符都是随机选择的 8 位 ASCII 字符，请问该密钥的密钥空间是多少？使用单个 PC 进行密钥搜索平均需要多长时间？

(2) 如果 8 个字符都是随机选择的 7 位 ASCII 字符(即最重要位始终为零)，则使用多少个密钥位？使用单个 PC 进行密钥搜索平均需要多长时间？

(3) 除了第二部分的限制外，如果使用的字符只有字母，请问该密钥的密钥空间是多少？此外，遗憾的是，在软件中生成密钥之前，所有字母都会被转换成大写字母。

3.13　这个问题处理的是轻量级密码 PRESENT。

(1) 请计算执行一轮后 PRESENT-80 的状态。你可以使用纸和笔利用下面的表来解答这个问题。请使用下面的值(十六进制表示)

明文 = 0000 0000 0000 0000，

密钥 = BBBB 5555 5555 EEEE FFFF。

明文	0000　0000　0000　0000

轮密钥	
KeyAdd 后的状态	
S-层后的状态	
P-层后的状态	

(2) 请使用下面的表计算第二轮的轮密钥。

明文	BBBB　5555　5555　EEEE　FFFF

循环移位后的密钥状态	
S-盒后的密钥状态	
CounterAdd 后的密钥状态	
第二轮的轮密钥	

第 4 章

高级加密标准

高级加密标准(AES)是目前使用最为广泛的一种对称密码。尽管 AES 名称中的术语"标准"仅仅是对美国政府应用而言，但有些商业系统也强制使用 AES 分组密码。此外，AES 还可用于多种商业系统。除了 AES 外，商业标准还包括 Internet 安全标准 IPsec、TLS、Wi-Fi 加密标准 IEEE 802.11i、安全外壳网络协议 SSH(安全外壳)、Internet 手机 Skype 和世界上的各种安全产品。到目前为止，已知的针对 AES 最有效的攻击就是蛮力攻击。

 本章主要内容包括

- 美国对称加密标准 AES 的设计过程
- AES 的解密函数与解密函数
- AES 的内部结构，即：
  - ·字节代换层
  - ·扩散层
  - ·密钥加法层
  - ·密钥编排
- 伽罗瓦域的基本知识点
- AES 实现的效率

4.1 引言

美国国家标准与技术研究院(NIST)于 1999 年指出，只应该将 DES 用于历史遗留下来的系统，而其他系统都应该使用三重 DES(3DES)。尽管 3DES 能够抵抗利用当前技术发起的蛮力攻击，但它仍然存在一些问题。首先，3DES 的软件实现并不十分高效。DES 已经不适合软件实现，而 3DES 实现所需要的时间是 DES 的三倍多。DES 的第二个缺点就是它的分组大小相对较小，一般每个分组是 64 位，这在某些应用领域中是一个很大的缺陷，比如在使用分组密码构建哈希函数时(参见第 11.3.2 节)。最后，如果使用量子计算机攻击 DES(量子计算机在几十年后有可能成为现实)，密钥长度最好应该接近 256 位。所有这些顾虑导致 NIST 得出这样的结论：需要一个全新的分组密码来替换 DES。

1997 年，NIST 提出向社会征集新的高级密码标准(AES)。与 DES 的发展不同，AES 算法的选择是 NIST 发起的一个公开过程。在接下来的三轮 AES 评估中，NIST 与国际科学协会一起研讨了竞选者提交的各种密码的优缺点，缩小了可能候选者的数量。2001 年，NIST 宣布分组密码 Rijndael 成为新的 AES，并公布它是最终胜利的标准(FIPS PUB 197)。Rijndael 是由比利时的两位年轻密码学家所设计的。

在密码标准征集中，所有 AES 候选提交方案都必须满足以下要求：

- 分组大小为 128 位的分组密码
- 必须支持三种密码长度：128 位，192 位和 256 位
- 比提交的其他算法更安全
- 在软件和硬件实现上都很高效

号召人们提交合适算法的邀请以及对 DES 继承者的后续评估过程都是完全公开的。AES 选择过程的一个简要年代表如下：

- 1997 年 1 月 2 日，NIST 发布了对新分组密码的需求。
- 1997 年 9 月 12 日，NIST 正式发布了 AES 的征集令。
- 截止到 1998 年 8 月 20 日，多个国家的研究人员总共提交了 15 个候选算法。
- 1999 年 8 月 9 日，NIST 公布了最终进入决赛的五个算法：
  - IBM 公司提交的 Mars
  - RSA 实验室提交的 RC6
  - Joan Daemen 和 Vincent Rijmen 提交的 Rijndael
  - Ross Anderson、Eli Biham 和 Lars Knudsen 提交的 Serpent
  - Bruce Schneier、John Kelsey、Doug Whiting，David Wagner、Chris Hall 和 Niels Ferguson 提交的 Twofish
- 2000 年 10 月 2 日，NIST 宣布选择 Rijndael 作为 AES。
- 2001 年 9 月 26 日，AES 被正式批准为美国联邦标准。

NIST 希望 AES 在接下来的几十年里可以成为在很多商业应用中占据主导地位的对称密码算法。值得注意的是，2003 年美国国家安全局(NSA)宣布，允许使用密钥为任意长度

的 AES 将秘密级别的文档加密为机密(SECRET)级别；使用密钥长度为 192 或 256 位的 AES 将秘密级别的文档加密为绝密级别(CTOP SECRET)。而在此之前，只有非公开的算法才能用来加密秘密文档。

4.2 AES 算法概述

AES 密码与分组密码 Rijndael 基本上完全一致。Rijndael 分组大小和密钥大小都可以为 128、192 或 256 位。然而，AES 标准只要求分组大小为 128 位。因此，只有分组长度为 128 位的 Rijndael 才称为 AES 算法。本章剩余的内容将只讨论分组长度为 128 位的 Rijndael 的标准版本。图 4-1 显示了 AES 输入/输出参数。

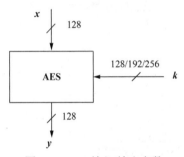

图 4-1 AES 输入/输出参数

前文已经提到过，Rijndael 必须同时支持三种密钥长度，因为这是 NIST 的设计要求。根据表 4-1 可知，密码内部轮的数量是密钥长度的函数。

表 4-1 AES 的密钥长度和轮数

密 钥 长 度	轮数=n_r
128 位	10
192 位	12
256 位	14

与 DES 相反，AES 不具有 Feistel 结构。Feistel 网络在每轮迭代中并没有加密整个分组，比如单轮 DES 只加密了 64/2=32 位。而 AES 在一次迭代中就加密了所有 128 位。这也是为什么 AES 的轮数比 DES 少的原因。

AES 是由所谓的层组成，每一层操纵数据路径对应的所有 128 位。人们也常将数据路径称为算法状态。AES 总共有三种不同类型的层。除了第一轮外，其他每轮都是由如图 4-2

所示的三层组成：明文用 x 表示，密文用 y 表示，轮数用 n_r 表示。此外，最后一轮 n_r 并没有使用 MixColumn 变换，而这种方式使得解密方案和解密方案正好对称。

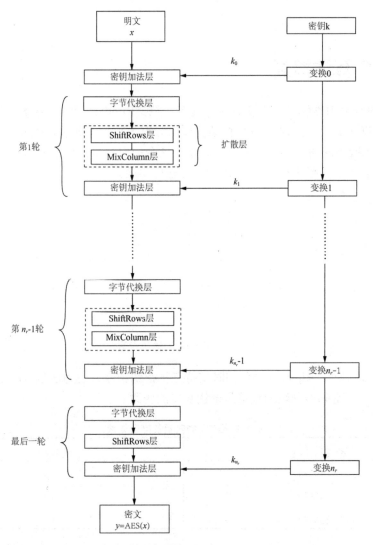

图 4-2 AES 的加密框图

下面将继续简单介绍每一层：

密钥加法层 128 位轮密钥(或子密钥)来自于密钥编排中的主密钥，它将与状态进行异或操作。

字节代换层(S-盒)　状态中的每个元素都使用具有特殊数学属性的查找表进行非线性变换。这种方法将混淆引入数据中,即它可以保证对单个状态位的修改可以迅速传播到整个数据路径中。

扩散层　为所有状态位提供扩散。它由两个子层组成,每个子层都执行线性操作:

- ShiftRows(行移位变化)层在位级别进行数据置换。
- MixColumn(列混淆变化)层是一个混淆操作,它合并(混合)了长度为四个字节的分组。

与 DES 类似,AES 密钥编排也从原始 AES 密钥中计算出轮密钥或子密钥$(k_0, k_1, \ldots k_{n_r})$。

在进一步描述各层的内部功能(第 4.4 节)前,我们首先要介绍一个新的数学概念,即伽罗瓦域(Galois field)。AES 层内的所有操作都需要伽罗瓦域的计算。

4.3　一些数学知识:伽罗瓦域简介

AES 的绝大多数层内都会用到伽罗瓦域运算,尤其是在 S-盒层和 MixColumn 层。因此,为了更深入地理解 AES 的内部结构,在继续学习第 4.4 节的算法前我们首先需要简单地介绍一下伽罗瓦域。初步理解 AES 并不需要有伽罗瓦域的背景知识,所以读者可以跳过此节的内容。

4.3.1　有限域的存在性

有限域有时也称为伽罗瓦域,它指的是拥有有限个元素的集合。大致来讲,伽罗瓦域是一个由有限个元素组成的集合,在这个集合内可以执行加、减、乘和逆操作。在介绍域的定义前,我们首先需要理解一个更简单的代数结构概念,即群。图 4-2 显示了 AES 的加密框图。

> **定义 4.3.1　群(Group)**
>
> 群指的是元素集合 G 及 G 内任意两个元素的联合操作。的集合。群具有以下特性:
>
> 1. 群操作。是封闭的,即对所有的 $a,b, \in G$,$a \circ b = c \in G$ 始终成立。
> 2. 群操作是可结合的,即对所有的 $a,b, c \in G$ 都有 $a \circ (b \circ c) = (a \circ b) \circ c$。
> 3. 存在一个元素 $1 \in G$,对所有 $a \in G$ 都满足 $a \circ 1 = 1 \circ a$。此元素 1 称为中性元(或单位元)。
> 4. 对每个 $a \in G$,都存在一个元素 $a^{-1} \in G$,使得 $a \circ a^{-1} = a^{-1} \circ a = 1$,而 a^{-1} 就称为 a 的逆元。
> 5. 在上面的特性的基础上,如果对所有的 $a, b \in G$ 都有 $a \circ b = b \circ a$,则称此群为阿贝尔群(或交换群)。

概括地讲，群就是一个操作及对应逆操作的集合。如果该操作为加法，其逆操作就是减法；如果该操作是乘法，其逆操作则为除法(或与其逆元的乘法)。

示例 4.1 整数集合 $\mathbb{Z}_m = \{0,1,...,m-1\}$ 与操作加法模 m 组成了一个中性元为 0 的群。每个元素 a 都存在一个逆元 $-a$，使得 $a + (-a) = 0 \bmod m$。请注意，这个整数集合与乘法操作并不能构成群，因此绝大多数的元素 a 都不存在满足 $aa^{-1} = 1 \bmod m$ 的逆元。

◇

为使一个结构同时支持四种基本算术运算(即加、减、乘、除)，我们需要一个同时包含加法与乘法群的集合，这也是我们常说的域(field)。

定义 4.3.2 域(field)

域 F 是拥有以下特性的元素的集合。

- F 中的所有元素形成一个加法阿贝尔群，对应的群操作为"+"，中性元为 0。
- F 中除 0 外的所有元素构成了一个乘法阿贝尔群，对应的群操作为"×"，中性元为 1。
- 当混合使用这两种群操作时，分配定理始终成立，即对所有的 $a, b, c \in F$，都有 $a(b+c) = (ab) + (ac)$。

示例 4.2 实数集合 $\mathbb{R}$ 是一个域，其加法群中的中性元为 0，乘法群中的中性元为 1。每个实数 a 都有一个加法逆元，称为 $-a$；并且每个非零元素 a 都有一个乘法逆元 $1/a$。

◇

在密码编码学中，我们基本上只对拥有有限个元素的域感兴趣，而这样的域也称为有限域或伽罗瓦域。域所包含元素的个数称为域的阶或基。下面这个定理非常重要：

定理 4.3.1 只有当 m 是一个素数幂时，即 $m = p^n$(其中 n 为正整数，p 为素数)，阶为 m 的域才存在。P 称为这个有限域的特征。

此定理意味着有限域的元素个数可以为 11 或 81(因为 $81 = 3^4$)或 256(因为 $256=2^8$，并且 2 是素数)等等。但是，拥有 12 个元素的有限域是不存在的，因为 $12 = 2^2 \cdot 3$，因此 12 也不是一个素数幂。本章剩余部分将介绍有限域的构建方式；更重要的是介绍如何在有限域内进行算术运算，这才是我们的最终目的。

4.3.2　素域

有限域最直观的例子就是阶为素数的域，即 $n = 1$ 的域。域 $GF(p)$ 的元素可以用整数 0，1，…，p-1 来表示。域的两种操作就是模整数加法和整数乘法模 p。

> **定理 4.3.2**　假设 p 是一个素数，整数环 $\mathbb{Z}_p$ 表示为 $GF(p)$，也称为是拥有素数个元素的素数域或伽罗瓦域。$GF(p)$ 中所有的非零元素都存在逆元，$GF(p)$ 内的算术运算都是模 p 实现的。

这意味着第 1.4.2 节介绍的整数环 $\mathbb{Z}_m$，即运算为整数模加法和模乘法的整数且 m 也正好是素数，$\mathbb{Z}_m$ 不仅是一个环，而且也是一个有限域。

为了在素域中进行算术运算，我们必须遵循整数环的以下规则：加法和乘法都是通过模 p 实现的；任何一个元素 a 的加法逆元由 $a + (-a) = 0 \bmod p$ 给出；任何一个非零元素 a 的乘法逆元定义为 $a \cdot a^{-1} = 1$。下面列举一个素域的示例。

示例 4.3　对于有限域 $GF(5) = \{0, 1, 2, 3, 4\}$，下面的表格描述了如何计算两个元素之间的加法和乘法结果，以及求解域元素的加法逆元和乘法逆元的方法。利用这些表格，我们可以在不明确使用模约简的情况下完成该域内的所有计算。

加法

+	0	1	2	3	4
0	0	1	2	3	4
1	1	2	3	4	0
2	2	3	4	0	1
3	3	4	0	1	2
4	4	0	1	2	3

加法逆元

$-0 = 0$
$-1 = 4$
$-2 = 3$
$-3 = 2$
$-4 = 1$

乘法

×	0	1	2	3	4
0	0	0	0	0	0
1	0	1	2	3	4
2	0	2	4	1	3
3	0	3	1	4	2
4	0	4	3	2	1

乘法逆元

0^{-1} 不存在
$1^{-1} = 1$
$2^{-1} = 3$
$3^{-1} = 2$
$4^{-1} = 4$

◇

$GF(2)$ 是一个非常重要的素域，它也是存在的最小的有限域。下面来看该域对应的乘法表和加法表。

示例 4.4 考虑一个小的有限域 $GF(2) = \{0,1\}$。算术运算是通过模 2 实现的，并得到以下算术表：

加法		
+	0	1
0	0	1
1	1	0

乘法		
×	0	1
0	0	0
1	0	1

从第 2 章的序列密码可知，$GF(2)$的加法，即模 2 加法，与异或(XOR)门等价。而从上面的示例可以看出 $GF(2)$乘法与逻辑与(AND)门等价。域 $GF(2)$对 AES 而言至关重要。

4.3.3 扩展域 GF(2^m)

在 AES 中包含 256 个元素的有限域可以表示为 $GF(2^8)$。选择这个有限域的原因在于，该域中的每个元素都可以用一个字节表示。在 S-盒和 MixColumn 变换中，AES 将内部数据路径的每个字节均表示为域 $GF(2^8)$中的一个元素，并利用此有限域中的算术运算操作数据。

然而，如果有限域的阶不是素数，2^8 很显然也不是一个素数，则此有限域内的加法和乘法操作就不能用整数加法模 2^8 和乘法模 2^8 表示。$m > 1$ 的域称为扩展域。为了处理扩展域，我们需要(1)使用不同的符号表示此域内的元素；(2)使用不同的规则执行此域内元素的算术运算。我们将在下面看到，扩展域的元素可以用多项式表示；并且扩展域内的计算也可以通过某种多项式运算得到。

在扩展域 $GF(2^m)$中，元素并不是用整数表示的，而是用系数为域 $GF(2)$中元素的多项式表示。这个多项式最大的度为 $m-1$，所以，每个元素共有 m 个系数。在 AES 使用的域 $GF(2^8)$中，每个元素 $A \in GF(2^8)$都可表示为：

$$A(x) = a_7 x^7 + \cdots + a_1 x + a_0, \quad a_i \in GF(2) = \{0,1\}。$$

请注意：这样的多项式共有 $256 = 2^8$ 个。这 256 个多项式的集合就是有限域 $GF(2^8)$。我们注意到，每个多项式都可以按一个 8 位向量的数字形式存储：

$$A = (a_7, a_6, a_5, a_4, a_3, a_2, a_1, a_0)。$$

尤其是诸如 x^7、x^6 等因子都无需存储，因为从位的位置就可以清楚地地判断出每个系数对应的幂 x^i。

4.3.4　GF(2^m)内的加法与减法

下面来看一下扩展域中的加法与减法。AES 的密钥加法层使用了加法；事实证明，扩展域中的加法与减法操作都十分简单：通过标准的多项式加法和减法即可得到，即仅需将 x 幂次相同的系数进行相加或相减即可。而且这些系数的加法或减法操作都是在底层域 $GF(2)$ 内完成的。

定义 4.3.3　扩展域中的加法与减法

假设 $A(x)$，$B(x) \in GF(2^m)$，计算两个元素之和的方法为：

$$C(x) = A(x) + B(x) = \sum_{i=0}^{m-1} c_i x^i, \quad c_i \equiv a_i + b_i \bmod 2$$

而两个元素之差的计算方式为：

$$C(x) = A(x) - B(x) = \sum_{i=0}^{m-1} c_i x^i, \quad c_i \equiv a_i - b_i \equiv a_i + b_i \bmod 2 \, 。$$

注意：上面系数执行的是模 2 加法(或减法)。从第 2 章可知，模 2 加法与模 2 减法其实是相同的。此外，模 2 加法与按位 XOR 或等价。下面列举 AES 中使用的域 $GF(2^8)$ 的一个示例：

示例 4.5　下面是计算 $GF(2^8)$ 中两个元素之和 $C(x) = A(x) + B(x)$ 的方法：

$$
\begin{aligned}
A(x) &= x^7 + x^6 + x^4 + 1 \\
B(x) &= x^4 + x^2 + 1 \\
\hline
C(x) &= x^7 + x^6 + x^2
\end{aligned}
$$

$\diamondsuit$

注意：如果计算上例中两个多项式的差 $A(x)-B(x)$，将得到与其和相同的结果。

4.3.5　GF(2^m)内的乘法

$GF(2^8)$ 内的乘法是 AES MixColumn 变换的核心操作。首先使用标准多项式乘法准则将有限域 $GF(2^m)$ 的两个元素(使用多项式表示)相乘：

$$A(x) \cdot B(x) = (a_{m-1}x^{m-1} + \cdots + a_0) \cdot (b_{m-1}x^{m-1} + \cdots + b_0)$$

$$C'(x) = c'_{2m-2} \, x^{2m-2} + \cdots + c'_0,$$

其中，

$$c'_0 = a_0 b_0 \bmod 2$$

$$c_1' = a_0 b_1 + a_1 b_0 \bmod 2$$

$$\vdots$$

$$c_{2m-2}' = a_{m-1} b_{m-1} \bmod 2 。$$

注意：所有系数 a_i、b_i 和 c_i 都是 $GF(2)$ 中的元素，并且系数的算术运算都是在 $GF(2)$ 内完成的。通常，乘积多项式 $C(x)$ 的度会大于 $m-1$，因此需要进行化简。而化简的基本思想与素域内的乘法情况相似：在 $GF(p)$ 中，将两个整数相乘得到的结果除以一个素数，并且只考虑最后的余数。而扩展域中进行的操作为：将两个多项式相乘的结果除以一个多项式，并且只考虑多项式除法得到的余数。模约简需要不可约多项式。回顾第 2.3.1 节可知，不可约多项式大致可以看作为素数，即它们仅有的因子就是 1 和多项式本身。

定义 4.3.4　扩展域乘法

假设 $A(x)$，$B(x) \in GF(2^m)$，且

$$P(x) \equiv \sum_{i=0}^{m} p_i x^i , \qquad p_i \in GF(2)$$

是一个不可约多项式。两个元素 $A(x)$ 和 $B(x)$ 的乘法运算为：
$$C(x) \equiv A(x) \cdot B(x) \bmod P(x) 。$$

因此，每个域 $GF(2^m)$ 都需要一个度为 m、且系数来自 $GF(2)$ 的不可约多项式 $P(x)$。注意：不是所有的多项式都是不可约多项式。例如，多项式 $x^4 + x^3 + x + 1$ 是可约的，因为

$$x^4 + x^3 + x + 1 = (x^2 + x + 1)\,(x^2 + 1)$$

因此，它不能用来构建扩展域 $GF(2^4)$。由于本原多项式是一种特殊的不可约多项式，表 2-3 中所列出来的多项式都可以用来构建域 $GF(2^m)$。AES 使用的不可约多项式为

$$P(x) = x^8 + x^4 + x^3 + x + 1$$

它是 AES 规范的一部分。

示例 4.6　我们想要将域 $GF(2^4)$ 中的两个多项式 $A(x) = x^3 + x^2 + 1$ 和 $B(x) = x^2 + x$ 相乘，此伽罗瓦域内的不可约多项式为：

$$P(x) = x^4 + x + 1 。$$

普通多项式乘积的计算方式为：

$$C'(x) = A(x) \cdot B(x) = x^5 + x^3 + x^2 + x 。$$

现在可以使用之前学习的多项式除法化简 $C'(x)$。然而，有时对主项 x^4 和 x^5 分别化简会更容易计算：

$$x^4 = 1 \cdot P(x) + (x+1)$$
$$x^4 \equiv x+1 \bmod P(x)$$
$$x^5 \equiv x^2 + x \bmod P(x)。$$

下面只需将 x^5 化简后的表达式插入到中间结果 $C'(x)$ 中：

$$C(x) \equiv x^5 + x^3 + x^2 + x \bmod P(x)$$
$$C(x) \equiv (x^2 + x) + (x^3 + x^2 + x) = x^3$$
$$A(x) \cdot B(x) \equiv x^3。$$

◇

注意，切勿将 $GF(2^m)$ 内的乘法与整数乘法混为一谈，在考虑伽罗瓦域软件实现时尤其如此。回顾前面的内容可知，多项式(即域元素)通常都是以位向量的方式存储于计算机中。而从前一个例子中的乘法可以看出，下面的非典型操作也是在位级别执行的：

$$
\begin{array}{ccccc}
A & \cdot & B & = & C \\
(x^3 + x^2 + 1) & \cdot & (x^2 + x) & = & x^3 \\
(1\,1\,0\,1) & \cdot & (0\,1\,1\,0) & = & (1\,0\,0\,0)。
\end{array}
$$

这种计算方式与整数算术运算完全不同。如果将多项式表示为整数，即 $(1101)_2 = 13_{10}$，$(0110)_2 = 6_{10}$，则结果为 $(1001110)_2 = 78_{10}$。显然，这个结果与伽罗瓦域中的乘积不同。因此，尽管我们可将域元素表示为整型数据类型，却不能使用整数算术运算来计算。

4.3.6 GF(2^m)内的逆操作

$GF(2^8)$ 中的逆操作是字节代换变换的核心操作，而字节代换变换包含了 AES 的 S-盒。给定一个有限域 $GF(2^m)$ 与其对应的不可约简化多项式 $P(x)$，任何一个非零元素 $A \in GF(2^m)$ 的逆元定义为：

$$A^{-1}(x) \cdot A(x) = 1 \bmod P(x)。$$

对小型域而言——实际上它通常指是元素个数不超过 2^{16} 的域——一般使用查找表就已足够，该查找表包含了使用预计算得到的域内所有元素的逆元。表 4-2 显示了 AES 的 S-盒中使用的所有值。此表包含了 $GF(2^8)$ 模 $P(x) = x^8 + x^4 + x^3 + x + 1$(十六进制表示)的所有逆元。其中一个特例就是域元素 0 的项，因为它的逆元并不存在。然而，AES 的 S-盒需要一个定义了每个可能输入值的代换表。因此，设计者将 S-盒定义为输入值 0 对应的输出值也为 0。

表 4-2　AES S-盒内使用的字节 xy 对应的 $GF(2^8)$ 中的乘法逆元表

								Y								
	0	1	2	3	4	5	6	7	8	9	A	B	C	D	E	F
0	00	01	8D	F6	CB	52	7B	Dl	E8	4F	29	C0	B0	El	E5	C7
1	74	B4	AA	4B	99	2B	60	5F	58	3F	FD	CC	FF	40	EE	B2
2	3A	6E	5A	Fl	55	4D	A8	C9	Cl	0A	98	15	30	44	A2	C2
3	2C	45	92	6C	F3	39	66	42	F2	35	20	6F	77	BB	59	19
4	1D	FE	37	67	2D	31	F5	69	A7	64	AB	13	54	25	E9	09
5	ED	5C	05	CA	4C	24	87	BF	18	3E	22	F0	51	EC	61	17
6	16	5E	AF	D3	49	A6	36	43	F4	47	91	DF	33	93	21	3B
7	79	B7	97	85	10	B5	BA	3C	B6	70	D0	06	Al	FA	81	82
X 8	83	7E	7F	80	96	73	BE	56	98	9E	95	D9	F7	02	B9	A4
9	DE	6A	32	6D	D8	8A	84	72	2A	14	9F	88	F9	DC	89	9A
A	FB	7C	2E	C3	8F	B8	65	48	26	C8	12	4A	CE	E7	D2	62
B	0C	E0	1F	EF	11	75	78	71	A5	8E	76	3D	BD	BC	86	57
C	0B	28	2F	A3	DA	D4	E4	0F	A9	27	53	04	1B	FC	AC	E6
D	7A	07	AE	63	C5	DB	E2	EA	94	8B	C4	D5	9D	F8	90	6B
E	B1	0D	D6	EB	C6	0E	CF	AD	08	4E	D7	E3	5D	50	1E	B3
F	5B	23	38	34	68	46	03	8C	DD	9C	7D	A0	CD	lA	41	1C

示例 4.7　从表 4-2 可知，

$$x^7 + x^6 + x = (1100\ 0010)_2 = (C2)_{hex} = (xy)$$

的逆元可以从第 C 行，第 2 列的元素得到：

$$(2F)_{hex} = (0010\ 1111)_2 = x^5 + x^3 + x^2 + x + 1。$$

可使用以下乘法对上述结果进行验证：

$$(x^7 + x^6 + x) \cdot (x^5 + x^3 + x^2 + x + 1) \equiv 1 \bmod P(x)。$$

◇

注意：以上的表并不包含 S-盒本身，S-盒比较复杂，将在第 4.4.1 节中予以介绍。

除使用查找表外，另一种方法就是直接计算逆元。计算乘法逆元的主要算法就是扩展的欧几里得算法，这部分内容将在第 6.3.1 节进行介绍。

4.4　AES 的内部结构

　　下面将介绍 AES 的内部结构。图4-3 显示了单轮 AES 的结构图。16字节的输入 $A_0,...,A_{15}$ 按字节输入到 S-盒中。16 字节的输出 $B_0,...,B_{15}$ 先在 ShiftRows 层按字节进行置换，然后由 MixColumn 变换 $c(x)$进行混淆。最后将 128 位的子密钥 k_i 与中间结果进行异或计算。从这里可以发现，AES 是一个面向字节的密码。

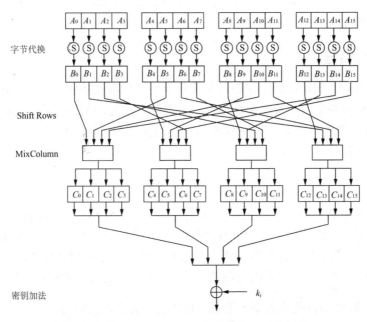

图 4-3　第 1，2，…，n_r-1 轮对应的 AES 轮函数

　　DES 使用了大量的位置换，可以看做是拥有面向位的结构，而 AES 则与其完全相反。

　　为了理解数据在 AES 内部的传递方式，首先假设状态 A(即 128 位的数据路径)是由 16 个字节 $A_0,A_1,...,A_{15}$ 按照 4 字节乘 4 字节的矩阵方式组成的：

A_0	A_4	A_8	A_{12}
A_1	A_5	A_9	A_{13}
A_2	A_6	A_{10}	A_{14}
A_3	A_7	A_{11}	A_{15}

　　从下面的内容可知，AES 操作的元素是当前状态矩阵的行或列。同样，密钥字节也是

以矩阵方式排列，其行数为 4，列数可以为 4(128 位的密钥)、6(192 位的密钥)或 8(256 位的密钥)。例如，下面显示了长度为 192 位的密钥对应的状态矩阵：

K_0	K_4	K_8	K_{12}	K_{16}	K_{20}
K_1	K_5	K_9	K_{13}	K_{17}	K_{21}
K_2	K_6	K_{10}	K_{14}	K_{18}	K_{22}
K_3	K_7	K_{11}	K_{15}	K_{19}	K_{23}

下面将讨论每层的作用。

4.4.1 字节代换层

如图 4-3 所示，每轮的第一层都是字节代换层。字节代换层可以看做是 16 个并行的 S-盒，且每个 S-盒的输出和输出都是 8 位。值得注意的是，AES 使用的 16 个 S-盒是完全相同的，而 DES 则使用了 8 个不同的 S-盒。在这一层中，每个状态字节 A_i 都被替换或代换为另一个字节 B_i：

$$S(A_i) = B_i。$$

S-盒是 AES 中唯一的非线性元素，即对两个状态 A 和 B，ByteSub(A) + ByteSub(B) ≠ ByteSub($A + B$)成立。S-盒代换是一个双向映射，即 2^8 = 256 个可能的输入元素都与一个输出元素一一对应。这个属性允许我们唯一地逆转 S-盒，这也是解密操作所需要的。在软件实现中，S-盒通常使用一个拥有固定项的、256 位乘 8 位的查找表实现，如表 4-3 所示。

示例 4.8 假设 S-盒的输入字节为 $A_i = (C2)_{hex}$，则其代换值为：

$$S((C2)_{hex}) = (25)_{hex}。$$

请记住：加密过程最重要的就是对位的操作，所以，此代换对应的位操作可以表述为：
$$S(1100\ 0010) = (0010\ 0101)。$$

◇

表 4-3　AES 的 S-盒：输入字节(xy)对应的十六进制表示的代换值

								y								
		0	1	2	3	4	5	6	7	8	9	A	B	C	D	E	F
	0	63	7C	77	7B	F2	6B	6F	C5	30	01	67	2B	FE	D7	AB	76

(续表)

		0	1	2	3	4	5	6	*y* 7	8	9	A	B	C	D	E	F
	1	CA	82	C9	7D	FA	59	47	F0	AD	D4	A2	AF	9C	A4	72	C0
	2	B7	FD	93	26	36	3F	F7	CC	34	A5	E5	Fl	71	D8	31	15
	3	04	C7	23	C3	18	96	05	9A	07	12	80	E2	EB	27	B2	75
	4	09	83	2C	lA	lB	6E	5A	A0	52	3B	D6	83	29	E3	2F	84
	5	53	D1	00	ED	20	FC	B1	5B	6A	CB	BE	39	4A	4C	58	CF
	6	D0	EF	AA	FB	43	4D	33	85	45	F9	01	7F	50	3C	9F	A8
	7	51	A3	40	8F	92	9D	38	F5	BC	B6	DA	21	10	FF	F3	D2
x	8	CD	0C	13	EC	5F	97	44	17	C4	A7	7E	3D	64	5D	19	73
	9	60	81	4F	DC	22	2A	90	88	46	EE	B8	14	DE	5E	0B	DB
	A	E0	32	3A	0A	49	06	24	5C	C2	D3	AC	62	91	95	E4	79
	B	E7	C8	37	6D	8D	D5	4E	A9	6C	56	F4	EA	65	7A	AE	08
	C	BA	78	25	2E	1C	A6	B4	C6	E8	DD	74	1F	4B	BD	8B	8A
	D	70	3E	B5	66	48	03	F6	0E	61	35	57	B9	86	C1	1D	9E
	E	E1	F8	98	11	69	D9	BE	94	9B	1E	87	E9	CE	55	28	DF
	F	8C	A1	89	0D	BF	E6	42	68	41	99	2D	0F	B0	54	BB	16

尽管 S-盒是双射的，但并没有固定点，即不存在满足 $S(A_i) = A_i$ 的输入值 A_i。即使 0 零输入也不是一个固定的点：$S(0000\ 0000) = (0110\ 0011)$。

示例 4.9 假设字节代换层的输入为十六进制表示的：

$$(C2, C2,\ldots, C2)$$

则对应的输出状态为：

$$(25, 25, \ldots, 25)。$$

◇

S-盒的数学描述 对 S-盒项的构建方式感兴趣的读者可参考下面的详细论述。然而，这些论述对初步理解 AES 而言并不是必须的，你可以酌情跳过本小节剩余的内容。DES 的 S-盒本质上是满足某些特性的随机表，而 AES 则完全不同，它的 S-盒具有非常强的代数结构。AES 的 S-盒可以看做是一个两步的数学变换(如图 4-4 所示)。

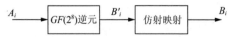

图 4-4 AES S-盒计算函数 $B_i = S(A_i)$对应的两个操作

代换的第一部分是伽罗瓦域逆操作，与之相关的数学知识已经在第 4.3.2 节中介绍过。每个输入元素 A_i 的逆元计算方法为：$B_i' = A_i^{-1}$，其中 A_i 和 B_i' 都可以看做是拥有固定的不可约多项式 $P(x) = x^8 + x^4 + x^3 + x + 1$ 的域 $GF(2^8)$ 中的元素。表 4-2 给出了包含所有逆元的查找表。注意：零元素的逆元不存在。但是，AES 中定义零元素 $A_i = 0$ 映射到自身。

在代换的第二部分中，每个字节 B_i' 首先与一个常量位矩阵相乘，然后再与一个 8 位的常向量相加。这个操作可以描述为：

$$
\begin{pmatrix} b_0 \\ b_1 \\ b_2 \\ b_3 \\ b_4 \\ b_5 \\ b_6 \\ b_7 \end{pmatrix} \equiv \begin{pmatrix} 10001111 \\ 11000111 \\ 11100011 \\ 11110001 \\ 11111000 \\ 01111100 \\ 00111110 \\ 00011111 \end{pmatrix} \begin{pmatrix} b_0' \\ b_1' \\ b_2' \\ b_3' \\ b_4' \\ b_5' \\ b_6' \\ b_7' \end{pmatrix} + \begin{pmatrix} 1 \\ 1 \\ 0 \\ 0 \\ 0 \\ 1 \\ 1 \\ 0 \end{pmatrix} \bmod 2
$$

注意：$B' = (b_7', ..., b_0')$ 是 $B_i'(x) = A_i^{-1}(x)$ 的按位向量表示。第二个步骤也称为仿射映射。下面列举一个例子来说明 S-盒的计算方式。

示例 4.10   假设 S-盒的输入为 $A_i = (1100\ 0010)_2 = (C2)_{hex}$。根据表 4-2 可知，其对应的逆元为：

$$
A_i^{-1} = B_i' = (2F)_{hex} = (00101111)_2 \ 。
$$

现在将 B_i' 位向量作为输入应用到仿射变换中。注意，B_i' 中最不重要的位 b_0' 在最右边的位置。

$$
B_i = (0010\ 0101) = (25)_{hex}
$$

因此，$S((C2)_{hex}) = (25)_{hex}$，而这也正是表 4-3 中的 S-盒给出的结果。

◇

如果对 S-盒所有 256 个可能的输入元素都执行这两步计算，并将得到的结果存储起来，就可得到表 4-3。在绝大多数的 AES 实现中，尤其是实际中所有的 AES 软件实现，S-盒的输出都不是显式计算得到的(如此处所示)，而是利用类似表 4-3 的查找表得到的。然而，在硬件实现方面，使用数字电路实现 S-盒有时更具优势，因为数字电路实际上先计算逆元，再进行仿射映射。

将 $GF(2^8)$ 中的逆元用作字节代换层核心功能的优势在于，它提供了高度的非线性，能防御一些目前已知的最强的分析攻击。仿射步骤"破坏"了伽罗瓦域的代数结构，进而能抵抗针对有限域逆元的攻击。

4.4.2　扩散层

AES 的扩散层由两个子层组成的：ShiftRow(行移位)变换和 MixColumn(列混淆)变换。回顾一下，扩散指的是将单个位的影响扩散到整个状态中。与非线性的 S-盒不同，扩散层对状态矩阵 A 和 B 执行的是线性操作，即 $\mathrm{DIFF}(A) + \mathrm{DIFF}(B) = \mathrm{DIFF}(A + B)$。

1. ShiftRow 子层

ShiftRow 变换循环往复地将状态矩阵的第二行向右移动三个字节，将第三行向右移动两个字节，将第四行向右移动一个字节。在行移位变换中，状态矩阵的第一行保持不变。行移位变换的目的就是增加 AES 的扩散属性。如果行移位子层的输入为状态矩阵 $B = (B_0, B_1, ..., B_{15})$：

B_0	B_4	B_8	B_{12}
B_1	B_5	B_9	B_{13}
B_2	B_6	B_{10}	B_{14}
B_3	B_7	B_{11}	B_{15}

则输出是一个新状态：

B_0	B_4	B_8	B_{12}	位置不变
B_5	B_9	B_{13}	B_1	→向右移动三个位置
B_{10}	B_{14}	B_2	B_6	→向右移动两个位置
B_{15}	B_3	$B7$	B_{11}	→向右移动一个位置

$$(4.1)$$

2. MixColumn 子层

MixColumn 步骤是一个线性变换，它混淆了状态矩阵的每一列。由于每个输入字节都影响了四个输出字节，MixColumn 操作是 AES 中的主要扩散元素。ShiftRow 子层与 MixColumn 子层的组合使得三轮以后，状态矩阵的每个字节都依赖于所有 16 个明文字节成为可能。

下面将 16 字节的输入状态表示为 B，而将 16 字节的输出状态表示为 C：

$$\text{MixColumn}(B) = C,$$

其中 B 是表达式(4.1)表示的 ShiftRow 操作后的状态。

现在，长度为 4 字节的每列都可以看作是一个向量，并与一个固定的 4×4 的矩阵相乘。此矩阵包含常量的项。系数的乘法和加法都在 $GF(2^8)$ 中完成。现在来看一下开始四个输出字节的计算方式：

$$\begin{pmatrix} C_0 \\ C_1 \\ C_2 \\ C_3 \end{pmatrix} = \begin{pmatrix} 02 & 03 & 01 & 01 \\ 01 & 02 & 03 & 01 \\ 01 & 01 & 02 & 03 \\ 03 & 01 & 01 & 02 \end{pmatrix} \begin{pmatrix} B_0 \\ B_5 \\ B_{10} \\ B_{15} \end{pmatrix}$$

输出字节(C_4, C_5, C_6, C_7)的第二列是通过四个输入字节(B_4, B_9, B_{14}, B_3)与同一个常数矩阵相乘得到的，依此类推。图 4-3 显示了四个列混淆操作中分别使用的输入字节。

向量-矩阵乘法形成了 MixColumn 操作，下面将讨论此乘法的详细内容。回顾前面的内容可知，每个状态字节 C_i 和 B_i 都为 8 位的数值，它们表示的都是 $GF(2^8)$ 中的元素。所有涉及系数的算术运算都是在伽罗瓦域内完成的。矩阵中的常数通常使用十六进制表示："01"指的是系数为(0000 0001)$GF(2^8)$的多项式，即伽罗瓦域中的元素 1；"02"指的是位向量为(0000 0010)的多项式，即指多项式 x；"03"指的是位向量为(0000 0011)的多项式，即伽罗瓦域中的元素 $x+1$。

向量-矩阵乘法中的加法也是 $GF(2^8)$ 中的加法，即对应字节进行简单的按位 XOR 操作。为了实现常量的乘法，首先需要实现与常量 01、02 和 03 的乘法。这个做法的效率非常高，实际中这三个常量通常会选择易于软件实现的数值。与 01 的乘法就是与单位元的乘法，并没有涉及其他显式操作。与 02 和 03 的乘法则是通过查找两个 256 乘 8 的表完成的。计算与 02 的乘法的另一种方法就是先与 x 相乘即向左移动一位，再与 $P(x) = x^8 + x^4 + x^3 + x + 1$ 进行模约简。同样，与 03(表示的多项式为 $x + 1$)的乘法可以通过先左移一位，再与原来的值相加，最后与 P(x)进行模约简得到。

示例 4.11　继续使用第 4.4.1 节中的例子，并假设 MixColumn 的输入状态为：

$$B = \{25, \ 25, \ \ldots, \ 25\}。$$

这个特例只需要完成 $GF(2^8)$内的两个乘法，即 $02 \cdot 25$ 和 $03 \cdot 25$，其对应的多项式的计算表达式为：

$$02 \cdot 25 = x \cdot (x^5 + x^2 + 1)$$
$$= x^6 + x^3 + x ,$$
$$03 \cdot 25 = (x+1) \cdot (x^5 + x^2 + 1)$$
$$= (x^6 + x^3 + x) + (x^5 + x^2 + 1)$$
$$= x^6 + x^5 + x^3 + x^2 + x + 1 。$$

由于这两个中间值的度都小于 8，因此没必要进行 $P(x)$ 模归约。

C 的输出字节是通过 $GF(2^8)$ 中的以下加法得到的：

$$
\begin{array}{llllll}
01 \cdot 25= & & x^5+ & x^2+ & 1 \\
01 \cdot 25= & & x^5+ & x^2+ & 1 \\
02 \cdot 25= & x^6+ & x^3+ & x & \\
03 \cdot 25= & x^6+x^5+ & x^3+x^2+x+ & 1 \\
\hline
C_i= & & x^5+ & x^2+ & 1 ,
\end{array}
$$

其中，$i = 0，…，15$。得到输出状态 $C = (25，25，…，25)$。

◇

4.4.3　密钥加法层

密钥加法层的两个输入分别是 16 字节的当前状态矩阵和长度为 16 字节(128 位)的子密钥。这两个输入是通过按位 XOR 操作组合在一起。注意：XOR 操作等价于与伽罗瓦域 $GF(2)$ 中的加法。子密钥是通过密钥编排得到的，详细内容将在下面第 4.4.4 节中的介绍。

4.4.4　密钥编排

密钥编排将原始输入密钥(长度为 128 位、192 位或 256 位)作为输入，得到 AES 使用的子密钥。注意：在 AES 的输入和输出中都使用了子密钥的 XOR 加法。这个过程有时称为密钥漂白(key whitening)。子密钥的个数等于轮数加一，这是因为第一个密钥加法层进行密钥漂白时也需要密钥，如图 4-2 所示。因此，对长度为 128 位的密钥而言，它对应的轮数 n_r=10，并得到 11 个子密钥，且每个密钥的长度均为 128 位。密钥长度为 192 位的 AES 需要 13 个长度为 128 位的子密钥，密钥长度为 256 位的 AES 需要 15 个子密钥。AES 子密钥的计算是递归的，即为了得到子密钥 k_i，子密钥 k_{i-1}

必须是已知的，依此类推。

AES 的密钥编排是面向单词的，其中 1 个单词 = 32 位。子密钥存储在一个由单词组成的密钥扩展数组 W 中。密钥长度分别 128 位、192 位和 256 位的 AES 所对应的密钥编排存在一定的相似性，但也不尽相同。下面将介绍这三种不同的密钥编排。

1. 128 位密钥 AES 的密钥编排

11 个子密钥存储在元素为 $W[0]$, …, $W[43]$的扩展密钥数组中。子密钥的计算方式如图 4-5 的描述。元素 K_0, …, K_{15} 表示原始 AES 密钥对应的字节。

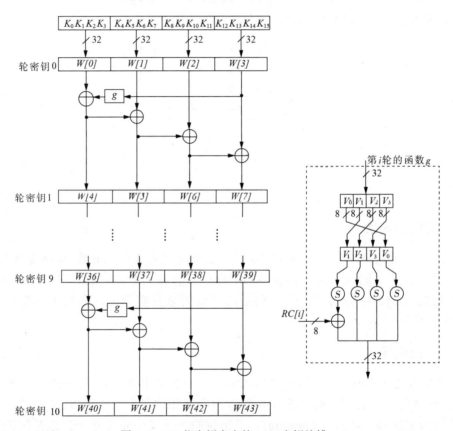

图 4-5　128 位密钥大小的 AES 密钥编排

首先，请注意第一个子密钥 k_0 为原始 AES 密钥，即原始密钥直接被复制到扩展密钥数组 W 的前四个元素中。其他数组元素的计算方法如下。从图中可知，子密钥 $W[4i]$ (i = 1, …, 10)最左边单词的计算方式为：

$$W[4i] = W[4(i-1)] + g(W[4i-1])\text{。}$$

这里的 $g()$ 表示的是一个输入和输出均为 4 个字节的非线性函数。子密钥其余的三个单词是通过递归计算得到的：

$$W[4i+j] = W[4i+j-1)] + W[4(i-1)+j]\text{，}$$

其中，$i=1$，…，10，$j=1$，2，3。函数 $g()$ 首先将四个输入字节翻转，并执行一个按字节的 S-盒代换，最后与轮系数 RC 相加。轮系数是伽罗瓦域 $GF(2^8)$ 中的一个元素，即为一个 8 位的值。轮系数只与函数 $g()$ 最左边的字节相加。而且轮系数每轮都会改变，其变换规则为：

$$RC[1] = x^0 = (0000\ 0001)_2\text{，}$$
$$RC[2] = x^1 = (0000\ 0010)_2\text{，}$$
$$RC[3] = x^2 = (0000\ 0100)_2\text{，}$$
$$\vdots$$
$$RC[10] = x^9 = (0011\ 0110)_2\text{。}$$

函数 $g()$ 的目的有两个：第一，增加密钥编排中的非线性；第二，消除 AES 中的对称性。这两种属性都是抵抗某些分组密码攻击必要的。

2. 192 位密钥 AES 的密钥编排

密钥为 192 位的 AES 拥有 12 轮，因此总共有 13 个子密钥，且每个子密钥的长度均为 128 位。每个子密钥需要 52 个单词，这些单词也是存放在数组元素 $W[0]$，…，$W[51]$ 中。数组元素的计算方式与 128 位密钥的情况类似，其过程如图 4-6 所示。总共有 8 轮密钥编排迭代(注意：密钥编排迭代与 12 个 AES 轮并不是对应的)。每次迭代计算出子密钥数组 W 中的 6 个新单词。AES 第一轮的子密钥由数组元素($W[0]$、$W[1]$、$W[2]$、$W[3]$)组成，第二轮的子密钥由数组元素($W[4]$、$W[5]$、$W[6]$、$W[7]$)组成，依此类推。函数 $g()$ 需要 8 个轮系数 $RC[i]$。轮系数的计算方式与 128 位的密钥一样，并从 $RC[1]$，…，$RC[8]$ 依次排列。

3. 256 位密钥 AES 的密钥编排

密钥为 256 位的 AES 需要 15 个子密钥，这些子密钥存储在 60 个单词 $W[0]$，…，$W[59]$ 中。数组元素的计算方式与 128 位的密钥类似，如图 4-7 所示。此密钥编排有 7 轮迭代，每一轮迭代计算出子密钥中的 8 个单词(同上，这些密钥编排迭代与 AES 的 14 轮也不是对应的)。AES 第一轮子密钥是由数组元素($W[0]$、$W[1]$、$W[2]$、$W[3]$)组成，第二轮子密钥是由元素($W[4]$、$W[5]$、$W[6]$、$W[7]$)组成，依此类推。函数 $g()$ 需要 7 个轮系数 $RC[1]$，…，

RC[7]，其计算方式与 128 位的情况相同。此密钥编排还有一个输入和输出均为 4 个字节的函数 *h*()，此函数将 S-盒应用到所有四个输入字节中。

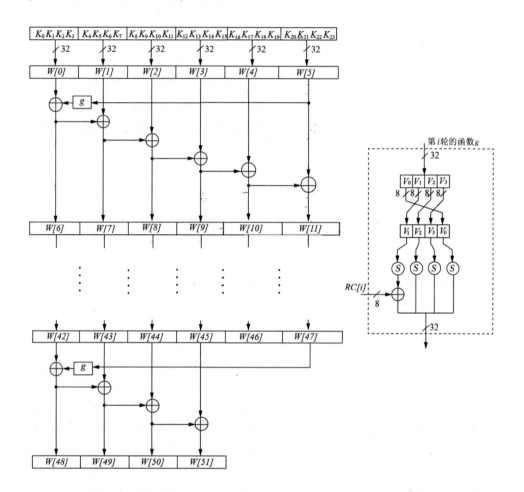

图 4-6　192 位密钥的 AES 密钥编排

一般而言，实现这三种密钥编排中的任何一种都存在两种不同的方法：

1. **预计算**　首先将所有子密钥都扩展到数组 W 中，然后再对明文(密文)进行加密(解密)。这种方法通常针对的是 PC 或服务器上的 AES 实现，其中 PC 或服务器通常会使用一个密钥加密大量数据。请注意，这种方法需要的内存大小为 $(n_r+1) \cdot 16$ 字节；例如，如果密钥大小为 128 位，则为 $11 \cdot 16 = 176$ 字节，这也是为什么在一个资源有限的设备上(比如智能卡)执行该实现有时并不令人满意的原因。

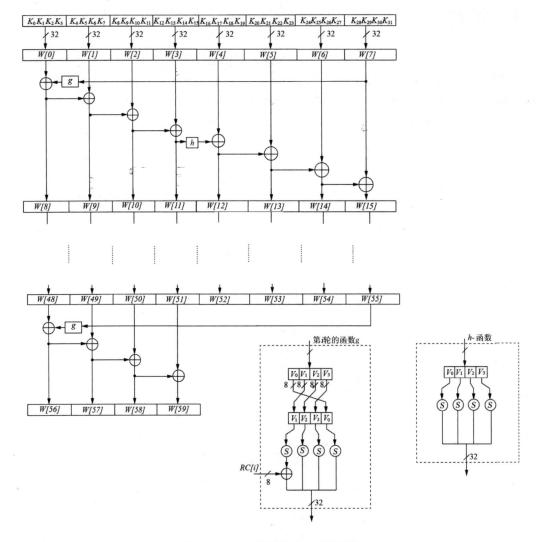

图 4-7　256 位密钥的 AES 密钥编排

2. 动态生成　在对明文(密文)进行加密(解密)的过程中，每轮都会产生一个新的子密钥。请注意，在解密密文时，最后一个子密钥首先需要与密文进行异或。因此必须首先递归地得到所有子密钥，然后再解密密文以及动态生成子密钥。正因为这种开销，如果使用动态生成方式生成子密钥的话，密文的解密总是会比明文的加密稍慢些。

4.5　解密

由于 AES 并非基于 Feistel 网络，因此所有的层都必须颠倒过来，即字节代换层变成逆向字节代换层，ShiftRow 层变成逆向 ShiftRow 层，MixColumn 层变成逆向 MixColumn 层。但是我们发现，逆向层的操作与加密使用的层操作非常相似。此外，子密钥的顺序也颠倒了，即需要一个逆向的密钥编排。解密函数的框图如图 4-8 所示。

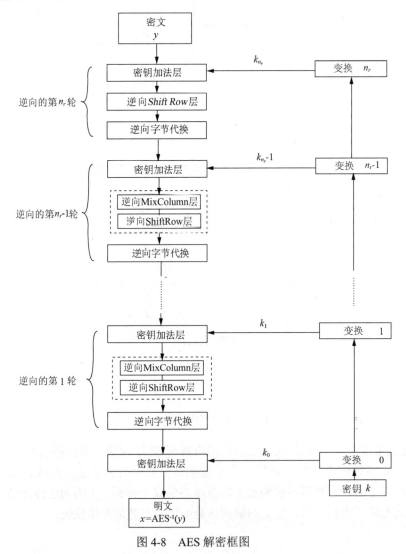

图 4-8　AES 解密框图

由于最后一轮加密并没有执行 MixColumn 操作，所以第一轮解密也不包含对应的逆层；而其他所有解密轮都包含所有的 AES 层。下面将讨论通用 AES 解密轮对应的逆向层(图 4-9)。由于异或操作的逆操作就是它本身，所以解密模式中的密钥加法层与加密模式中相同：由一行简单的异或门组成。

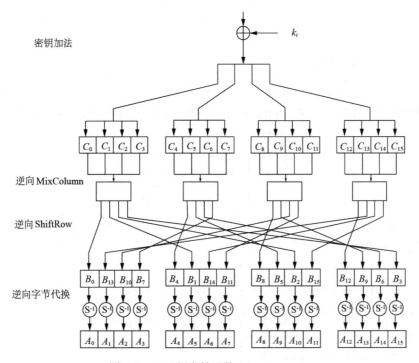

图 4-9　AES 解密轮函数 1,2，…，n_r-1

1. 逆向 MixColumn 子层

在子密钥加法后，再对状态使用逆向 MixColumn 操作(再次强调，解密的第一轮例外)。逆转 MixColumn 操作必须使用该矩阵的逆。输入是状态 C 的一个 4 字节长的列，状态 C 会与一个 4×4 矩阵的逆相乘。该矩阵包含常数个项。系数的乘法和加法都是在 $GF(2^8)$中完成的。

$$\begin{pmatrix} B_0 \\ B_1 \\ B_2 \\ B_3 \end{pmatrix} = \begin{pmatrix} 0E\ 0B\ 0D\ 09 \\ 09\ 0E\ 0B\ 0D \\ 0D\ 09\ 0E\ 0B \\ 0B\ 0D\ 09\ 0E \end{pmatrix} \begin{pmatrix} C_0 \\ C_1 \\ C_2 \\ C_3 \end{pmatrix}$$

输出字节(B_4, B_5, B_6, B_7)的第二列是四个输入字节(C_4, C_5, C_6, C_7)与相同的常量矩阵相乘得到的，依此类推。每个值B_i和C_i都来自于$GF(2^8)$；同时，常量也是$GF(2^8)$中的元素。常量通常用十六进制表示，并且与 MixColumn 层中使用的常量相同，比如：

$$0B = (0B)_{hex} = (0000\ 1011)_2 = x^3 + x + 1。$$

向量-矩阵乘法中的加法是按位与或。

2. 逆向 ShiftRow 子层

为了逆转加密算法中的 ShiftRow 操作，我们必须反向移动状态矩阵中的行。逆向 ShiftRow 变换并没有改变第一行。如果将 ShiftRow 子层的输入表示为状态矩阵$B = \{B_0, B_1, \ldots, B_{15}\}$：

B_0	B_4	B_8	B_{12}
B_1	B_5	B_9	B_{13}
B_2	B_6	B_{10}	B_{14}
B_3	B_7	B_{11}	B_{15}

则逆向 ShiftRow 子层的输出为：

B_0	B_4	B_8	B_{12}	位置不变
B_{13}	B_1	B_5	B_9	→向左移动三个位置
B_{10}	B_{14}	B_2	B_6	→向左移动两个位置
B_7	B_{11}	B_{15}	B_3	→向左移动一个位置

3. 逆向字节代换层

在解密密文时会用到逆向 S-盒。由于 AES 的 S-盒是双向映射，即一对一映射，因此构建满足以下条件的逆向 S-盒是可能的：

$$A_i = S^{-1}(B_i) = S^{-1}(S(A_i)),$$

其中A_i和B_i都是状态矩阵中的元素。逆向 S-盒的项如表 4-4 所示。

对逆向 S-盒项构建方式的详细内容感兴趣的读者，本书提供了其历史来源。然而，如果只想初步理解 AES，则可以跳过本节剩余的内容。为了逆转 S-盒代换，首先必须计算仿射变换的逆。为此，每个输入字节B_i都可看作是$GF(2^8)$的元素。每个字节B_i的逆向仿射变换定义为：

表 4-4　逆向 AES S-盒：输入字节(xy)对应的替换值的十六进制表示

								y								
	0	1	2	3	4	5	6	7	8	9	A	B	C	D	E	F
0	52	09	6A	D5	30	36	A5	38	BF	40	A3	9E	81	F3	D7	FB
1	7C	E3	39	82	98	2F	FF	87	34	8E	43	44	C4	DE	E9	CB
2	54	78	94	32	A6	C2	23	3D	EE	4C	95	08	42	FA	C3	4E
3	08	2E	A1	66	28	D9	24	82	76	5B	A2	49	6D	8B	D1	25
4	72	F8	F6	64	86	68	98	16	D4	A4	5C	CC	5D	65	86	92
x 5	6C	70	48	50	FD	ED	B9	DA	5E	15	46	57	A7	8D	9D	84
6	90	D8	AB	00	8C	BC	D3	0A	F7	E4	58	05	88	83	45	06
7	D0	2C	1E	8F	CA	3F	0F	02	C1	AF	BD	03	01	13	8A	6B
8	3A	91	11	41	4F	67	DC	EA	97	F2	CF	CE	F0	B4	E6	73
9	96	AC	74	22	E7	AD	35	85	E2	F9	37	E8	1C	75	DF	6E
A	47	F1	1A	71	1D	29	C5	89	6F	B7	62	0E	AA	18	BE	1B
B	FC	56	3E	4B	C6	D2	79	20	9A	DB	C0	FE	78	CD	5A	F4
C	1F	DD	A8	33	88	07	C7	31	B1	12	10	59	27	80	EC	5F
x D	60	51	7F	A9	19	85	4A	0D	2D	E5	7A	9F	93	C9	9C	EF
E	A0	E0	38	4D	AE	2A	F5	B0	C8	EB	BB	3C	83	53	99	61
F	17	28	04	7E	BA	77	D6	26	E1	69	14	63	55	21	0C	7D

$$
\begin{pmatrix} b'_0 \\ b'_1 \\ b'_2 \\ b'_3 \\ b'_4 \\ b'_5 \\ b'_6 \\ b'_7 \end{pmatrix} \equiv
\begin{pmatrix}
1 & 0 & 0 & 1 & 0 & 1 & 0 & 0 \\
0 & 0 & 1 & 0 & 1 & 0 & 0 & 1 \\
0 & 1 & 0 & 1 & 0 & 0 & 1 & 0 \\
1 & 0 & 1 & 0 & 0 & 1 & 0 & 0 \\
0 & 1 & 0 & 0 & 1 & 0 & 0 & 1 \\
1 & 0 & 0 & 1 & 0 & 0 & 1 & 0 \\
0 & 0 & 1 & 0 & 0 & 1 & 0 & 1 \\
0 & 1 & 0 & 0 & 1 & 0 & 1 & 0
\end{pmatrix}
\begin{pmatrix} b_0 \\ b_1 \\ b_2 \\ b_3 \\ b_4 \\ b_5 \\ b_6 \\ b_7 \end{pmatrix} +
\begin{pmatrix} 1 \\ 0 \\ 1 \\ 0 \\ 0 \\ 0 \\ 0 \\ 0 \end{pmatrix}
$$

其中(b_7, …, b_0)是 $B_i(x)$的按位向量表示，(b'_7, …, b'_0) 是 $B_i(x)$逆向仿射变换的结果。

逆向 S-盒操作的第二步就是逆转伽罗瓦域的逆元，而 $A_i = (A_i^{-1})^{-1}$。这意味着逆操作又被逆元计算逆转了。按照之前的表示方式，意味着要使用固定的约简多项式 $P(x) = x^8 + x^4 + x^3 + x + 1$ 计算

$$A_i = (B_i')^{-1} \in GF(2^8)$$

同样，零元素映射到它本身。代换结果为向量 $A_i = (a_7, \ldots, a_0)$(表示域元素 $a_7 x^7 + \cdots + a_1 x + a_0$):

$$A_i = S^{-1}(B_i) 。$$

4. 解密密钥编排

由于解密的第一轮需要最后一个子密钥，解密的第二轮需要倒数第二个子密钥，依此类推，我们需要逆序的子密钥，如图 4-8 所示。实际中主要是通过首先计算整个密钥编排，然后将所有 11、13 或 15 个子密钥存储起来实现的，而子密钥的数目取决于 AES 使用的轮数(这是由 AES 支持的三个密钥长度所决定的)。与加密操作相比，这个预计算过程通常会使解密操作稍延迟一些。

4.6　软件实现与硬件实现

本书主要从软件与硬件实现方面评估了 AES 密码的效率。

4.6.1　软件

与 DES 不同，AES 是专门为了高效的软件实现而设计的。AES 最简单的实现方式就是直接遵循数据路径描述(如本章所述)，而且这种方法非常适合 8 位的处理器，比如智能卡上的处理器；但这种方法在现代常见的 32 位或 64 位的 PC 上却不是很高效。在简单的实现中，所有临界时间函数(字节代换，ShiftRow 和 MixColumn)都作用于单个字节。在现代 32 位或 64 位的处理器中，每个指令处理一个字节的方式是非常低效的。

然而，Rijndael 的设计者提议了一种快速软件实现的方法，其核心思想是将所有轮函数(非常微不足道的密钥加法除外)都融合到一个表中进行查询。此方法会得到四个表，每个表包含 256 项，而每一项的宽度均为 32 位。这些表都命名为 T-Box。四次表访问就可得到一轮所需要的 32 个输出位。因此，每轮都可以通过 16 次表查找得到。一个 1.2GHz 的 Intel 处理器可以实现 400Mb/s(或 50MB/s)的吞吐率。在 64 位的 Athlon CPU 上执行已知最快的软件实现，理论上可以获得超过 1.6 Gb/s 的吞吐率。然而，使用 AES 的传统硬磁盘加

密工具或 AES 的开源实现在相似的平台上可以获得几百 Mb/s 的性能。

4.6.2　硬件

与 DES 相比，AES 的实现需要的硬件资源更多。然而，由于现代集成电路的高度集成密度，利用现代 ASIC 或 FPGA(Field Programmable Gate Array，指的是可编程的硬件设备)技术实现 AES 可以获得非常高的吞吐率。商用 AES ASIC 的吞吐率可以超过 10Gb/s。在一个芯片上并行化使用多个 AES 加密单元可以进一步提高其处理速度。据说，使用现代密码的对称加密的速度极快，与非对称密码体制和现代通信系统(比如数据压缩或信号处理方案)中需要的其他算法相比，都是如此。

4.7　讨论及扩展阅读

AES 算法与安全性　关于 AES 设计原理的详细描述可以参见[52]。这本书是 Rijndael 的发明者所写，描述了分组密码的设计思想。关于 AES 最新的研究可通过在线资源 AES Lounge[68]来了解。此网站是 ECRYPT(the Network of Excellence in Cryptology)大力宣传的对象，它包含了有关 AES 活动的丰富资源。该网站上有很多链接，指向 AES 实现和理论方面的扩展信息和论文。

目前，已知的针对 AES 的分析攻击都比蛮力攻击的复杂度要高。[122]给出了这些攻击相关的简单代数描述，而这些描述反过来也会引发人们对攻击的思考。后来的研究显示，这样的攻击实际上是不可行的。到现在为止，人们普遍认为这些方法将不会威胁到 AES。关于代数攻击的精辟概述可以参阅[43]。此外，学者们还提出了很多其他攻击，包括平方攻击、不可能差方分析和相关密钥攻击。同样，与此相关的文献资源也是 AES Lounge。

有限域数学的标准文献为[110]。关于有限域的简要介绍在[19]中已给出。有限域算法的国际研讨会(WAIFI)是一个相对较新的研讨会系列，它主要关注伽罗瓦域的应用与理论。

实现　如第 4.6 节所述，现代 CPU 上绝大多数的软件实现都使用特殊的查找表(T-盒)。关于 T-盒构建方式的最早的详细描述可以在[51，第 5 章]中找到。而[116, 115]给出了关于在现代 32 位和 64 位 CPU 上快速软件实现的详细描述。位切片技术是在 DES 的背景下提出来的，也适用于 AES，并且能快速编码(如[117]所示)。

关于 AES 重要性的突出迹象就是 Intel 自 2008 年起就是 Intel 在 CPU 中引入了特殊 AES 指令。这些指令允许计算机非常快速地执行轮操作。

关于 AES 硬件实现的文献非常多。[104，第 10 章]给出了 AES 硬件体系结构领域的概述。作为 AES 实现变体的一个示例，文献[86]描述了吞吐率为 2.2Mb/s 的小型 FPGA 实现与吞吐率为 25Gb/s 的快速管道 FPGA 实现。AES 也可以使用现代 FPGA 上可用的 DSP 分组(即快速计算单元)实现，并能得到超过 50Gb/s 的吞吐率[63]。所有高速体系结构的基本思想就是通过管道并行处理多个明文分组。性能光谱的另一端是轻量级体系结构，它可以针对应用程序(比如 RFID)进行优化。这里的基本思想就是序列化数据路径，即每一轮会在若干步内处理，[75,42]是与此相关的优秀文献。

4.8　要点回顾

- AES 是一种现代分组密码，它支持 128 位、192 位和 256 位三种长度的密钥。它对蛮力攻击提供了良好的长期安全性。
- 自 20 世纪 90 年代末起，人们对 AES 进行了广泛研究，并发现没有比蛮力攻击更好的攻击方法。
- AES 不是基于 Feistel 网络，它的基本操作是使用伽罗瓦域运算，并提供了很强的扩散和混淆功能。
- 除了作为美国政府应用中强制使用的解密算法外，AES 也是大量开放标准(比如 IPsec 或 TLS)的一部分。看上去，该密码在很多年后可能成为主流的加密算法。
- AES 在软件和硬件实现上都非常高效。

4.9　习题

4.1　自 2002 年 5 月 26 日起，AES(高级加密标准)成为美国政府的官方标准。

(1) AES 的发展历史与 DES 不同，请简要描述 AES 历史与 DES 历史的区别。

(2) 请概述开发进程中的重大事件。

(3) 被称为 AES 的原始算法是哪个？

(4) 谁开发了该算法？

(5) 该算法支持的分组大小和密钥长度是多少？

4.2　AES 算法中的一些计算都是在伽罗瓦域(GF)中实现的。下面的问题将帮助大家练习一些基本计算。

请计算素域 $GF(7)$ 的乘法表和加法表。乘法表是一个方阵(这里为 7×7)，其行和列元素均为域元素。该表的项为行和列分别对应的域元素的乘积。注意：该表关于对角线对称。除了将域元素的和作为项外，加法表与乘法表完全相同。

4.3 对不可约多项式为 $P(x) = x^3 + x + 1$ 的扩展域 $GF(2^3)$，请写出其对应的乘法表。这种情况下的乘法表是一个 8×8 的表(注意：可以手动实现，也可以编程实现)。

4.4 $GF(2^4)$ 内的加法：使用不可约多项式 $P(x) = x^4 + x + 1$ 计算域 $GF(2^4)$ 内的 $A(x) + B(x)$ mod $P(x)$。化简多项式的选择对计算有怎样的影响？

(1) $A(x) = x^2 + 1$，$B(x) = x^3 + x^2 + 1$

(2) $A(x) = x^2 + 1$，$B(x) = x + 1$

4.5 $GF(2^4)$ 内的乘法：使用不可约多项式 $P(x) = x^4 + x + 1$ 在域 $GF(2^4)$ 内计算 $A(x) \cdot B(x)$ mod $P(x)$。不可约多项式的选择对计算有什么影响？

(1) $A(x) = x^2 + 1$，$B(x) = x^3 + x^2 + 1$

(2) $A(x) = x^2 + 1$，$B(x) = x + 1$

4.6 在 $GF(2^8)$ 内计算：

$$(x^4 + x + 1)(x^7 + x^6 + x^3 + x^2),$$

其中 AES 使用的不可约多项式为 $P(x) = x^8 + x^4 + x^3 + x + 1$。注意：表 4-2 包含了此域中所有乘法逆元列表。

4.7 考虑域 $GF(2^4)$ 上的不可约多项式为 $P(x) = x^4 + x + 1$。请找出 $A(x) = x$ 和 $B(x) = x^2 + x$ 的逆元。可以使用试错法(即蛮力搜索)，或多项式的欧几里得算法找出逆元(然而，本章只是粗略叙述了一下欧几里得算法)。请将得到的 A 和 B 的逆元分别与多项式相乘，验证一下答案是否正确。

4.8 找出下面域内的所有不可约多项式：

(1) $GF(2)$ 上度为 3 的不可约多项式，

(2) $GF(2)$ 上度为 4 的不可约多项式。

最好的方法就是考虑度数小于该值的所有多项式，并检查它们是否为因子。请注意：我们只考虑首一的不可约多项式，即最高系数等于 1 的多项式。

4.9 考虑分组长度和密钥长度均为 128 位的 AES。如果第一个字节代换层由 128 位组成，第二个子密钥(即 k - 1)也由 128 位组成，请问 AES 第一轮的输出是什么？可以将最终的结果以长方形数组格式写出来。

4.10 下面来检查单轮后 AES 的扩散属性。假设 $W = (w_0, w_1, w_2, w_3) = (0x01000000$, ox00000000，0x00000000，0x00000000)组成 32 位的块作为密钥为 128 位 AES 的输入。计算 AES 第一轮的结果的子密钥为 $W_0, \ldots, W_7$，其中每个密钥都是 32 位，它们对应的计

算式为：

$$W_0 = (\text{0x2B7E1516}),$$
$$W_1 = (\text{0x28AED2A6}),$$
$$W_2 = (\text{0xABF71588}),$$
$$W_3 = (\text{0x09CF4F3C}),$$
$$W_4 = (\text{0xA0FAFE17}),$$
$$W_5 = (\text{0x88542CB1}),$$
$$W_6 = (\text{0x23A33939}),$$
$$W_7 = (\text{0x2A6C7605})。$$

请利用本书推断第一轮对输入的处理方式(比如 S-盒)。你可以写一个简短的计算机程序或利用已有的程序求解。不管使用那种方式，请说明计算 ShiftRow、字节代换和 MixColumn 的所有中间步骤！

(1) 如果输入为 W，而且子密钥为 $W_0,\ldots,W_7$，请计算 AES 第一轮的输出。

(2) 如果所有的输入位均为 0，请计算 AES 第一轮的输出。

(3) 有多少个输出位发生了改变？记住，这里仅考虑单轮的情况——经过多轮后，更多的输出位会受到影响(雪崩效应)。

4.11 AES 的 MixColumn 变换是由多项式为 $P(x) = x^8 + x^4 + x^3 + x + 1$ 的域 $GF(2^8)$ 内的向量-矩阵乘法组成。假设 $b = (b_7 x^7 + \ldots + b_0)$ 为向量-矩阵乘法的(四个)输入字节之一。每个输入字节都与常量 01、02 和 03 相乘。你现在的任务就是提供计算这三个常量乘法的准确等式。得到的结果表示为 $d = (d_7 x^7 + \ldots + d_0)$。

(1) 计算 8 位 $d = 01 \cdot b$ 对应的等式。

(2) 计算 8 位 $d = 02 \cdot b$ 对应的等式。

(3) 计算 8 位 $d = 03 \cdot b$ 对应的等式。

注意：AES 规则使用 "01" 表示多项式 1，"02" 表示多项式 x，"03" 表示多项式 $x+1$。

4.12 现在使用问题 4.11 中的结果，分析 MixColumn 函数的门(或位)复杂度。回顾序列密码的讨论，一个 2-输出的异或门执行 $GF(2)$ 加法。

(1) 请问在 $GF(2^8)$ 内计算与 01、02 和 03 的常量乘法分别需要多少个 2-输入的异或门？

(2) 一个矩阵-向量乘法硬件实现对应的总体门复杂度为多少？

(3) 整个扩散层硬件实现的全部门复杂度为多少？假设置换实现不需要门。

4.13 考虑字节代换操作的第一部分，即伽罗瓦域逆元。

(1) 根据表 4-2，字节 29、F3 和 01(每个字节都使用十六进制表示)对应的逆元分别是什么？

(2) 请使用你的答案与输入字节执行一个 $GF(2^8)$ 乘法来验证你的答案。请注意：必须首先将每个字节表示成 $GF(2^8)$ 内的多项式。每个字节的 MSB 代表 x^7 的系数。

4.14 你现在的任务是计算输入字节 29、F3 和 01 对应的 S-盒(即字节代换)的值，这些输入字节都是十六进制表示。

(1) 首先使用表 4-2 查找逆元，得到值 B'。现在，使用矩阵-向量的乘法和加法执行仿射映射。

(2) 使用 S-盒(表 4-3)验证你的结果。

(3) S(0)的值是多少？

4.15 请写出在密钥编排中下面轮常量的位表示：

- $RC[8]$
- $RC[9]$
- $RC[10]$

4.16 下面假设一个密钥长度为 192 位的 AES 和一个每秒可以检查 $3 \cdot 10^7$ 个密钥的 ASIC。

(1) 如果并行使用 100 000 个这样的 IC，一次密钥搜索平均需要多长时间？请将这个时间长度与宇宙年龄(大致为 1010 年)进行比较。

(2) 假设摩尔定理在未来数年内始终有效，我们需要等多少年才能构建一个可在 24 小时内执行一次一般 AES-192 密钥搜索的密钥搜索机器？同样假设能并行使用 100 000 个 IC。

第 5 章

分组密码的更多内容

分组密码不仅仅是一个加密算法，也是用于实现多种不同密码学编码机制的万能元件。例如，人们可以使用分组密码构建各种不同种类的基于分组的加密方案，甚至还可以用它来实现序列密码。不同的加密方式就称为操作模式，并将在本章中进行介绍。分组密码也可以用来构建哈希函数、消息验证码(也叫 MAC)或密钥建立协议，而所有这些内容都将在后续章节中介绍。此外，分组密码还有别的用途，比如作为伪随机数生成器。本章除了介绍操作模式外，还探讨了两种增强分组密码安全性的非常有用的技术，即密码漂白与多重加密。

本章主要内容包括

- 实际中分组密码最重要的操作模式
- 使用操作模式的安全陷阱
- 密钥漂白的基本原理
- 双重加密的缺陷以及中间人攻击
- 三重加密

5.1 分组密码加密：操作模式

在前面的章节已经介绍了 DES、3DES 和 AES 是如何加密数据分组的。而实际中，人们通常需要加密不只是 8 字节或 16 字节的单个明文分组，而是加密比如一封电子邮件或一个计算机文件。使用分组密码加密长明文的方式有很多种，本章主要介绍了若干种主流的操作模式，包括：

- 电子密码本模式(electronic code book mode，ECB)
- 密码分组链接模式(cipher block chaining mode，CBC)
- 密码反馈模式(cipher feedback mode，CFB)
- 输出反馈模式(output feedback mode，OFB)
- 计数器模式(Counter mode，CTR)

后面三种模式将分组密码用作序列加密的基本模块。

上面所有五种模式都只有一个目的：通过加密数据为 Alice 发给 Bob 的消息提供了保密性。实际上，人们通常不仅需要保持数据的机密性，Bob 也想知道该消息是不是真的来自于 Alice。这也是所谓的身份验证，而伽罗瓦计数器模式(GCM)是一种允许接收者(Bob)检查消息是不是真的来自于与他共享密钥的人(Alice)的操作模式，此模式的相关内容将在后续章节介绍。此外，身份验证也允许 Bob 验证该密文在传输过程中是否被篡改。关于身份验证的更多内容，可以阅读第 10 章。

ECB 和 CBC 模式要求明文长度必须是所使用密码的分组大小的整数倍，比如在 AES 中，明文长度应该是 16 字节的整数倍。如果明文的长度不满足此要求，则必须对其进行填充。实际中对明文长度填充的方式有多种，其中一种填充方法为：在明文后附加单个"1"位，然后再根据需要附加足够多的"0"位，直到明文的长度达到分组长度的整数倍。如果明文的长度刚好是分组长度的整数倍，则填充的所有位刚好形成了一个单独的额外分组。

5.1.1　电子密码本模式(ECB)

电子密码本(ECB)模式是一种最直接的消息加密方式。下面令 $e_k(x_i)$ 表示使用任意一种分组密码方法利用密钥 k 加密明文分组 x_i，$e_k^{-1}(y_i)$ 表示使用密钥 k 解密密文分组 y_i。假设分组密码加密(解密)的分组大小为 b 位。长度超过 b 位的消息将被分割为大小为 b 位的分组。如果消息长度不是 b 位的整数倍，则在加密前必须将其填充为 b 位的整数倍。如图 5-1 所示，ECB 模式中的每个分组都是单独加密的，而该分组密码可以为 AES 或 3DES 等。

ECB 模式中加密和解密的正式描述如下：

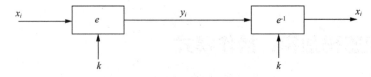

图 5-1　ECB 模式中的加密和解密

> **定义 5.1.1　电子密码本模式(ECB)**
>
> 　　假设 $e()$ 表示分组大小为 b 的分组密码，x_i 和 y_i 表示长度为 b 的位字符串。
>
> **加密**：$y_i = e_k(x_i)$，　$i \geq 1$
>
> **解密**：$x_i = e_k^{-1}(y_i) = e_k^{-1}(e_k(x_i))$，　$i \geq 1$

验证 ECB 模式的正确性非常简单：

$$e_k^{-1}(y_i) = e_k^{-1}(e_k(x_i)) = x_i。$$

　　ECB 模式拥有很多优点。加密方和解密方(即 Alice 和 Bob)之间的分组同步不是必须的，即由于传输问题导致接收方没有收到所有的加密分组时，接收方还是可能解密已收到的分组。同样地，由于噪音传输线等导致的位错误仅仅影响了对应的分组，其对后面的分组没有任何影响。同时，ECB 模式中使用的分组密码操作还可以并行化，比如第一个加密单元加密(解密)分组 1，第二个加密单元加密(解密)分组 2，依此类推。这种方式在高速实现中具有很强的优势，但其他许多模式都不支持并行化，比如 CFB。

　　然而，ECB 模式也存在不少意想不到的缺陷，这在密码学中是非常常见的，下面将对此进行介绍。ECB 模式最大的问题在于它的加密是高度确定的。这意味着只要密钥不变，相同的明文分组总是产生相同的密文分组。顾名思义，ECB 模式可以看作是一个巨大的密码本，每个输入都映射到某个特定的输出。当然，如果密钥发生变化，则整个密码本都会改变；但是只要密钥是静态的，则该密码本也是固定的。这个特性会带来一些不好的后果。首先，攻击者可以通过查看密文识别出相同的消息是否被传输了两遍。这种利用密文推断信息的方式叫做流量分析(traffic analysis)。例如，如果消息的开头都包含一个固定的头部，而该头部则总是产生相同的密文。利用这些信息，攻击者可以知道什么时候发送了一个新的密文。其次，明文分组的加密是完全独立的，与前面的分组没有任何关系。如果攻击者将密文分组重新排序，有可能会得到有效的明文，并且这个重新排序也不会被检测到。下面将介绍利用 ECB 模式缺陷的两种简单攻击方式。

　　ECB 模式很容易受代换攻击，因为一旦知道了某个明文分组与密文分组的映射关系 x_i → y_i，很容易就能操纵密文分组序列。下面将介绍现实社会中代换攻击的攻击方式。假设下面电子电汇的例子发生在两个银行之间。

示例 5.1　针对电子银行转账的代换攻击

　　假设某个协议支持银行间的电汇(如图 5-2)。该电汇包含五个字段：发送银行的 ID 和账号，接收银行的 ID 和账号，汇款金额。现在假设每个字段的大小均与分组密码宽度相同(此假设将问题大大简化)，比如在 AES 中每个字段的大小为 16 字节；此外，进一步假设这两个银行之间的加密密钥不会频繁变更。由于 ECB 的某些特性，攻击者通过简单的分组代换就可确定此模式的一些确定属性。攻击详情如下所示：

图 5-2　针对 ECB 加密进行代换攻击的示例

(1) 攻击者 Oscar 分别在银行 A 和银行 B 开通一个账号。

(2) Oscar 窃听银行通信网络的加密线路。

(3) Oscar 不断地从他在银行 A 的账户向其在银行 B 中的账户中转账 1 美元，并观察通信网络中传输的密文。虽然 Oscar 无法解密这些看似随机的密文分组，但他可以观察出重复的密文分组。经过一段时间的观察，Oscar 就可以找出他自己转账的五个分组，然后将其中第 1、3 和 4 个转账分组存储起来。这几个分组包含了银行 A 和银 B 对应 ID 号的加密版本，以及 Oscar 在银行 B 中账号的加密版本。

(4) 由于两个银行的密钥不会频繁更改，这意味着在银行 A 和 B 之间的其他几次转账也使用了相同的密钥。Oscar 只用将所有后续消息中的第 1 和 3 个分组与他已存储的分组进行比较，就可以识别出从银行 A 某个账户到银行 B 某个账户的所有转账。由于第 4 个分组中包含了接收账号，Oscar 只用简单的用他事先存储的第 4 个分组替换传输中的第 4 个分组。同时，此分组还包含了 Oscar 账号的加密形式。最后导致所有从银行 A 的某个账户到银行 B 的某个账户的转账都会被重定向到 Oscar 在银行 B 的账号中！注意：银行 B 现在已经无法检测它接收的第 4 个分组被替换的情况。

(5) 迅速从银行 B 中取出所有的钱，并潜逃到对白领犯罪管制较松的国家。

◇

此攻击的有趣之处在于，它完全没有攻击分组密码本身。所以，即使我们可以使用密钥为 256 位的 AES，即使我们可以把每个分组加密 1000 次，仍然无法抵抗这种攻击方式。然而需要强调的是，此攻击并没有破译分组密码本身，Oscar 仍不知道保密的消息是什么，因为他只是简单地将一部分密文替换为其他(先前保存的)密文。这种行为称为破坏了消息的完整性。目前，有一些技术可以防止破坏消息的完整性，即消息验证码(Message Authentication Code，MAC)和数字签名。实际中也广泛使用这两种技术来防止破坏消息完整性的攻击，这部分内容将在本书的第 10 章和第 12 章进行介绍。下面将要介绍的伽罗瓦计数器也是一个拥有内嵌式完整性检查的加密模式。注意：这种攻击只有在银行 A 和银行 B 之间的密钥改变频率不是很高的情况下才会有用。这也是为什么需要经常更新密钥的另一个原因。

现在我们来看一些 ECB 模式引发的另一个问题。

示例 5.2　ECB 模式下的位图加密

图 5-3 清晰地显示了 ECB 模式最大的一个缺点：相同的明文映射到相同的密文。对简单位图而言，即使使用 256 位密钥的 AES 进行加密，仍然可以从加密图像中读出信息(即图片中的文本)。这是因为背景只是由一些不同的明文分组组成，而这些分组在密文中也会产生看上去一致的背景颜色。但是，所有包含部分字母的明文分组产生的密文看上去都是随机的。而人一眼就能分辨出那些看上去随机的密文与颜色一致的背景密文。

图 5-3　ECB 模式下使用密钥为 256 位的 AES 加密前后的图像

◇

这种缺点与第一个示例中介绍的针对代换密码的攻击相似。在这两种情况中，明文的统计属性在密文中都得到保留。注意：与针对代换密码或银行转账攻击不同，这两种情况下的攻击者都不需要做任何事情，因为人眼可以自动地分辨出这些统计信息。

上面提到的两种攻击都是利用确定的加密方案的缺点的例子。因此，人们期望每次加密相同的明文会得到不同的密文，这种行为也叫概率加密。人们可以通过引入一些随机化，尤其是初始向量(Initialization Vector，IV)来实现概率加密。下面所有的操作模式都使用 IV 实现概率加密。

5.1.2 密码分组链接模式(CBC)

密码分组链接(CBC)模式主要基于两种思想。第一，所有分组的加密都链接在一起，使得密文 y_i 不仅依赖分组 x_i，而且还依赖前面所有的明文分组。第二，加密过程使用初始向量(IV)进行了随机化。下面是 CBC 模式的详细信息。

密文 y_i 是明文分组 x_i 加密后的结果，它将被反馈为密码输入，并与后续明文分组 x_{i+1} 进行异或操作；然后将得到的异或和进行加密，得到下一个密文 y_{i+1}，而这个密文将被用来加密 x_{i+2}，依此类推。这个过程如图 5-4 左侧的图所示。由于第一个明文分组 x_1 没有前向密文，所以将 IV 与第一个明文相加会使每轮的 CBC 加密变得不确定。注意：第一个密文 y_1 取决于明文 x_1(和 IV)；第二个密文 y_2 取决于 IV、x_1 和 x_2；第三个密文 y_3 取决于 IV、x_1、x_2 和 x_3，依此类推。最后一个密文则是所有明文分组和 IV 的函数。

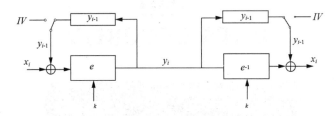

图 5-4　CBC 模式中的加密和解密

在 CBC 模式中，解密一个密文分组 y_i 需要逆转加密所做的两个操作。首先，我们需要使用解密函数 $e^{-1}()$ 逆转分组密码加密，之后，再与正确的密文分组进行异或操作以抵消加密中的异或操作。一般分组 y_i 可以表示为 $e_k^{-1}(y_i) = x_i \oplus y_{i-1}$，这个过程如图 5-4 右侧的图所示。同样，为了确定明文分组 x_1，在解密第一个密文分组 y_1 时结果必须先与初始向量 IV 进行异或操作，即 $x_1 = IV \oplus e_k^{-1}(y_1)$。可将整个加密和解密过程描述为：

定义 5.1.2　密码分组链接模式(CBC)

假设 $e()$ 表示分组大小为 b 的分组密码，x_i 和 y_i 表示长度为 b 的位字符串，IV 表示长度为 b 的 *nonce*。

加密(第一个分组)： $y_1 = e_k(x_1 \oplus IV)$

加密(一般分组)： $y_i = e_k(x_i \oplus y_{i-1}), \quad i \geq 2$

解密(第一个分组)： $x_1 = e_k^{-1}(y_1) \oplus IV$

解密(一般分组)： $x_i = e_k^{-1}(y_i) \oplus y_{i-1}, \quad i \geq 2$

下面来验证该模式,即验证解密过程的确是加密过程的逆转。第一个分组 y_1 的解密为:

$$d(y_1) = e_k^{-1}(y_1) \oplus IV = e_k^{-1}(e_k(x_1 \oplus IV)) \oplus IV = (x_1 \oplus IV) \oplus IV = x_1$$

而对所有后续分组 $y_i (i \geq 2)$ 的解密为:

$$d(y_i) = e_k^{-1}(y_i) \oplus y_{i-1} = e_k^{-1}(e_k(x_i \oplus y_{i-1})) \oplus y_{i-1} = (x_i \oplus y_{i-1}) \oplus y_{i-1} = x_i$$

如果在每次加密时都选择一个新的 IV,则 CBC 模式就变成了一个概率加密方案。如果第一次使用一个 IV 加密分组序列 x_1, ..., x_t,第二次使用一个不同的 IV 对其加密,而对攻击者而言,得到的两个密文序列看上去却没有任何关系。注意:IV 不需要保密。然而,在大多数情况下,我们希望 IV 最好是一个 nonce,即只使用一次的整数。生成初始值并达成一致的方法有很多种。最简单的方法是随机选择一个数值,并在加密会话前安全地在发送给通信双方。另一种情况就是使用 Alice 和 Bob 都知道的计数器值,该计数器值在每个新的会话开始时便自动增加(这也需要会话双方都保存计数器的值)。得到计数器的值有多种方法,比如可以利用 Alice 和 Bob 的 ID 值(比如他们的 IP 地址)与当前时间中得到。此外,为了增强这些方法的安全性,可以使用 ECB 模式的分组密码加密使用上面方法选择的值,并将生成的密文作为 IV,其中使用的分组密码的密钥只有 Alice 和 Bob 知道。还有一些高级攻击也要求 IV 是不可预测的。

讨论 ECB 模式下对银行转账可行的代换攻击在 CBC 模式中是否同样也适用是非常有帮助的。如果每次电汇需要的 IV 都选择得当,则代换攻击就不起作用了,因为 Oscar 无法从密文中识别任何模式。如果若干次电汇使用的 IV 都相同,则 Oscar 又可以识别他从银行 A 中的账号向银行 B 中的账号转账的汇款。然而,如果他将其他从银行 A 到银行 B 的汇款的第 4 个密文分组进行代换,而这个密文分组包含他加密后的账号,则银行 B 会将第 4 和 5 个分组解密为随机值。尽管转账的钱不会被重定向到 Oscar 的账号里,但它可能会被重定向到其他随机账号中;而且转账的金额也可能是个随机数。这对银行而言也是不可接受的。这个例子说明,尽管 Oscar 不能执行某些操作,但他对密文所做的修改对明文而言是随机的,而这也会带来负面影响。因此,在很多现实世界的系统中,加密本身是不够的:我们还需要保护消息的完整性。消息的完整性则可通过消息验证码(MAC)或数字签名实现,这部分内容将在第 12 章中介绍。下面将介绍的伽罗瓦计数器模式同时提供了加密和完整性检查。

5.1.3　输出反馈模式(OFB)

输出反馈(OFB)模式使用分组密码来构建一个序列密钥加密方案,该方案如图 5-5 所示。注意:在 OFB 模式中,密钥序列不是按位产生,而是以分组方式产生。密码的输出是 b 个密钥序列位,其中 b 为所使用的分组密码的宽度;将 b 位的明文与该 b 位的密钥序列进行异或操作，即可实现对明文的加密。

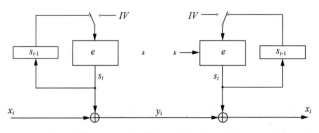

图 5-5　OFB 模式中的加密和解密

OFB 模式的思路非常简单。首先使用分组密码加密 IV，得到的密钥输出为 b 位密钥序列的第一个集合；将前一个密钥输出反馈给分组密码进行加密，即可计算出密钥序列位的下一个分组；不断重复这个过程，如图 5-5 所示。

OFB 模式形成了一个同步序列密码(比照图 2-3)，因为此密钥序列既不依赖明文，也不依赖密文。实际上，OFB 模式的使用与标准序列密码(比如 RC4 或 Trivium)非常相似。由于 OFB 形成的是一个序列密码，所以加密操作与解密操作完全相同。这个过程如图 5-5 右侧的图所示，接收者并没有使用解密模式 $e^{-1}()$ 中的分组密码来解密密文。这是因为实际加密是通过 XOR 操作实现的，为了逆转此 XOR 操作操作(即解密)，接收方只需再执行一次 XOR 函数即可。这一点与 ECB 和 CBC 模式截然不同——在 ECB 和 CBC 模式中，数据的加密和解密都需要使用分组密码。

使用 OFB 方案进行加密和解密的过程如下：

定义 5.1.3　输出反馈模式(OFB)

假设 $e()$ 表示分组大小为 b 的分组密码，x_i、y_i 和 s_i 表示长度为 b 的位字符串，IV 为长度为 b 的 nonce。

加密(第一个分组)：$s_1 = e_k(IV)$，且 $y_1 = s_1 \oplus x_1$

加密(一般分组)：$s_i = e_k(s_{i-1})$，且 $y_i = s_i \oplus x_i$，$i \geq 2$

解密(第一个分组)：$s_1 = e_k(IV)$，且 $x_1 = s_1 \oplus y_1$

解密(一般分组)：$s_i = e_k(s_{i-1})$，且 $x_i = s_i \oplus y_i$，$i \geq 2$

使用 IV 的后果就是，OFB 加密也变得不确定。因此，连续两次加密相同明文得到的密文是不同的。与 CBC 模式的情况一样，OFB 中使用的 IV 也应该是一个 nonce。OFB 模式的一个优点就是，分组密码的计算与明文无关。因此，可以预计算密钥序列材料的一个或多个分组 s_i。

5.1.4　密码反馈模式(*CFB*)

　　密码反馈(*CFB*)模式也使用分组密码作为构建序列密码的基本元件。与 OFB 模式相同的是，*CFB* 也是用了反馈；而不同的是，OFB 反馈的是分组密码的输出，而 *CFB* 反馈的是密文(因此，这种模式更准确的术语为"密文反馈模式")。与 OFB 模式一样，密钥序列不是按位产生的，而是以分组方式产生的。OFB 的基本思想为：要生成第一个密钥序列分组 s_1，必须先加密 IV；而所有后续密钥序列分组 s_2，s_3，…都是通过加密前一个密文得到的。此方案的工作流程如图 5-6 所示。

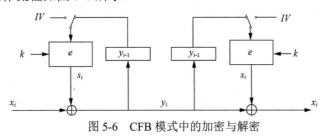

图 5-6　CFB 模式中的加密与解密

　　由于 CFB 模式产生的是序列密码，所以加密和解密操作完全相同。CFB 模式是一个异步序列密钥示例(比照图 2-3)，因为序列密钥输出也是密文的函数。

　　CFB 模式的正式描述如下：

定义 5.1.4　密码反馈模式(CFB)

　　假设 $e()$ 表示分组大小为 b 的分组密码，x_i 和 y_i 表示长度为 b 的位字符串，IV 为长度为 b 的 nonce。

　　加密(第一个分组)：$y_1 = e_k(IV) \oplus x_1$

　　加密(通用分组)：$y_i = e_k(y_{i-1}) \oplus x_i$，$i \geq 2$

　　解密(第一个分组)：$x_1 = e_k(IV) \oplus y_1$

　　解密(通用分组)：$x_i = e_k(y_{i-1}) \oplus y_i$，$i \geq 2$

　　使用 IV 的结果就是是，CFB 加密也变得不确定。因此，两次加密相同的明文会得到不同的密文。与 CBC 和 OFB 模式相同，CFB 模式中的 IV 也必须是一个 nonce。

　　当加密的明文分组较短时，可以使用 CFB 模式的一个变体。下面将(远程)键盘和计算机之间的链路加密作为例子。键盘生成的明文长度通常为一个字节，即为 ASCII 字符。在这种情况下，需要加密的都是 8 位的密钥序列(选择任何一种密钥序列都可以，因为这些密钥序列都是安全的)，而且得到的密文长度也是 1 个字节。作为分组密码输入的密文反馈有些微妙：前一个分组密码输入向左移动 8 位，然后将密文字节填充到输入寄存器的 8 个最不重要的位置上，此过程循环往复。当然，该方法除了对分组长度为 8 的明文有用外，对长度小于密文输出长度的明文也适用。

5.1.5　计数器模式(CTR)

使用分组密码作为序列密码的另一种模式就是计数器(CTR)模式。与 OFB 和 CFB 模式一样，密钥序列也是以分组方式计算的。分组密码的输入为一个计数器，每当分组密码计算一个新密钥序列分组时，该计数器都会产生一个不同的值。图 5-7 显示了 CTR 的基本原理。

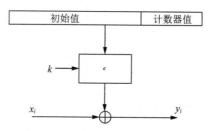

图 5-7　计数器模式中的加密和解密

在初始化分组密码的输入时必须小心谨慎，必须避免两次使用相同的输入值。否则，如果攻击者知道了使用相同输入加密的明文中的任何一个，他就可以计算出密钥序列分组，进而可以立即解密其他密文。为了保证唯一性，实际中通常使用以下方法。假设有一个输入宽度为 128 位的分组密码，比如 AES。首先选择一个 IV，它不仅是 nonce，而且长度小于分组长度(比如 96 位)。而剩下的 32 位则由计数器使用，并且该计数器的 CTR 值初始化为 0。在会话期间加密的每个分组，计数器都会递增而 IV 则保持不变。在本例中，在不更换 IV 的情况下可加密的最大分组个数为 2^{32}。由于每个分组长度都是 8 个字节，所以在生成一个新的 IV 前，可以加密的最大数据大小为 $16 \times 2^{32} = 2^{36}$ 字节，或大概为 32G 字节。下面给出了使用上述方法构建密钥输入的计数器模式的正式描述。

定义 5.1.5　计数器模式(CTR)

假设 $e()$ 是一个分组大小为 b 的分组密码，x_i 和 y_i 表示长度为 b 的位字符串。初始值 IV 和计数器 CTR_i 的连接表示为 $(IV\|CTR_i)$，也是一个长度为 b 的位字符串。

加密：$y_i = e_k(IV\|CTR_i) \oplus x_i$，$i \geq 1$

解密：$x_i = e_k(IV\|CTR_i) \oplus y_i$，$i \geq 1$

请注意：字符串($IV\|CTR_1$)不必保密。例如，Alice 可以生成该字符串，并与第一个密文分组一起发送给 Bob。计数器 CTR 可以是一个常用的整数计数器，也可以是稍微复杂的函数，比如最大长度 LFSR。

也许有人会问，为什么需要这么多的模式？计数器模式最吸引人的一个特点就是可以并行化，因为计数器模式不需要任何反馈，这与 OFB 或 CFB 模式完全不同。所以，我们可以让两个分组密码引擎同时并行工作，即让两个引擎同时使用第一个分组密码加密计数器值 CTR_1 和 CTR_2。等这两个分组密码引擎完成后，第一个引擎将继续加密值 CTR_3，而另一个引擎则继续加密 CTR_4，如此循环。这种方案的加密速率是单个实现方式的两倍。当然，也可以同时运行多个分组密码引擎，这也会使加密速率按比例增加。对吞吐率要求严格的应用而言，比如在要求几 Gb/s 数据率的网络中，并行化的加密模式非常合适。

5.1.6　伽罗瓦计数器模式(GCM)

Galois 计数器模式(Galois Counter Mode，GCM)是一种计算消息验证码[160]的加密模式。MAC 提供了一种密码校验和，它由发送者 Alice 计算并附加在消息后面。Bob 也会计算此消息的 MAC，并检查他计算的 MAC 与 Alice 计算的 MAC 是否相同。通过这种方式，Bob 可以确信：(1)消息的确是 Alice 创建的；(2)密文在传输过程中没有被人篡改。这两种属性分别称为消息验证和消息完整性。关于 MAC 的更多内容可以参阅第 12 章。下面将介绍 GCM 模式的一个简化版本。

GCM 使用计数器模式下的加密保护了明文 x 的机密性。此外，GCM 不仅保护了明文 x 的可靠性，而且也保护了字符串 AAD(即 additional authentication data，额外的验证数据)的可靠性。与明文相反，这些可靠的数据在 GCM 模式中仍然为明文。实际中的字符串 AAD 可能包含网络协议中的地址和参数。

GCM 由底层分组密码和伽罗瓦域乘数组成，而它们也实现了 GCM 的可靠加密和可靠解密功能。底层分组密码的分组大小应该为 128 位，比如 AES。在发送方，GCM 先使用计数器模式(CTR)对数据进行加密，然后再计算 MAC 值。加密时，首先利用 IV 和序列号得到初始化计数器；接着，增加初始计数器值，并加密该值，然后将得到的结果与第一个明文分组进行 XOR 计算。对后面的明文而言，计数器的值也是先递增再加密。注意：底层分组密码仅在加密模式中使用。如果可以提前知道初始向量，GCM 就能预计算分组密码函数。

为了实现认证，GCM 需要执行一个链式伽罗瓦域乘法。在计算每个明文 x_i 时都会得到一个中间认证参数 g_i。g_i 为当前密文 y_i 与 g_{i-1} 的 XOR 和，并与一个常数 H 相乘。值 H 是一个哈希子密钥，它是使用分组密码对全零输入加密后生成的。所有乘法都基于 128 位的伽罗瓦域 $GF(2^{128})$，且不可约多项式为 $P(x) = x^{128} + x^7 + x^2 + x + 1$。由于每个分组密码加密中只需要一个乘法，所以 GCM 模式的加密过程中引入的计算开销极小。

定义 5.1.6　基本的伽罗瓦计数器模式(GCM)

假设 $e()$ 表示分组大小为 128 位的分组密码，x 表示由分组 $x_1, \ldots, x_n$ 组成的明文，AAD 表示额外的认证数据。

1. **加密**

　　$a.$ 利用 IV 得到计数器值 CTR_0，并计算 $CTR_1 = CTR_0 + 1$。

　　$b.$ 计算密文：$y_i = e_k(CTR_i) \oplus x_i$，$i \geq 1$

2. **认证**

　　$a.$ 生成认证子密钥 $H = e_k(0)$

　　$b.$ 计算 $g_0 = AAD \times H$ (伽罗瓦域乘法)

　　$c.$ 计算 $g_i = (g_{i-1} \oplus y_i) \times H$，$1 \leq i \leq n$ (伽罗瓦域乘法)

　　$d.$ 最终认证标签：$T = (g_n \times H) \oplus e_k(CTR_0)$

图 5-8 显示了 GCM 的框图。

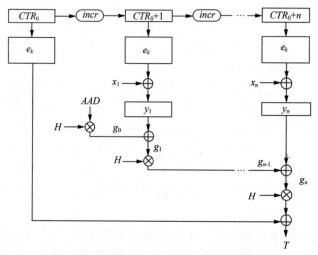

图 5-8　伽罗瓦计数器模式中的基本认证加密

数据包 $[(y_1, \ldots, y_n), T, AAD]$ 的接收者也是使用计数器模式解密密文。为了检查数据的可靠性，接收者也使用收到的密文与 *ADD* 一起计算认证标签 T'，而且接收者的计算步骤与发送者完全相同。如果 T 与 T' 匹配，接收者则可确定密文(和 *ADD*)在传输过程中没有被篡改，并且的确是发送者生成了该消息。

5.2 回顾穷尽密钥搜索

从第 3.5.1 节可知，给定一个明文-密文对(x_1, y_1)，我们可以使用一个简单算法穷尽搜索 DES 密钥：

$$DES_{k_i}(x_1) \overset{?}{=} y_1, \qquad i = 0, 1, \ldots, 2^{56} - 1 \tag{5.1}$$

然而，对绝大多数其他分组密码的密钥搜索都较为复杂。令人惊讶的是，蛮力攻击也会产生错误的肯定结果，即尽管找到的密钥 k_i 满足等式(5.1)中的加密计算，但它并非是用于加密的密钥。这个结果发生的概率与密钥空间和明文空间的相对大小有关。

蛮力攻击仍然是可能的，但需要若干明文-密文对。使用蛮力攻击破解密码所需的明文长度称为一解距离(unicity distance)。使用所有这些可能的密钥解密，应该会得到合理的明文。

首先来看一下一个明文密文对(x_1, y_1)不足以确定正确密钥的原因。为便于解释，假设使用的分组密码的分组宽度为 64 位、密钥大小为 80 位。如果使用所有可能的 2^{80} 个密钥对 x_1 进行加密可以得到 2^{80} 个密文；但是却只有 2^{64} 个不同的密文，这说明必然有些密钥将 x_1 映射到了相同的密文。如果对一个给定明文-密文对尝试所有的密钥，则平均可以找到 $2^{80}/2^{64} = 2^{16}$ 个密钥执行 $e_k(x_1) = y_1$ 映射关系。这个估算是有效的，因为使用一个给定密钥对明文的加密可以看作是从 64 位的密文串中随机选择一个。在给定明文与密文之间存在多条对应路径的现象可以描述为图 5-9，其中 $k^{(i)}$ 表示将 x_1 映射到 y_1 的密钥。这些密钥都可以看作是密钥候选者。

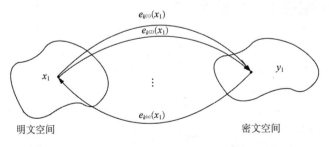

图 5-9 一个明文与一个密文之间存在的多密钥映射

在 2^{16} 个左右的密钥候选者中，$k^{(i)}$ 是用于执行加密的正确密钥，我们称其为目标密钥。为了确定目标密钥，我们需要第二个明文-密文对(x_2, y_2)。同样地，将 x_2 映射到 y_2 的密钥候选者也有 2^{16} 个，而其中只存在一个目标密钥。其他密钥都可以视为是从 2^{80} 个可能的密钥中随机选择的。非常重要的一点就是，目标密钥必须同时存在于两个密钥候选者集合中。为了确定某个蛮力攻击的效率，现在的关键问题在于：另一个(假的)密钥也同时出现在这两个集合中的概率是多少？这个问题的答案可以由以下定理给出：

> **定理** 5.2.1 给定一个密钥长度为 κ 位，分组大小为 n 位的分组密码，以及 t 个明文密文对(x_1, y_1)，…，(x_t, y_t)，可以正确地将所有明文加密为对应密文的假密钥的期望数量为：
>
> $$2^{\kappa - tn}$$

回到这个例子中并假设已知两个明文-密文对，则同时执行加密 $e_{k_f}(x_1) = y_1$ 和 $e_{k_f}(x_2) = y_2$ 的密钥 k_f 为假密钥的概率为：

$$2^{80-2\cdot64} = 2^{-48}$$

这个值如此之小，所以对几乎所有的实际目的而言，检测两个明文-密文对已经足够。如果攻击者选择测试三个明文-密文对，则得到的密钥为假密钥的概率降至 $2^{80-3\cdot64} = 2^{-112}$。从这个例子可以看出，随着明文-密文对数目 t 的增加，假报的可能性急剧下降。实际中，人们通常也只需要测试少量的明文-密文对即可。

上面的定理不仅对单个分组密码非常重要，在使用一个密码执行多重加密时也非常重要。这个问题将在下一节中说明。

5.3　增强分组密码的安全性

某些情况下，人们希望增强分组密码的安全性，比如在某些给定的应用中，因为一些历史原因而需要使用类似 DES 密码的硬件或软件实现。本章主要讨论了两种常用的增强密钥的方法：多重加密和密钥漂白。多重加密就是使用一个密码对明文加密若干次，它已经成为分组密码的基本设计原理，因为该密码多次使用了轮函数。根据直觉，如果连续执行多次加密，则分组密码对蛮力攻击和分析攻击的抵抗力会增加。尽管这个说法在理论上是正确的，但其中包含一些令人惊讶的事实。例如，在一次加密中执行两次加密并没有增加对蛮力攻击的抵抗性。这个与直觉相反的事实将在下一节中讨论。增强分组密码对蛮力攻击抵抗力的另一种方法称为密钥漂白，这种方法非常简单，但却十分有效，也将在下面进行介绍。

请注意，在使用 AES 时，长度分别为 128 位、192 位和 256 位的密钥已经给出了三种不同的安全级别。由于目前还没有出现破解这三种长度 AES 的攻击，所以，看上去没有必要在实际系统中执行多重 AES 加密。然而，对某些比较古老的密码而言，尤其是 DES，多重加密是一种非常有用的工具。

5.3.1 双重加密与中间人攻击

假设有一个密钥长度为 κ 位的分组密码。在双重加密中，首先使用密钥 k_L 加密明文 x，然后将得到的结果使用第二个密钥 k_R 进行加密。这个方案可以描述为图 5-10。

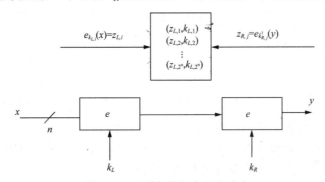

图 5-10 双重加密与中间人攻击

最简单的蛮力攻击就是搜索这两个密钥所有可能的组合，即有效的密钥长度为 2κ，一次穷尽密钥搜索需要 $2^{\kappa} \cdot 2^{\kappa} = 2^{2\kappa}$ 次加密(或解密)。然而，使用中间人攻击会使密钥空间大大减小。中间人攻击是一种分治法攻击，Oscar 首先蛮力攻击左手边的加密，而这个蛮力攻击需要 2^{κ} 次密码操作；然后再蛮力攻击右手边的加密，也需要 2^{κ} 次密码操作。如果他能攻击成功，则总共的复杂度为 $2^{\kappa} + 2^{\kappa} = 2 \cdot 2^{\kappa} = 2^{\kappa+1}$。这个复杂度基本上与针对单重加密的密钥搜索相同，但显然比 $2^{2\kappa}$ 次搜索操作要简单得多。

中间人攻击分为两个阶段。第一阶段，使用蛮力攻击左边的加密，并计算出一个查找表；第二阶段，攻击者只需要在查找表中找出两次加密密钥的一个匹配。下面是方法的具体实现。

第一阶段：表计算 给定一个明文 x_1，计算包含所有 $(k_{L,i}, z_{L,i})$ 对的查找表，其中 $e_{k_{L,i}}(x_1) = z_{L,i}$，$i = 1$，2，…，$2^{\kappa}$。这些计算由图中向左的箭头表示。$z_{L,i}$ 表示两次加密中得到的中间值，此列表需要根据 $z_{L,i}$ 的值进行排序。这个查找表的项数为 2^{κ}，且每个项的

宽度都是 $n+\kappa$ 位。注意：用于加密的密钥中有一个是正确的目标密钥，但我们无法确定哪一个是正确的。

第二阶段：密钥匹配　为了找到目标密钥，我们需要先对 y_1 进行解密，即执行图中向右箭头所表示的计算。我们选择第一个可能的密钥 $k_{R,1}$，比如全零的密钥，并计算：

$$e_{k_{R,1}}^{-1}(y_1) = z_{R,1}。$$

下面检查 $z_{R,1}$ 是否与第一阶段计算的表中的任何一个 Z_L，i 值相等。如果 $z_{R,1}$ 不在此表内，则将密钥增加到 $k_{R,2}$，再次解密 y_1 并检查得到的值是否在表中；如此循环，直到找到一个匹配为止。

现在有两个值出现了所谓的冲突，即 $z_{L,i} = z_{R,j}$。从这里可以得到两个密钥：值 $z_{L,i}$ 与左边加密使用的密钥 $k_{L,i}$ 相关，而 $k_{R,j}$ 则是测试右边加密过程得到的密钥。这意味着存在一个密钥对 $(k_{L,i}, k_{R,j})$ 执行双重加密：

$$e_{k_{R,j}}(e_{k_{L,i}}(x_1)) = y_1 \tag{5.2}$$

根据第 5.2 节中的讨论可知，这个密钥有可能不是我们要找的目标密钥对，因为可能存在多个密钥对满足映射 $x_1 \rightarrow y_1$。因此，我们必须使用等式(5.2)加密多个明文-密文对，验证额外的密钥候选者。如果对所有密文-密文对 $(x_1，y_1)$，$(x_2，y_2)$，…的验证都失败了，则返回到第二阶段开头，并再次增加密钥 k_R 继续搜索。

下面将讨论以较高概率排除错误密钥需要多少个明文-密文对才合适。至于图 5-9 描述的明文与密文之间的多重映射，双重加密可以建模为密钥长度为 2κ 位，分组长度为 n 位的密码。实际中通常有 $2\kappa > n$，在这种情况下，我们通常需要多个明文-密文对。第 5.2 节中的定理可以很容易地用于多重加密的情况，利用这个定理，我们可以很容易地确定需要多少对 $(x，y)$：

> **定理 5.3.1**　假设使用长度为 κ 位、分组大小为 n 位的分组密码连续进行 l 次加密，并已知 t 个明文-密文对 $(x_1，y_1)$，…，$(x_t，y_t)$。将所有明文加密为对应密文的假密钥的期望数量为：
>
> $$2^{l\kappa - tn}$$

下面来看一个例子。

示例 5.3　假设我们使用 DES 进行双重加密，并选择测试三个明文-密文对，则假密钥通过所有三次密钥测试的概率为：

$$2^{2\cdot56-3\cdot64}=2^{-80}$$

◇

下面来看一下中间人攻击的计算复杂度。攻击的第一阶段(对应于图中向左的箭头)需要执行 2^κ 次加密，并占用 2^κ 个内存存储单元。攻击的第二阶段(对应于图中向右的箭头)最多需要执行 2^κ 次解密和表查找。此阶段的多重密钥测试忽略不计，则中间人攻击总的代价为：

$$加密与解密次数 ~=~ 2^\kappa + 2^\kappa = 2^{\kappa+1}$$
$$存储单元的数目 ~=~ 2^\kappa$$

与此形成对照的是，在使用蛮力攻击单重加密的情况下，需要 2^κ 次加密或解密，并且没有存储开销。尽管存储需求增加了一些，但是计算与内存的开销仍然与 2^κ 成正比。因此，人们普遍认为双重加密得不偿失。相反，三重加密是可以使用的，下一节会对此方法进行详细介绍。

注意：为了更准确地分析中间人攻击的复杂度，我们还需要考虑第一阶段中排列表项的开销，以及第二阶段中表查找的开销。然而，在分析中间人攻击复杂度时，这些额外开销都可以忽略。

5.3.2　三重加密

与双重加密相比，一种更安全的方法就是连续三次加密一个数据块：

$$y = e_{k_3}(e_{k_2}(e_{k_1}(x)))$$

实际中通常使用上述三重加密的一个变体：

$$y = e_{k_1}(e_{k_2}^{-1}(e_{k_3}(x)))$$

这种类型的三重加密有时称为加密-解密-加密(EDE)，这样做的原因与安全性无关。如果 $k_1 = k_2$，则执行的有效操作为：

$$y = e_{k_3}(x),$$

它实际上是一个单重加密。由于人们有时希望单个实现可以同时执行三重加密和单重加密，以便与遗留下来而难以更新的系统进行交互，EDE 是一个非常主流的三重加密的选择。此外，为了实现 112 位的安全性，在 3DES 中只需选择两个不同的密钥 k_1 和 k_2 并设置

$k_3 = k_1$ 就已足够。

当然，在这种情况下中间人攻击还是可能的，如图 5-11 所示。

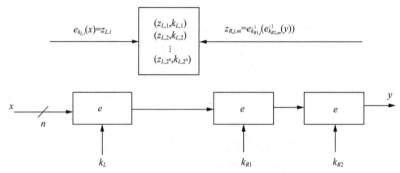

图 5-11　三重加密与中间人攻击草图

同样，假设每个密钥都是 κ 位。攻击者面临的问题是，她需要在第一轮或第二轮加密后计算查找表。在这两种情况中，为了得到查找表，攻击者都必须连续计算两次加密或解密。这取决于三重加密的密码强度：遍历两次加密或解密中所有可能密钥的可能性为 2^{2k}。在 3DES 中，这意味着攻击者必须执行 2^{112} 次密钥测试；而以目前的技术来说，这是完全不可能实现的。总之，中间人攻击将三重加密的有效密钥长度从 3κ 减少至 2κ。正因为如此，人们通常认为三重 DES 的有效密钥长度为 112 位，而不是密码的实际输入 $3 \cdot 56 = 168$ 位。

5.3.3　密钥漂白

使用一种名为密钥漂白的简单技术就可以加强诸如 DES 分组密码对蛮力攻击的抵抗力。基本方案如图 5-12 所示。

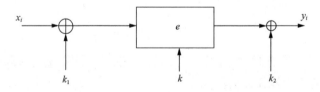

图 5-12　分组密码的密钥漂白

除了正常的密钥 k 外，还需要两个漂白密钥 k_1 和 k_2，分别用来计算明文和密文的异或掩码。这个过程可以表示为：

定义 5.3.1　分组密码的密钥漂白

加密：$y = e_{k,k_1,k_2}(x) = e_k(x \oplus k_1) \oplus k_2$

解密：$x = e^{-1}_{k,k_1,k_2}(y) = e_k^{-1}(y \oplus k_2) \oplus k_1$

需要强调的一点是，密钥漂白并没有增强分组密码对绝大多数分析攻击(比如线性密码分析和差分密码分析)的抵抗性。这一点与多重加密不同，因为多重加密总是可以增强密钥对分析攻击的抵抗力。因此，对本身就脆弱的密钥而言，密钥漂白并非"解药"。密钥漂白主要用于那些能抵抗分析攻击但密钥空间较小的密码，而这种类型密码的典型例子就是DES。使用密钥漂白的 DES 变体就是 DESX，而 DESX 使用的密钥 k_2 来自于 k 和 k_1。需要注意的是，绝大多数现代分组密码(比如 AES)的内部已经使用密钥漂白技术，它们的实现方法通常是在第一轮之前和最后一轮后加上一个子密钥。

下面来讨论一下密钥漂白的安全性。一个针对该方案的简单蛮力攻击通常需要 $2^{\kappa+2n}$ 个搜索步骤，其中 κ 为密钥的位长度，n 为分组大小。使用第 5.3 节中介绍的中间人攻击可以将计算负荷降低到 $2^{\kappa+n}$ 步左右，外加 2^n 个数据集的存储。然而，如果对手 Oscar 能够搜集 2^m 个明文-密文对，则存在一种更高级的攻击，它对应的计算复杂度，即密码操作次数为：

$$2^{\kappa+n-m}$$

尽管本文在此处并没有介绍这种攻击，但还是简单探讨了对 DES 使用密钥漂白的后果。假设攻击者已知 2^m 个明文-密文对。注意：安全系统的设计者通常可以控制在建立新的密钥前所能生成的明文-密文对的数目。因此，攻击者不可以随意增加参数 m。同时，由于已知明文的数目随着 m 的增长呈指数增长，所以大于 40 的 m 值看上去都是非常不切合实际的。例如，假设使用的是 DES 密钥漂白，且 Oscar 可以搜集的明文最多为 2^{32} 个，则他现在可以执行的计算次数为：

$$2^{56+64-32} = 2^{88}$$

考虑到当前的技术，即使使用特殊的硬件执行 2^{56} 次 DES 操作也需要好几天的时间，所以执行 2^{88} 次加密是完全不可能的。注意：明文的数目(在大多数情况下指的是 Oscar 不应该知道的数据)相当于 32GB 的数据，而在绝大多数的现实情况中，搜集这么多的数据也极难实现。

密钥漂白另一个具有吸引力的特征为额外的计算负荷非常小，完全可以忽略不计。在加密一个输入分组时，一个典型分组密码的软件实现需要几百条指令。相反，在 32 位的机器上一个 64 位的异或操作仅需要 2 个指令，所以，大多数情况下密钥漂白对性能的影响在

1%甚至更小范围内。

5.4 讨论及扩展阅读

操作模式 在 AES 筛选过程后，美国国家标准与技术局通过一系列特别出版物和研讨会[124]支持新操作模式的评估过程。目前已有 8 个已批准的分组密码模式：五个用于提供保密性(ECB，CBC，CFB，OFB，CTR)，一个用于提供认证(CMAC)及两个同时支持保密与认证的组合模式(CCM，GCM)。这些模式在实际中广泛使用，也是很多计算机网络或银行等标准中的一部分。

分组密码的其他应用 除数据加密外，实际中分组密码最重要的应用之一就是消息验证码(MAC)，本书将在第 12 章中对此进行介绍。CBC-MAC、OMAC 和 PMAC 模式都是使用分组密码构建的。为了提高保密性和认证，认证加密(Authentication Encryption，AE)在加密和 MAC 生成中均使用了分组密码。除本章中介绍的 GCM 外，还有很多其他 AE 模式，包括 EAX 模式、OCB 模式和 GC 模式。

另一种应用就是使用分组密码构建密码学安全的伪随机数生成器(CSPRNG)。实际上，本章介绍的序列密钥模式(即 OFB、CFB 和 CTR 模式)构成了 CSPRNG。此外，还存在一些其他标准，比如[4, 附录 A.2.4]，这些标准明确规范了使用分组密码构建的随机数生成器。

分组密码也可以用于构建密码哈希函数，这部分内容将在第 11 章中讨论。

扩展蛮力攻击 尽管蛮力攻击不存在任何算法捷径，但在需要同时执行若干个穷尽搜索攻击时，还是存在一些很高效的方法。这些方法也称为时间-内存平衡攻击(TMTO)，其基本思想为：使用大量密钥加密一个固定的明文，并将一些中间结果存储起来。这是预计算阶段，它产生了一个很大的查找表，并且它的复杂度至少与单个蛮力攻击相当。联机阶段对表进行全面搜索，而这个查询会比一次蛮力攻击要快很多。因此，在预计算阶段后，单个密钥的查找会变得更快。TMTO 攻击最初由 Hellman[91]提出，而 Rivest 引入了一些新颖的观点对其进行了改进[145]。最近，人们又提出了彩虹表，进一步改善了 TMTO 攻击[131]。TMTO 攻击在实际使用中存在一个局限，即每个单独的攻击都要求加密已知明文的相同部分，比如文件头。

分组密码和量子计算机 考虑到未来量子计算机带来的潜在风险，目前使用的所有加密算法的安全性都需要重新评估(需要注意，目前关于量子计算机在未来几十年里是否可能出现的争论十分激烈)。然而，目前所有已有的主流非对称算法，比如 RSA，都难以抵抗使用量子计算机的攻击[153]，而对称算法则更有弹性。使用基于 Grover 算法[87]的量子计算机对密钥空间为 2^n 的密码执行一次完全密钥搜索只需要 $2^{(n/2)}$ 步。因此，为了抵御量子计算机的攻击，密钥长度必须大于 128 位，这也是要求 AES 密钥长度为 192 位和 256 位的一个原因。有趣的是，要发起一个这样的攻击，没有比 Grover 的算法更高效的量子算法[16]。

5.5　要点回顾

- 使用分组密码进行加密的方法有很多种。每种操作模式都有各自的优缺点。
- 可以采用若干种模式将分组密码转换为序列密码。
- 有些模式可以同时执行加密和认证，即密码校验和可以用来防止消息被篡改。
- 简单的 ECB 模式有很多与底层分组密码无关的安全缺陷。
- 计算器模式允许并行化加密，因此非常适合于高速实现。
- 使用给定分组密码进行双重加密几乎不会增强对蛮力攻击的抵抗力。
- 使用给定分组密码进行三重加密几乎使密钥长度加倍，三重 DES(3DES)的有效密钥长度为 112 位。
- 密钥漂白在没有引入任何计算开销的情况下，扩大了 DES 的密钥长度。

5.6　习题

5.1　考虑将使用 AES 得到的加密数据存储于大型数据库的情形，其中每个记录的大小为 16 字节。假设记录之间没有任何关联，请问哪种模式最合适？为什么？

5.2　考虑使用穷尽密钥搜索对分组密码发起已知明文攻击，其中密钥长度为 k 位。分组长度占 n 位，且 $n > k$。

(1) 成功破解 ECB 模式中的分组密码需要多少明文和密文？在最不利的情况下，需要执行多少步？

(2) 假设在 CBC 模式中运行的分组密码所使用的初始向量 IV 是已知的。现在要使用穷尽密钥搜索破解此密码需要多少明文和密文？最多需要执行多少步？请概要描述攻击过程。

(3) 如果 IV 是未知的，则需要多少明文和密文？

(4) 使用穷尽密码搜索方法破解 CBC 模式下的分组密码比破解 ECB 模式下的分组密码更难吗？

5.3 假设在某个公司里，所有通过网络传输的文件都会自动使用 CBC 模式下的 AES-128 进行加密。密钥是固定的，但 IV 每天更新一次。由于网络加密是基于文件的，所以每个文件开头都使用 IV。

假设你能够侦查出固定的 AES-128 密钥，但不知道最近的 IV。今天，你窃听到两个不同的文件，其中一个文件的内容不确定，而另一个文件是自动生成的临时文件，只包含值 0xFF。请大致描述获取未知初始向量的方法，以及确定未知文件内容的方法。

5.4 保密 OFB 模式中的 IV 并不会使穷尽密钥搜索变得更复杂。请描述如何使用未知 IV 进行蛮力攻击。这个方法对明文和密文有什么要求？

5.5 如果 IV 在加密操作的每轮执行中都不改变，请描述如何对 OFB 模式进行攻击？

5.6 请设计一种一次加密一个明文字节(比如加密来自远程的击键)的 OFB 模式方案。使用的分组密码为 AES，对每个新的明文字节都执行一个分组密码操作。请绘出你的方案框图，请特别留意你给出框图中使用的位长度(请比照第 5.1.4 节结尾处对字节模式的描述)。

5.7 只需要做很小的修改就可以大大削弱看上去强壮的方案，这种现象在密码学中非常常见。假设有一种 OFB 模式变体，它只反馈密码输出中最重要的 8 位。使用的密码为 AES，并将密码的其他 120 个输入位都设为 0。

(1) 请绘出此方案的框图。

(2) 在使用这种方案加密相当大的明文分组时，比如 100KB，为什么说这种方案很脆弱？如果攻击者想完全破解该方案，他最多需要多少已知明文？

(3) 假设将反馈字节表示为 FB。如果将 128 位的值 FB，FB，…，FB 反馈到输入(即将反馈字节复制 16 次，并将得到的结果作为 AES 的输入)，请问这个方案在密码学上是否变得更强壮？

5.8 本文提出了 CFB 模式的一个变体，用来加密单个字节。如果使用 AES 作为分组密码，请画出该模式的框图。请标识出框图中每行的宽度(按位标识)。

5.9 在计数器模式下使用 AES 来加密一个容量为 1TB 的硬盘。请问 IV 的最大长度是多少？

5.10 实际中在选择操作模式时，错误传播有时是一个问题。为了分析错误的传播问题，假设密文分组 y_i 中的一个位错误(即值本来是 0 却被替换成 1，反之亦然)。

(1) 假设在一个密文分组(比如 y_i)在传输过程中出现一个错误，如果使用 ECB 模式，请问该错误对 Bob 接收到的哪些明文分组有影响？

(2) 同样，假设分组 y_i 包含一个在传输过程中引入的错误。如果使用 CBC 模式，请问该错误对 Bob 接收到的哪些明文分组有影响？

(3) 假设 Alice 方的明文 x_i 存在一个错误。如果使用 CBC 模式，Bob 方接收到的哪些明文分组受到了影响？

(4) 在 8 位 CFB 模式中，假设一个密文字符在传输途中发生了位错误。请问这个错误可以传多远？请详细描述它对每个分组的影响。

(5) 请概要描述在 ECB、CBC、CFB、OFB 和 CTR 模式下，密文分组中位错误的影响。请描述解密 y_i 时，随机位错误和特定位错误的区别。

5.11　除简单的位错误外，位删除或位插入的影响会更严重，因为它们破坏了分组同步。绝大多数情况下，它们会导致后续分组的解密都不正确，但反馈宽度为 1 位的 CFB 模式是一个特例。请证明：经过 $\kappa+1$ 步后，该同步会自动恢复，其中 κ 为分组密码的分组大小。

5.12　现在将使用成本估算方法分析 DES 双重加密(2DES)的安全性：

$$2DES(x) = DES_{K_2}(DES_{K_1}(x))$$

(1) 首先假设一个没有使用任何存储的单纯密钥搜索，即必须搜索 K_1 和 K_2 区段的整个密钥空间。要在一个星期内(在最不利的情况下)破解 2DES 所需的密钥搜索机器价值多少？

在这种情况下，假设每秒可以搜索 10^7 个密钥的 ASIC 的每个 IC 成本为 \$5。进一步假设，50% 的开销用于构建密钥搜索机器。

(2) 下面讨论中间人(时间—存储平衡)攻击，这种情况下可以使用存储。请回答以下问题：

● 需要存储多少项？

● 每项需要存储多少个字节(不是位)？

● 在一周内完成密钥搜索的开销是多少？请注意，密钥空间搜索必须在全部占满内存之前完成。然后我们才能开始搜索第二个密钥的密钥空间。假设搜索两个密钥空间的硬件相同。

在粗略计算成本时，假设硬盘空间的开销为 8 美元/10GB，其中 $1GB = 10^9$ 字节。

(3) 根据摩尔定理，请问什么时候该成本可以低于 1 百万美元？

5.13　假设外星人——不会拐骗居住在地球上的人，也不会对地球人做很奇怪的实验——在地球上遗失了一台计算机，而该计算机非常适合做 AES 密钥搜索。实际上，该计算机非常强大，能够在几天时间内搜遍 128、192 和 256 位的密钥。为了以适当的概率排除假密钥，请给出外星人所需要明文-密文对个数的准则。(注意：由于在本书撰写之时，外星人与地球人构建的、针对这种密钥长度计算机都是不可能的，这个问题纯粹就是一个科幻小说)。

5.14 给定多个明文-密文对，你的目标是攻击一个基于多重加密的加密方案。

(1) 你想破解一个使用三重 AES-192(比如分组长度 $n = 128$ 位，密钥大小 $k = 192$ 位) 加密的加密系统 E。需要多少个满足 $y_i = e_K(x_i)$ 的二元组 (x_i, y_i) 才能将找到密钥 K 的概率降低到 $Pr(K' \neq K) = 2^{-20}$？这里的 K 只对某个特定 i 满足条件 $y_i = e_K(x_i)$，但对绝大多数其他 i 的值(即误报)都不满足该条件 x。

(2) 假设此密码总是使用双重加密($l = 2$)且分组长度为 $n = 80$ 位，以不高于 $Pr(K' \neq K)$ $= 2^{-10} = 1/1024$ 的错误概率发起有效攻击的分组密码的最大密钥大小是多少？

(3) 如果给你提供了四个明文-密文分组，而这些分组都是使用 AES-256($n = 128$ 位，$k = 256$ 位)进行双重加密得到的，请估算成功概率并验证结果。

注意：这是一个单纯的理论问题。蛮力不可能破解大小超过 2128 的密钥空间。

5.15 使用 2^{2k} 次加密和 2^k 个存储单元就可破解拥有三个不同密钥的 3DES，其中 $k=56$。请设计对应的攻击方法。为将错误密钥三元组 (k_1, k_2, k_3) 的概率降到足够低，请问需要多少个 (x, y) 对？

5.16 这是你破解密码体制的一个机会。根据目前所学的知识可知，密码学是一门非常微妙的学科。下面的问题说明了，只用稍作修改就能将一个强壮的方案变得非常脆弱。

从本章的介绍可知，密钥漂白是一种增强分组密码对蛮力攻击抵抗力的良好技术。现在来看一个针对 DES 的密钥漂白的变体，它也称为 DESA：

$$DESA_{k,k_1}(x) = DES_k(x) \oplus k_1 \, .$$

尽管这个方法看上去与密钥漂白相似，但它也没有增加安全性。你现在的任务就是，证明破解此方案与针对单轮 DES 的蛮力攻击一样复杂。假设你已知若干个明文-密文对。

第 6 章

公钥密码学简介

在学习公钥密码学的基本原理之前，我们首先回顾一下以前讲过的知识：术语公钥密码学与非对称密码学可以互换使用，它们表示的是相同的东西，也互为同义词。

正如第 1 章所述，对称密码学已经使用了至少 4000 年。而公钥密码学则是崭新的领域，它最早于 1976 年由 Whitfield Diffie，Martin Hellman 和 Ralph Merkle 公开介绍。最近，人们发现解密的 1997 年文档显示，来自英国政府通讯总部(GCHQ)的研究员 James Ellis、Clifford Cocks 和 Graham 早在 1972 年就发现并实现了公钥密码学的基本原理。然而，关于政府办公厅是否真的意识到公钥密码学对商业安全应用的深远影响仍然存在很多争议。

 本章主要内容包括

- 公钥密码学的发展简史
- 公钥密码学的优缺点
- 为理解公钥算法需要探讨的一些数论主题，尤其是扩展的欧几里得算法

6.1 对称密码学与非对称密码学

在本章可以看到，非对称算法(即公钥算法)与诸如 AES 或 DES 的对称算法完全不同。绝大多数公钥算法都基于数论函数，这一点与对称密码大不相同——对称密码的目标通常是让输入和输出之间不存在紧凑的数学描述关系。尽管人们常用数学结构来描述对称密码内的小型分组，比如 AES 中的 S-盒，但这并不意味着整个密码形成了一个紧凑的数学描述。

1. 回顾对称密码学

为了理解非对称密码学的基本原理，首先我们需要回顾一下基本对称加密方案，如图 6-1 所示。

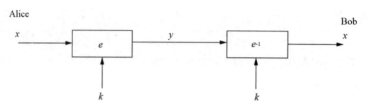

图 6-1 对称密钥加密的基本原理

一个对称系统必须满足以下两个属性：

(1) 加密和解密使用相同的密钥。

(2) 加密函数和解密函数非常类似(在 DES 中，加密函数和解密函数基本相同)。

图 6-2 显示了对称密码学的一个简单模拟。假设有一个锁非常强壮的保险箱，只有 Alice 和 Bob 拥有该锁的密钥。对消息加密的动作可以看作是将消息放在保险箱里。为了读取该消息，即对消息解密，Bob 需要使用他的密钥打开保险箱。

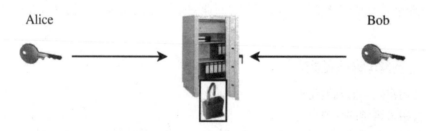

图 6-2 模拟对称加密：只有一把锁的保险箱

现代对称算法都非常安全快速，并被广泛使用，比如 AES 或 3DES。然而，对称密码方案也存在一些缺点，下面将对此进行讨论。

密钥分配问题 Alice 和 Bob 必须使用一个安全的信道建立密钥。请记住，消息传递所使用的通信链路是不安全的，所以，尽管直接在该信道上传输密钥是最简单的密钥分配方式，但却是不可取的。

密钥个数 即使解决了密钥分配问题，我们还可能需要处理大量的密钥。在拥有 n 个用户的网络中，如果每对用户之间都需要一个单独的密钥对，则整个网络需要的密钥对数是：

$$\frac{n \cdot (n-1)}{2}$$

且每个用户都需要安全地存储 $n-1$ 个密钥。即使对于中型的网络而言，比如一个拥有 2000 名员工的公司，也需要生成 4 百万个密钥对，并且每个密钥对都必须通过安全信道进行传输。关于这个问题的更多讨论可以参见第 13.1.3 节(处理对称密码网络中的密钥有几种巧妙的方法，详细的内容在第 13.2 节介绍；然而，这些方法或多或少存在一些问题，比如单点故障等)。

对 Alice 或 Bob 的欺骗没有防御机制　Alice 和 Bob 能力相同，因为他们拥有的密钥相同。因此，对于那些需要防止 Alice 或 Bob 欺骗(与预防像 Oscar 的外部攻击者不同)的应用而言，对称密码学是不能使用的。例如，在电子商务应用中证明 Alice 的确发送了某个消息(比如在线购买平板电视)是非常重要的。如果只使用对称密码学，Alice 在生成订单后又改变了主意，她总是可以说是该电子采购订单是提供商 Bob 伪造的。这种预防行为称为不可否认性，并可以通过非对称密码学实现，详细内容将在第 10.1.1 节中讨论。本书第 10 章将要介绍的数字签名也可以提供不可否认性。

2. 非对称密码学的基本原理

为了克服这些缺点，Diffie、Hellman 和 Merkle 基于以下思路提出了改革性的建议：加密者(在本例中指的是 Alice)用来加密消息的密钥没有必要保密。重要的部分在于，接收者 Bob 只有使用密钥才能解密。为了实现一个这样的系统，Bob 公开了一个众人皆知的加密密钥。此外，Bob 还拥有一个用于解密的匹配密钥。因此，Bob 的密钥 k 由两部分组成：公开部分 k_{pub} 和保密部分 k_{pr}。

图 6-3 显示了这样一个系统的简单模拟，此系统的工作方式与街角旧邮箱的工作方式非常类似：每个人都可以向该邮箱投信(即加密)，但是只有拥有私人钥匙(密钥)的人才可以取信(即解密)。假设有一个拥有此功能的密码体制，公钥加密的一个基本协议如图 6-4 所示。

图 6-3　模拟公钥加密：使用公开锁存放消息及使用保密锁获取消息的保险箱

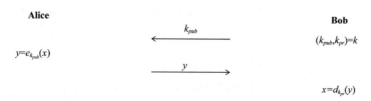

图6-4　公钥加密的基本协议

从上面的协议可以看出，尽管可在不使用安全信道建立密钥的情况下加密消息，但如果想要使用类似 AES 的算法加密，我们仍然不能交换密钥。然而，对此协议的简单修改就能使它支持密钥交换。我们需要做的就是使用公钥算法加密一个对称密钥，比如 AES 密钥。一旦 Bob 解密了该对称密码，双方就都可以使用对称密码来加密和解密消息。图6-5 显示了一个基本的密钥传输协议，为了方便说明，其中使用的对称密码为 AES(当然，这个协议也可以使用其他任意对称算法)。图6-5 所示协议比图6-4 所示协议优胜之处在于，负载是使用对称密码加密的，这将比非对称算法更快。

从目前的讨论可知，非对称密码学看上去是一种实现安全应用非常适合的工具。现在的问题仍然是如何构建一个公钥算法。第 7 章、第 8 章和第 9 章介绍了大多数具有实用性的非对称方案，它们都来自于同一个公共原理，即单向函数。单向函数的正式定义如下：

定义 6.1.1　单向函数

函数 $f()$ 是一个单向函数，仅当：

1. $y = f(x)$ 在计算上是容易的，且
2. $x = f^{-1}(y)$ 在计算上是不可行的。

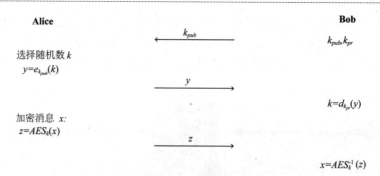

图6-5　使用 AES 对称密码的基本密钥传输协议

显然，上面的形容词"容易的"和"不可行的"并不很准确。用数学术语来说，如

果一个函数可以用多项式时间衡量(即它的运行时间是一个多项式表达式),则说明它在计算上是容易的。为了能用于实际密码方案,$y = f(x)$ 的计算必须足够快,而且不会给应用带来慢到不可接受的执行时间。逆函数 $x = f^{-1}(y)$ 必须是计算密集型的,这意味着即使使用目前已知的最好的算法,在任何合理的时间周期内(比如 10 000 年)评估该计算也是不可行的。

实际公钥方案中常使用两种主流的单向函数。第一个就是整数分解问题,它是 RSA 的基础。给定两个大素数,计算它们的乘积非常容易;但是将它们的乘积分解因式却是非常困难的。实际上,如果每个素数对应的十进制数字都超过 150 位,则即使使用数千台 PC 运行多年也不可能因式分解得到乘积。另一个得到广泛使用的单向函数为离散对数问题,这个问题不是很直观,将在第 8 章中予以介绍。

6.2 公钥密码学的实用性

实际公钥算法将在后续章节中介绍,因为需要首先学习一些数学知识。然而,仔细研究公钥密码学的主要安全函数是非常重要的,下面将对此进行介绍。

6.2.1 安全机制

正如前面的章节所示,公钥方案可以用于数据加密。事实证明,公钥密码学还可以用来做其他很多以前无法想象的事情。下面列出了公钥密码学所能提供的主要功能:

公钥算法的主要安全机制:

　　密钥建立　　在不安全信道上建立密钥的协议有若干种,包括 Diffie-Hellman 密钥交换(DHKE)协议或 RSA 密钥传输协议。

　　不可否认性　　可以通过数字签名算法(比如 RSA、DSA 或 ECDSA)实现不可否认性和消息完整性。

　　身份标识　　在类似银行智能卡或手机等的应用中,可使用质询-响应协议与数字签名相结合的方法识别实体。

　　加密　　可使用类似 RSA 或 Elgamal 的算法对消息进行加密。

可以注意到,使用对称密码也可以实现身份标识和加密,但对称密码在密钥管理上通常需要操作者付出更多精力。看上去,公钥方案似乎可以提供现代安全协议所需的一切功能。尽管事实也的确如此,但实际中公钥方案的主要缺点在于:使用公钥算法对数据进行

加密的计算量非常大——通俗地说，就是非常慢。许多分组密码和序列密码的加密速度都会比公钥算法的加密速度要快一百至一千倍。因此，实际的数据加密基本上都不使用公钥密码学，这个事实有点嘲讽的意味。此外，对称算法在提供不可否认性和密钥建立功能方面表现平平。为了充分利用这两者的优点，更实用的协议通常是混合协议，即对称密码算法和公钥算法的综合。混合协议的例子包括常用于安全 Web 连接的 SSL/TLS 协议，或作为 Internet 通信协议一部分的 IPsec。

6.2.2 遗留问题：公钥的可靠性

从目前的讨论可以看出，非对称方案的最大优点就是可以自由分配公钥，如图 6-4 和图 6-5 显示的协议所示。然而，实际问题会更复杂一些，因为实际中仍然需要保证公钥的可靠性。换句话说：我们是否真的知道某个公钥真正属于某个人？实际中的这个问题通常是利用所谓的证书解决。大致来讲，证书将一个公钥与某个特定的实体进行了绑定。对许多安全应用而言这都是一个很大的问题，比如在 Internet 上进行的电子商务交易。第 13.3.2 节将对此话题进行详细的讨论。

另一个问题就是公钥算法的密钥非常长，导致执行时间很长，但这个问题不是非常重要。下面将讨论密钥长度和安全性问题。

6.2.3 重要的公钥算法

前面的章节已经介绍了一些分组密码，比如 DES 和 AES。然而，除此以外还存在很多其他对称算法。在过去几十年中，人们提出了几百种算法；尽管其中有许多算法并不安全，但也存在不少加密性很强的算法，这些内容已经在第 3.7 节介绍过。而非对称算法的情况截然不同。具有实用性的公钥算法总共只有三种类型，可以根据它们所依赖的底层计算问题对其进行分类。

> **具有实用性的公钥算法家族**
>
> **整数分解方案** 有效公钥方案基于这样一个事实：因式分解大整数是非常困难的。这类算法最突出的代表就是 RSA。
>
> **离散对数方案** 有不少算法都基于有限域内的离散对数问题，最典型的例子包括 Diffie-Hellman 密钥交换、Elgamal 加密或数字签名算法(DSA)。
>
> **椭圆曲线(EC)方案** 离散对数算法的一个推广就是椭圆曲线公钥方案。典型例子包括椭圆曲线 Diffie-Hellman 密钥交换(ECDH)和椭圆曲线数字签名算法(ECDSA)。

前两个算法家族都是在 20 世纪 70 年代中期提出的，而椭圆曲线则是在 20 世纪 80 年代中期提出的。如果仔细地选择参数(尤其是操作数和密钥长度)，目前没有已知的攻击可以破解这些方案。本书的第 7 章，第 8 章和第 9 章对以上每个家族内的算法进行了介绍。值得注意的是，这三种家族的每一种都可以用来提供密钥建立的主要公钥机制，通过数字签名和数据加密实现不可否认性。

除了以上三个家族外，人们还提出了其他若干种公钥方案。这些方案通常缺少密码成熟度，即它们对数学攻击的鲁棒性是未知的。多元二次(MQ)或一些基于点阵的方案都是这方面的例子。这些方案还存在的另一个通用问题就是实用性很差，比如 McEliece 密码体制所需要的密钥长度为几兆字节。然而，也存在一些性能和安全性都与上文所述的三种成熟家族相当的其他方案，只是还没有得到广泛使用，比如超椭圆密码体制。对大多数应用而言，推荐使用上面三种算法已经成熟的家族的公钥方案。

6.2.4　密钥长度与安全等级

以上三种已建立的公钥算法家族都是基于数论函数，它们的一个突出特征就是，要求算术运算的操作数和密钥都非常长。显而易见，操作数和密钥的长度越长，算法就越安全。为了比较不同的算法，人们通常考虑安全等级。如果已知最好的攻击需要 2^n 步才能破解某个算法，则这个算法可以称为拥有"n 位的安全等级"。这个定义非常容易理解，因为安全等级为 n 的对称算法对应的密钥长度也为 n 位。非对称算法的密码强度与安全性之间的关系没有这么直观。表 6-1 显示了位数为 80、128、192 和 256 的四个安全等级对应的公钥算法推荐使用的位长度。从表中可以看出，类似 RSA 的方案和离散对数方案都需要非常长的操作数和密钥。相对而言，椭圆曲线方案要求的密钥长度较短，但在相同密码强度情况下，它所要求的密钥长度仍然是对称密码方案的两倍。

表 6-1　不同安全等级所要求的公钥算法的位长度

算法家族	密码体制	安全级别(位)			
		80	128	192	256
整数分解	RSA	1024 位	3072 位	7680 位	15 360 位
离散对数	DH、DSA、Elgamal	1024 位	3072 位	7680 位	15 360 位
椭圆曲线	ECDH、ECDSA	160 位	256 位	384 位	512 位
对称密钥	AES、3DES	80 位	128 位	192 位	256 位

你也许会想将此表与第 1.3.2 节中给出的表(提供了对称密码算法安全性评估的相关信息)进行比较。为了提供长期的安全性(即能维持几十年的安全)，一般应该选择 128 位对应的安全等级；而对三种算法家族而言，实现 128 位安全等级都需要相当长的密钥。

长操作数带来的一个不好的结果就是公钥方案的计算会变得极其复杂。前文已经提到，一个公开操作(比如数字签名)比使用 AES 或 3DES 对一个分组进行加密要慢 2～3 阶。此外，这三种算法家族的计算复杂度的增长大致是位长增长的三次方。例如，在一个给定的 RSA 签名生成软件内，将位长从 1 024 位增加到 3 076 位将导致执行时间变慢 $3^3 = 27$ 倍。在现代 PC 中，几十毫秒到几百毫秒的执行时间都非常常见；对大多数应用而言也不会带来什么问题。然而，在类似手机、智能卡或网络服务器等每秒需要执行多次公钥操作的、主要使用小型 CPU 的受限设备中，公钥的性能会是一个非常严重的瓶颈。第 7 章、第 8 章和第 9 章将介绍几种相对有效的公钥算法实现技术。

6.3 公钥算法的基本数论知识

下面将介绍公钥密码学中一些非常重要的技术，这些技术都来自于数论。本章主要介绍了欧几里得算法、欧拉函数及费马小定理和欧拉定理。这些算法和定理对非对称算法的学习，尤其是对 RSA 密码方案的理解，都非常重要。

6.3.1 欧几里得算法

首先介绍计算最大公约数(gcd)的问题。两个正整数 r_0 和 r_1 的 gcd 表示为

$$\gcd(r_0, r_1),$$

它指的是被 r_0 和 r_1 同时整除的最大正整数。例如 $\gcd(21，9) = 3$。对小整数而言，gcd 的计算非常容易，就是将两个整数因式分解，并找出最大的公共因子。

示例6.1 假设 $r_0 = 84$，$r_1 = 30$，因式分解得到

$$r_0 = 84 = 2 \cdot 2 \cdot 3 \cdot 7$$
$$r_1 = 30 = 2 \cdot 3 \cdot 5$$

gcd 是所有公共质因子的乘积：

$$2 \cdot 3 = 6 = \gcd(30, 84)$$

◇

然而，对公钥方案中使用的大整数而言，因式分解通常是不可能的。所以，人们通常使用一种更有效的算法计算 gcd，那就是欧几里得算法。此算法基于一个简单的观察，即

$$\gcd(r_0, r_1) = \gcd(r_0 - r_1, r_1),$$

其中，通常假设 $r_0 > r_1$，并且两个数均为正整数。此属性的证明非常简单：假设 $\gcd(r_0, r_1) = g$，由于 g 可以同时除 r_0 和 r_1，则可以记作 $r_0 = g \cdot x$ 和 $r_1 = g \cdot y$，其中 $x > y$，且 x 和 y 为互素的整数，即它们没有公共因子。此外，证明$(x - y)$与 y 互素也非常简单。因此可以得到：

$$\gcd(r_0 - r_1, r_1) = \gcd(g \cdot (x - y), g \cdot y) = g$$

下面，使用前面例子中的数字来验证此属性：

示例 6.2 同样，假设 $r_0 = 84$，$r_1 = 30$，则$(r_0 - r_1)$与 r_1 的 gcd 为：

$$r_0 - r_1 = 54 = 2 \cdot 3 \cdot 3 \cdot 3$$
$$r_1 = 30 = 2 \cdot 3 \cdot 5$$

最大公因子仍然是 $2 \cdot 3 = 6 = \gcd(30, 54) = \gcd(30, 84)$。

◇

只要满足$(r_0 - mr_1) > 0$，迭代地使用这个过程可以得到：

$$\gcd(r_0, r_1) = \gcd(r_0 - r_1, r_1) = \gcd(r_0 - 2r_1, r_1) = \cdots = \gcd(r_0 - mr_1, r_1)$$

如果 m 选择了最大值，则此算法使用的步骤也是最少的。这种情况可以表示为：

$$\gcd(r_0, r_1) = \gcd(r_0 \bmod r_1, r_1)$$

由于第一项$(r_0 \bmod r_1)$比第二项 r_1 小，通常可以交换它们：

$$\gcd(r_0, r_1) = \gcd(r_1, r_0 \bmod r_1)$$

这个过程的核心关注点在于，我们可将查找两个给定整数的 gcd 简化为查找两个较小整数的 gcd。迭代地进行这个过程，直到最后得到 $\gcd(r_l, 0) = r_l$。由于每轮迭代都保留了前一轮迭代步骤的 gcd，事实证明：最终的 gcd 就是原始问题的 gcd，即：

$$\gcd(r_0, r_1) = \cdots = \gcd(r_l, 0) = r_l$$

我们首先来看几个使用欧几里得算法计算 gcd 的例子，然后再正式地讨论此算法。

示例 6.3 假设 $r_0 = 27$，$r_1 = 21$，图 6-6 直观地给出了参数长度在每轮迭代中的缩减方式。迭代中的阴影部分为新余数 $r_2 = 6$(第一轮迭代)和 $r_3 = 3$(第二轮迭代)，这两个余数形成了下一轮迭代的输入值。请注意，最后一轮迭代的余数 $r_4 = 0$，这意味着算法的结束。

$$gcd(27,21)=gcd(21,6)=gcd(6,3)=gcd(3,0)=3$$

图 6-6　输入值为 $r_0 = 27$，$r_1 = 21$ 的欧几里得算法示例

观察使用较大整数计算欧几里得算法也是非常有用的，如示例 6.4 所示。

示例 6.4　假设 $r_0 = 973$，$r_1 = 301$，gcd 的计算方式为：

$973 = 3 \cdot 301 + 70$	$gcd(973, 301) = gcd(301, 70)$
$301 = 4 \cdot 70 + 21$	$gcd(301, 70) = gcd(70, 21)$
$70 = 3 \cdot 21 + 7$	$gcd(70, 21) = gcd(21, 7)$
$21 = 3 \cdot 7 + 0$	$gcd(21, 7) = gcd(7, 0) = 7$

◇

现在，大家对欧几里得算法应该有了一定的了解，下面将给出此算法的正式描述。

欧几里得算法

　　输入：正整数 r_0 和 r_1，且 $r_0 > r_1$

　　输出：$gcd(r_0, r_1)$

　　初始化：$i = 1$

　　算法：

1　　　　DO
1.1　　　　　$i = i + 1$
1.2　　　　　$r_i = r_{i-2} \bmod r_{i-1}$
　　　　　WHILE　$r_i \neq 0$
2　　　　RETURN
　　　　　$gcd(r_0, r_1) = r_{i-1}$

请注意：当计算到余数 $r_i = 0$ 时，此算法结束。前一轮迭代计算得到的余数(表示为 r_{i-1})就是原始问题的 gcd。

即使处理非常长的数字(这些数字通常在公钥密码学中使用)，欧几里得算法依然高效。迭代次数与输入操作数的位数有紧密的关系。这意味着如果一个 gcd 涉及的数字都是 1 024 位，则此 gcd 的迭代次数就是 1 024 乘以一个常数。当然，只有几千次迭代的算法在当今 PC 上很容易实现，这也使得该算法在实际中的效率极高。

6.3.2　扩展的欧几里得算法

到目前为止，我们发现两个整数 r_0 和 r_1 的 gcd 的计算可以通过不断迭代地减小操作数来实现。然而事实证明，欧几里得算法的主要应用并不是计算 gcd。扩展的欧几里得算法可以用来计算模逆元，而模逆元在公钥密码学中占有举足轻重的地位。扩展的欧几里得算法(EEA)除了可以计算 gcd 外，还能计算以下形式的线性组合：

$$\gcd(r_0, r_1) = s \cdot r_0 + t \cdot r_1$$

其中 s 和 t 均表示整型系数。这个等式通常也称为丢番图方程(Diophantine equation)。

现在的问题是：我们应该如何计算 s 和 t 这两个系数？此算法背后的思路为，执行标准欧几里得算法，但将每轮迭代中的余数 r_i 表示为以下形式的线性组合：

$$r_i = s_i r_0 + t_i r_1 \tag{6.1}$$

如果这个过程成功了，则最后一轮迭代对应的等式为：

$$r_l = \gcd(r_0, r_1) = s_l r_0 + t_l r_1 = s r_0 + t r_1。$$

这也意味着最后一个系数 s_l 也是等式(6.1)所寻找的系数 s，同时 $t_l = t$。下面来看一个例子。

示例 6.5　假设某个扩展的欧几里得算法的输入值与前一个示例相同，即 $r_0 = 973$，$r_1 = 301$。左手边计算标准欧几里得算法，即计算余数 r_2，$r_3\ldots$；同时还计算每轮迭代中的整数商 q_{i-1}。右手边计算满足等式 $r_i = s_i r_0 + t_i r_1$ 的系数 s_i 和 t_i；这些系数也显示在括号里。

i	$r_{i-2} = q_{i-1} \cdot r_{i-1} + r_i$	$r_i = [s_i] r_0 + [t_i] r_1$
2	$973 = 3 \cdot 301 + 70$	$70 = [1] r_0 + [-3] r_1$
3	$301 = 4 \cdot 70 + 21$	$21 = 301 - 4 \cdot 70$ $= r_1 - 4(1 r_0 - 3 r_1)$ $= [-4] r_0 + [13] r_1$

(续表)

4	$70=3 \cdot 21+7$	$7=70-3 \cdot 21$ $=(1r_0-3r_1)-3(-4r_0+13r_1)$ $=[13]r_0+[-42]r_1$
	$21=3 \cdot 7+0$	

此算法计算了三个参数，即 $\gcd(973, 301)=7$，$s=13$ 及 $t=-42$。这三个参数的正确性可以通过以下表达式进行验证：

$$\gcd(973, 301)=7=[13]973+[-42]301=12649-12642$$

◇

请仔细观察上述示例最右边列中执行的代数步骤，尤其需要注意的是，右手边的线性组合都是使用前一个线性组合的结果构建的。下面将得到每轮迭代中计算 s_i 和 t_i 的递归公式。假设当前迭代对应的索引为 i，则前两轮迭代中计算的值为：

$$r_{i-2}=[s_{i-2}]r_0+[t_{i-2}]r_1 \tag{6.2}$$
$$r_{i-1}=[s_{i-1}]r_0+[t_{i-1}]r_1 \tag{6.3}$$

在当前第 i 轮迭代中，首先需要从 r_{i-1} 与 r_{i-2} 中计算商 q_{i-1} 和新余数 r_i：

$$r_{i-2}=q_{i-1} \cdot r_{i-1}+r_i.$$

这个等式也可写成：

$$r_i=r_{i-2}-q_{i-1} \cdot r_{i-1}. \tag{6.4}$$

回顾一下我们的目标：将新余数 r_i 表示为等式(6.1)所示的 r_0 和 r_1 的线性组合；而实现此目标的核心步骤就是：将等式(6.4)中的 r_{i-2} 用等式(6.2)替换，同时将 r_{i-1} 用等式(6.3)替换，得到：

$$r_i=(s_{i-2}r_0+t_{i-2}r_1)-q_{i-1}(s_{i-1}r_0+t_{i-1}r_1)$$

将这些项重新排序，就可得到想要的结果：

$$r_i=[s_{i-2}-q_{i-1}s_{i-1}]r_0+[t_{i-2}-q_{i-1}t_{i-1}]r_1 \tag{6.5}$$
$$r_i=[s_i]r_0+[t_i]r_1$$

等式(6.5)直观地给出了计算 s_i 和 t_i 的递归公式，即 $s_i=s_{i-2}-q_{i-1}s_{i-1}$ 和 $t_i=t_{i-2}-q_{i-1}t_{i-1}$。

这个递归表达式只对 $i \geqslant 2$ 的索引值有效。与其他递归一样，此递归也需要 s_0、s_1、t_0、t_1 的初始值。这些初始值(从问题 6.13 中可以得到)应该为 $s_0 = 1$，$s_1 = 0$，$t_0 = 0$，$t_1 = 1$。

扩展的欧几里得算法(EEA)

　　输入：正整数 r_0 和 r_1，且 $r_0 > r_1$
　　输出：$\gcd(r_0, r_1)$，以及满足 $\gcd(r_0, r_1) = s \cdot r_0 + t \cdot r_1$ 的 s 和 t。
　　初始化：
　　$s_0 = 1$　　$t_0 = 0$
　　$s_1 = 0$　　$t_1 = 1$
　　$i = 1$
　　算法：
　　1　　　DO
　　1.1　　　　$i = i + 1$
　　1.2　　　　$r_0 = r_{i-2} \bmod r_{i-1}$
　　1.3　　　　$q_{i-1} = (r_{i-2} - r_i)/r_{i-1}$
　　1.4　　　　$s_i = s_{i-2} - q_{i-1} \cdot s_{i-1}$
　　1.5　　　　$t_i = t_{i-2} - q_{i-1} \cdot t_{i-1}$
　　　　　WHILE　　$r_i \neq 0$
　　2　　　RETURN
　　　　　　　$\gcd(r_0, r_1) = r_{i-1}$
　　　　　　　$s = s_{i-1}$
　　　　　　　$t = t_{i-1}$

　　正如前文所述，EEA 在非对称密码学中的主要应用就是计算整数的模逆。第 1.4.4 节中已经提到过这样的问题。对仿射密码而言，它需要找出密钥值 a 模 26 的逆元，而使用欧几里得算法，这个过程非常简单明了。假设我们想计算 $r_1 \bmod r_0$ 的逆元，其中 $r_1 < r_0$。从第 1.4.2 节可知，只有在 $\gcd(r_0, r_1) = 1$ 的情况下逆元才存在。因此，如果使用 EEA，则可得到 $s \cdot r_0 + t \cdot r_1 = 1 = \gcd(r_0, r_1)$，将此等式执行模 r_0 计算可得：

$$s \cdot r_0 + t \cdot r_1 = 1$$
$$s \cdot 0 + t \cdot r_1 \equiv 1 \bmod r_0$$
$$r_1 \cdot t \equiv 1 \bmod r_0 \tag{6.6}$$

等式(6.6)恰巧就是 r_1 逆元的定义。这意味着 t 本身就是 r_1 的逆元：

$$t = r_1^{-1} \bmod r_0。$$

　　因此，如果需要计算逆元 $a^{-1} \bmod m$，直接使用输入参数为 m 和 a 的 EEA 即可，计算得到的输出值 t 即为其逆元。下面来看一个示例。

示例 6.6 本例的任务就是计算 $12^{-1} \bmod 67$。值 12 和 67 是互素的，即 $\gcd(67, 12) = 1$。如果使用EEA，可以得到 $\gcd(67, 12) = 1 = s \cdot 67 + t \cdot 12$ 中的系数 s 和 t。如果初始值 $r_0 = 67$，$r_1 = 12$，则此算法的计算过程为：

i	q_{i-1}	r_i	s_i	t_i
2	5	7	1	-5
3	1	5	-1	6
4	1	2	2	-11
5	2	1	-5	**28**

于是可以得到如下线性组合

$$-5 \cdot 67 + 28 \cdot 12 = 1$$

如上所示，12 的逆元为

$$12^{-1} \equiv 28 \bmod 67$$

验证这个结果的等式为：

$$28 \cdot 12 = 336 \equiv 1 \bmod 67$$

◇

请注意：通常不需要系数 s，而且实际中也一般不计算该值。还有一点需要注意的是，该算法结果中的 t 可以是一个负数，但这个结果仍然正确。这种情况下，我们必须计算 $t = t + r_0$，这是一个有效的操作，因为 $t \equiv t + r_0 \bmod r_0$。

下面将讨论如何利用 EEA 计算伽罗瓦域内的乘法逆元。在现代密码学中，这部分内容与 AES 中 S-盒的起源以及椭圆曲线公钥算法有着重要关联。EEA 完全可以当做多项式(而不是整数)来使用。如果想计算有限域 $GF(2^m)$ 中的一个逆元，算法的输入就是域元素 $A(x)$ 和不可约多项式 $P(x)$。EEA 计算辅助多项式 $s(x)$ 和 $t(x)$，以及最大公约数 $\gcd(P(x), A(x))$，且这些结果满足：

$$s(x)P(x) + t(x)A(x) = \gcd(P(x), A(x)) = 1$$

注意，由于 $P(x)$ 是不可约多项式，所以 gcd 总是等于 1。如果对上述等式左右两边同时约简，执行模 $P(x)$ 计算，就会发现辅助多项式 $t(x)$ 等于 $A(x)$ 的逆：

$$s(x)0 + t(x)A(x) \equiv 1 \bmod P(x)$$
$$t(x) \equiv A^{-1}(x) \bmod P(x)$$

下面将给出在小型域 $GF(2^3)$ 内使用扩展的欧几里得算法的示例。

示例 6.7 计算基于 $P(x) = x^3 + x + 1$ 的有限域 $GF(2^3)$ 中 $A(x) = x^2$ 的逆元。$t(x)$ 多项式的初始值为：$t_0(x) = 0$，$t_1(x) = 1$。

迭代轮数	$r_{i-2}(x) = [q_{i-1}(x)] r_{i-1}(x) + [r_i(x)]$	$t_i(x)$
2	$x^3 + x + 1 = [x] x^2 + [x+1]$	$t_2 = t_0 - q_1 t_1 = 0 - x1 \equiv x$
3	$x^2 \quad\quad = [x](x+1) + [x]$	$t_3 = t_1 - q_2 t_2 = 1 - x(x) \equiv 1 + x^2$
4	$x+1 \quad\quad = [1] x + [1]$	$t_4 = t_2 - q_3 t_3 = x - 1(1 + x^2)$
		$t_4 \equiv 1 + x + x^2$
5	$x \quad\quad = [x] 1 + [0]$	Termination since $r_5 = 0$

注意，多项式系数的计算在 $GF(2)$ 内，而由于加法操作与减法操作相同，因此负系数(比如 $-x$)都可以替换为一个正数。每轮迭代中得到的新余数和商就是上面括号里的数值。多项式 $t_i(x)$ 是根据本节前面介绍的计算整数 t_i 的递归公式得到的。如果余数为 0，则 EEA 终止。在本例中，当索引为 5 时 EEA 结束。计算得到的最后的 $t_i(x)$ 的值，即 $t_4(x)$，就是所要求的逆元：

$$A^{-1}(x) = t(x) = t_4(x) = x^2 + x + 1.$$

下面是检查 $t(x)$ 的确是 x^2 的逆元的过程。这里使用的特性为：$x^3 \equiv x + 1 \bmod P(x)$ 和 $x^4 \equiv x^2 + x \bmod P(x)$：

$$t_4(x) \cdot x^2 = x^4 + x^3 + x^2$$
$$\equiv (x^2 + x) + (x + 1) + x^2 \bmod P(x)$$
$$\equiv 1 \bmod P(x)$$

◇

注意：在 EEA 的每一轮迭代中，人们通常使用非常长的除数(与上面显示的短除数不同)来确定新的商 $q_{i-1}(x)$ 和新的余数 $r_i(x)$。

第 4 章的表 4-2 中的逆元都是通过扩展欧几里得算法得到的。

6.3.3 欧拉函数

下面来学习公钥密码体制(尤其是 RSA)中非常有用的一个工具。在环 $\mathbb{Z}_m = \{0, 1, \dots, m-1\}$ 中，我们感兴趣的问题(这个问题在此处显得有点奇怪)就是这个集合中有多少个数字与 m 互素。这个数目可以由欧拉(*Euler's Phi*)函数给出，其定义如下：

> **定义 6.3.1　欧拉函数**
>
> $\mathbb{Z}_m$ 内与 m 互素的整数的个数可以表示为 $\varPhi(m)$。

首先来看几个示例，并通过手动统计 $\mathbb{Z}_m$ 内所有互素的整数来计算欧拉函数。

示例 6.8　假设 $m = 6$，对应的集合为 $\mathbb{Z}_6 = \{0, 1, 2, 3, 4, 5\}$。

$\gcd(0, 6) = 6$

$\gcd(1, 6) = 1$　★

$\gcd(2, 6) = 2$

$\gcd(3, 6) = 3$

$\gcd(4, 6) = 2$

$\gcd(5, 6) = 1$　★

由于该集合中有两个与 6 互素的数字，即 1 和 5，所以欧拉函数的值为 2，即 $\varPhi(6) = 2$。

◇

再看一个例子。

示例 6.9　假设 $m = 5$，对应的集合为 $\mathbb{Z}_5 = \{0, 1, 2, 3, 4\}$。

$\gcd(0, 5) = 5$

$\gcd(1, 5) = 1$　★

$\gcd(2, 5) = 1$　★

$\gcd(3, 5) = 1$　★

$\gcd(4, 5) = 1$　★

由于该集合中有 4 个与 5 互素的数字，所以 $\varPhi(5) = 4$。

◇

从上面的例子可以推测出，如果数值非常大的话，将集合内的元素从头至尾都处理一遍并计算 gcd 的欧拉函数的计算方法会非常慢。实际上，使用这种最直接的方法计算公钥密码学中使用的非常大的整数对应的欧拉函数是非常困难的。幸运的是，如果 m 的因式分解是已知的，则存在一个更简单的计算方法，如以下定理所示。

定理 6.3.1 假设 m 可以因式分解为以下数的连乘

$$m = p_1^{e_1} \cdot p_2^{e_2} \cdot \ldots \cdot p_n^{e_n},$$

其中，p_i 表示不同素数的个数，e_i 表示正整数，则有

$$\Phi(m) = \prod_{i=1}^{n} (p_i^{e_i} - p_i^{e_i-1})。$$

即使对很大的整数 m 而言，n 的值(即不同素因子的个数)也总是很小，所以评估乘积符号 $\prod$ 在计算上也是非常简单的。下面列举一个使用这个关系计算欧拉函数的例子。

示例 6.10 假设 $m=240$，240 因式分解对应的连乘形式为：

$$m = 240 = 16 \cdot 15 = 2^4 \cdot 3 \cdot 5 = p_1^{e_1} \cdot p_2^{e_2} \cdot p_3^{e_3}$$

其中有三个不同的质因子，即 $n = 3$，则欧拉函数的值为

$$\Phi(m) = (2^4 - 2^3)(3^1 - 3^0)(5^1 - 5^0) = 8 \cdot 2 \cdot 4 = 64$$

这意味着在范围 $\{0，1，\ldots，239\}$ 内存在 64 个整数与 $m = 240$ 互素。而替代方法需要计算 240 次 gcd，即使对较小的整数而言，这个计算过程也会非常慢。

$\diamondsuit$

需要强调的一点是，在用这种方法快速计算欧拉函数时，我们必须知道 m 的因式分解。在第 7 章我们将了解到，这个特性也是 RSA 公钥方案的核心；相反地，如果已知某个整数的因式分解，就可以计算出欧拉函数并解密密文。如果因式分解未知，也就不能计算欧拉函数，也无法解密。

6.3.4 费马小定理与欧拉定理

下面将介绍公钥密码学中非常有用的两个定理，首先介绍费马小定理(Fermat's Little Theorem[1])。此定理在素性测试和公钥密码学的其他很多方面都非常有用。在做指数模整数操作时，此定理得到的结果将非常令人惊讶。

---

1. 请不要把费马小定理和费马最后定理混为一谈，费马最后定理是一个非常著名的数论问题，并于 20 世纪 90 年代(即自它诞生 350 年之后)才被论证。

> **定理 6.3.2　费马小定理**
>
> 　　假设 a 为一个整数，p 为一个素数，则
>
> $$a^p \equiv a \pmod p$$

请注意，有限域 $GF(p)$ 上的算术运算都是通过 $\bmod\ p$ 实现的，因此，对有限域 $GF(p)$ 内的所有整数元素 a 而言，此定理始终成立。此定理也可表示为以下形式：

$$a^{p-1} \equiv 1 \pmod p$$

这种形式在密码学中非常有用，其中一个应用就是计算有限域内某个元素的逆元。此等式也可以写成 $a.a^{p-2} \equiv 1 \pmod p$，这个表示形式正是乘法逆元的定义。因此，我们立刻可以得到反转整数 a 模一个素数的方法：

$$a^{-1} \equiv a^{p-2} \pmod p \tag{6.7}$$

请注意，只有在 p 为素数时这种反转方法才成立。下面来看一个示例：

示例 6.11　假设 $p = 7$，$a = 2$，计算 a 的逆元可以表示为：

$$a^{p-2} = 2^5 = 32 \equiv 4 \bmod 7$$

结果的验证也很容易：$2 \cdot 4 \equiv 1 \bmod 7$。

◇

计算等式(6.7)中的指数运算通常比使用扩展的欧几里得算法要慢很多。然而，使用费马小定理在有些情况下也具有一定的优势，比如在智能卡或其他拥有快速指数硬件加速器的设备中。但这些情况都不常见，因为很多公钥算法都需要指数计算，这在后续章节中会看到。

将费马小定理的模数推广到任何整数模，即不一定为素数的模，就可得到欧拉定理。

> **定理 6.3.3　欧拉定理**
>
> 　　假设 a 和 m 都是整数，且 $\gcd(a, m)=1$，则有：
>
> $$a^{\Phi(m)} \equiv 1 \pmod m$$

由于这个定理对模数 m 适用，所以它也适用于整数环 $\mathbb{Z}_m$ 内的所有整数。下面来看一个使用欧拉定理计算较小数字的例子。

示例 6.12　假设 $m = 12$，$a = 5$。首先计算 m 的欧拉函数：

$$\Phi(12) = \Phi(2^2 \cdot 3) = (2^2 - 2^1)(3^1 - 3^0) = (4 - 2)(3 - 1) = 4$$

现在验证欧拉定理：

$$5^{\Phi(12)} = 5^4 = 25^2 = 625 \equiv 1 \bmod 12$$

◇

很容易看出来，费马小定理是欧拉定理的一个特例。如果 p 为一个素数，则 $\Phi(p) = (p^1 - p^0)$ $= p - 1$ 成立。如果将这个值用于欧拉定理，则可得到：$a^{\Phi(p)} = a^{p-1} \equiv 1 (\bmod\, p)$，而这正是费马小定理。

6.4 讨论及扩展阅读

通用的公钥密码学　Whitfield Diffie 和 Martin Hellman[58]的文章对非对称密码学具有里程碑的意义。Ralph Merkle 独立发明了非对称密码学的概念，并提出了完全不同的公钥算法[121]。下面是公钥密码学历史中一些良好的说明。强烈推荐 Diffie 在[57]中提出的方法。另一个关于公钥密码学的精辟概述就是[127]。[100]中描述了椭圆曲线密码学的详细历史，包括 20 世纪 90 年代中 RSA 和 ECC 之间的激烈竞争，所讲的内容极具教育意义。关于非对称密码学最近的发展状况都记录在公钥密码(PKC)系列研讨会中。

模算术运算　关于本章介绍的数学知识，第 1.5 节中推荐的关于数论的入门性书籍都是很好的扩展阅读材料。在实际中，扩展的欧几里得算法也极其重要，因为几乎所有公钥方案的实现都包含这部分内容，尤其是模逆元。此方案一个重要的加速技术就是二进制 EEA，而它优于标准 EEA 之处在于用位移位代替了除法。这对公钥方案使用的非常长的整数而言，是非常具有吸引力的。

替代公钥算法　除了已确立的三种非对称方案外，还存在一些其他的非对称方案。首先，有些算法已经被破译或被认为是不安全的，比如背包方案。其次，有些算法是已成熟算法的推广，比如超椭圆曲线，代数变体或非-RSA 基于因式的方案。所有这些方案都使用相同的单向函数，即整数因式分解或某些群内的离散对数。第三，有些非对称算法基于不同的单向函数。人们感兴趣的单向函数有四种：基于哈希的，基于代码的，基于点阵的和多元二次(MQ)公钥算法。当然,这些单向函数至今没有得到广泛使用也是有原因的。

在大多数情况下,这些方案在实际使用中都存在一些缺陷,比如密钥太长(有时该长度为几 MB)或密码强度不是很清楚。大概自 2005 年起,人们逐渐对这种非对称方案中的加密领域感兴趣。一部分原因是当前还不存在针对这四种替换非对称方案的量子计算攻击。与 RSA、离散对数和椭圆曲线方案及其变体等容易受到使用量子计算机[153]发起的攻击不同,这种方案非常安全。尽管人们并不清楚量子计算机在将来是否会出现(最乐观的评估声称,距量子计算机的出现还有几十年的时间),但是替代的公钥算法有时被称为后量子密码学。关于此领域的最新研究可以参考最近的书籍[18]和最新的研讨会系列[36, 35]。

6.5 要点回顾

- 公钥算法拥有对称密码不具有的一些特性,尤其是数字签名和密码建立功能。
- 公钥算法是计算密集型(只是"非常缓慢"的另一种好听的说法)的方法,因此不适合大量数据加密。
- 实际中广泛使用只有三种公钥方案,与对称算法的情况相比,这个数目显得非常少。
- 扩展的欧几里得算法可以用来迅速地计算模逆元,而模拟元在几乎所有的公钥方案中都是非常重要的。
- 欧拉函数给出了小于整数 n 且与 n 互素的所有元素的个数。欧拉函数对 RSA 密码方案非常重要。

6.6 习题

6.1 从本章可知,公钥密码学可以用于加密和密钥交换。此外,公钥密码学还拥有私钥密码学不能提供的特性(比如不可否认性)。

但是,为什么目前的应用中还要使用对称密码学呢?

6.2 本题将比较对称算法与非对称算法之间的计算性能。假设有一个快速公钥库,比如 OpenSSL[132],它使用 RSA 算法,并可以在现代 PC 上以 100Kb/s 的速率解密数据。在相同的机器上,AES 可以 17Mb/s 的速率解密。假设我们想要加密一部存储在 DVD 上的电影,其大小为 1GB。请问使用这两种算法进行解密分别需要多长时间?

6.3 假设一个拥有 120 名员工的小公司提出一个新的安全政策,要求使用对称密码对消息交换加密。如果需要保证每对可能的通信双方都能安全通信，请问需要多少个密钥？

6.4　根据对应位长度确定的安全等级直接影响到对应算法的性能。下面分析在运行时增加安全等级的影响。

假设某个在线商店的商业 Web 服务器可以使用 RSA 或 ECC 来生成签名。此外，假设 RSA-1024 和 ECC-160 生成签名所需要的时间分别为 15.7ms 和 1.3ms。

(1) 如果将 RSA 的安全等级从 1024 位增加到 3072 位，请给出签名生成的运行时间增加了多少？

(2) 如果位从 1024 位增加到 15 360，请问运行时间增加了多少？

(3) 请确定不同 ECC 安全等级对应的这些数字分别是什么？

(4) 请描述在增加安全等级时 RSA 与 ECC 之间的区别。

提示：RSA 与 ECC 的计算复杂度都与位长度的立方成正比。给定某个安全等级的 RSA，你可以使用表 6-1 确定 ECC 所需要的位长度。

6.5　使用欧几里得算法的基本形式计算以下数值的最大公约数：

(1) 7469 和 2464

(2) 2689 和 4001

请仅使用便携式计算器解决这个问题。请写出欧几里得算法的每一轮迭代步骤，即不要只给出数字结果。同时，请写出每个 gcd 对应的 gcd 计算链，即：

$$\gcd(r_0,\ r_1) = \gcd(r_1,\ r_2) = \cdots$$

6.6　请使用扩展的欧几里得算法计算以下数值的最大公约数和参数 s，t。

(1) 198 和 243

(2) 1819 和 3587

请检查上面每组数值是否真的都满足 $sr_0 + tr_1 = \gcd(r_0,\ r_1)$。计算规则与上题相同：仅使用便携式计算器，并详细写出每轮迭代的步骤。

6.7　欧几里得算法是一种找到 Z_m 内乘法逆元的有效方法，它比穷尽搜索方法要高效很多。请找出 Z_m 内以下元素 a 模 m 的逆元。

(1) $a = 7$，$m = 26$(仿射密码)

(2) $a = 19$，$m = 999$

注意，逆元也必须是 Z_m 内的元素，这个结果很容易验证。

6.8　根据以下定义确定 $m = 12$，15，26 对应的 $\phi(m)$：检查每个正整数 n 和比 n 小的 m 是否满足 $\gcd(n，m) = 1$(没必要非要使用 Euclid 算法)。

6.9 请写出以下特例对应 $\phi(m)$ 的公式：

(1) m 是一个素数。

(2) $m = p \cdot q$，其中 p 和 q 都是素数。这种情况对 RSA 密码体制而言至关重要。请使用上题中的结果，验证 $m = 15$，26 的公式。

6.10 请使用费马定理或欧拉定理计算 $a^{-1} \bmod n$：

- $a = 4$，$n = 7$
- $a = 5$，$n = 12$
- $a = 6$，$n = 13$

6.11 请验证：对 $Z_m (m = 6, 9)$ 内所有满足 $\gcd(a, m) = 1$ 的元素 a 而言，欧拉定理始终成立。同时，请验证对所有满足 $\gcd(a, m) \neq 1$ 的元素 a，该定理都不成立。

6.12 根据第 1 章介绍的仿射密码，某个元素模 26 的乘法逆元可以表示为：

$$a^{-1} \equiv a^{11} \bmod 26$$

请使用欧拉定理得到此关系。

6.13 假设扩展的欧几里得算法的初始条件为 $s_0 = 1$，$s_1 = 0$，$t_0 = 0$，$t_1 = 1$。请推导这些条件。深入了解本章如何推导欧几里得算法的一般迭代公式非常有用。

第 **7** 章

RSA 密码体制

自 Whitfield Diffie 和 Martin Hellman 于 1976 年在他们具有里程碑意义的论文[58]中引入公钥密码学后，一个崭新的密码学分支突然涌现出来。接着，密码学家便开始寻找可以实现公钥加密的方法。1977 年，Ronald Rivest，Adi Shamir 和 Leonard Adleman(如图 7-1 所示)提出了一种实现方案，即 RSA；它后来变成非对称密码方案中使用最广泛的一种。

图 7-1　Ronald Rivest、Adi Shamir 和 Leonard Adleman 早期的照片(在 Ron Rivest 的授权下复制的)

 本章主要内容包括

- RSA 的工作原理
- RSA 的实用方面，比如参数的计算、快速加密与解密
- 安全性评测

● 实现方面的问题

7.1 引言

RSA 密码方案有时也称为 Rivest-Shamir-Adleman 算法，它是目前使用最广泛的一种非对称密码方案，不过椭圆曲线和离散对数方案也逐渐普及。RSA 在 USA(但其他国家除外)的专利期限持续到 2000 年。

RSA 应用广泛，但在实际中却常用于：

● 数据小片段的加密，尤其用于密钥传输

● 数字签名，比如 Internet 上的数字证书，这部分内容将在第 10 章中讨论

然而需要注意的是，RSA 加密的本意并不是为了取代对称密码，而且它比诸如 AES 的密码要慢很多。这主要是因为 RSA(或其他公钥算法)执行中涉及到很多计算，本章的后部分会对此进行介绍。因此，加密特征的主要用途就是安全地交换对称密码的密钥(即密钥传输)。实际上，RSA 通常与类似 AES 的对称密码一起使用，其中真正用来加密大量数据的是对称密码。

RSA 底层的单向函数就是整数因式分解问题：两个大素数相乘在计算上是非常简单的(人们使用笔和纸就能完成)，但是对其乘积结果进行因式分解却是非常困难的。欧拉定理(定理 6.3.3)和欧拉函数在 RSA 中发挥着至关重要的作用。下面我们将首先描述加密、解密和密钥生成的工作原理，然后再介绍 RSA 的实用性。

7.2 加密与解密

RSA 加密和解密都是在整数环 $\mathbb{Z}_n$ 内完成的，模计算在其中发挥了核心作用。读者可以回顾一下第 1.4.2 节中介绍的环与环内的模运算。假设使用 RSA 加密明文 x，而表示 x 的位字符串则是 $\mathbb{Z}_n = \{0, 1, \ldots, n-1\}$ 内的元素。所以明文 x 表示的二进制值必然小于 n。对密文而言，这个原理也成立。使用公钥进行加密和使用密钥进行解密可以表示为：

> **RSA 加密** 给定公钥 $(n, e) = k_{pub}$ 和明文 x，则加密函数为：
>
> $$y = e_{k_{pub}}(x) \equiv x^e \bmod n \tag{7.1}$$
>
> 其中 x, $y \in \mathbb{Z}_n$。

RSA 解密　给定私钥 $d = k_{pr}$ 及密文 y，则解密函数为：

$$x = d_{k_{pr}}(y) \equiv y^d \bmod n \tag{7.2}$$

其中 x，$y \in \mathbb{Z}_n$。

实际中，x，y，n 和 d 都是非常长的数字，通常为 1024 位或更长。值 e 有时称为加密指数或公开指数；私钥 d 有时称为解密指数或保密指数。如果 Alice 想将一个加密后的消息传输给 Bob，她需要拥有 Bob 的公钥 (n, e)，而 Bob 将用他自己的私钥 d 进行解密。第7.3 节将讨论如何生成这三个重要参数 d，e 和 n。

即使不清楚更多细节，我们也已经可以说出 RSA 密码体制的一些需求：

(1) 由于攻击者可以得到公钥，所以，对于给定的公钥值 e 和 n，确定私钥 d 在计算上必须是不可行的。

(2) 由于 x 只是唯一地取决于模数 n 的大小，所以一次 RSA 加密的位数不能超过 l，其中 l 指的是 n 的位长度。

(3) 计算 $x^e \bmod n$ (即加密)和 $y^d \bmod n$ (即解密)应该相对简单。这意味着我们需要一种能快速计算长整数的指数的方法。

(4) 给定一个 n 应该对应很多密钥/公钥对，否则，攻击者就可以发起蛮力攻击(事实证明，这个要求很容易满足)。

7.3　密钥生成与正确性验证

所有非对称方案的一个显著特征就是，它们都有一个计算公钥和私钥的握手阶段。密钥生成依赖于公钥方案，因此十分复杂。需要注意的一点是，对分组密码或序列密码而言，密钥生成通常不是一个问题。

以下是 RSA 密码体制中计算公钥和私钥所涉及的步骤。

RSA 密钥生成

　　输出：公钥：$k_{pub} = (n, e)$ 和私钥：$k_{pr} = (d)$

　　1. 选择两个大素数 p 和 q。
　　2. 计算 $n = p \cdot q$。
　　3. 计算 $\Phi(n) = (p-1)(q-1)$。

> 4. 选择满足以下条件的公开指数 $e \in \{1,2,...,\Phi(n)-1\}$
>
> $$\gcd(e,\Phi(n))=1 \text{。}$$
>
> 5. 计算满足以下条件的私钥 d
>
> $$d \cdot e \equiv 1 \bmod \Phi(n)$$

条件 $\gcd(e,\Phi(n))=1$ 保证 e 的逆元存在模 $\Phi(n)$，因此，私钥 d 始终存在。

密钥生成中有两个部分至关重要：选择两个大素数的步骤 1 以及计算公钥和私钥的步骤 4 和 5。步骤 1 中的素数生成非常复杂，将在第 7.6 节中介绍。使用扩展的欧几里得算法(EEA)立刻就可以计算出密钥 d 和 e。实际中，人们通常首先在 $0 < e < \Phi(n)$ 范围内选择一个公开参数，且 e 的值必须满足条件 $\gcd(e,\Phi(n))=1$。将输入参数 n 和 e 用于 EEA 中即可得到以下关系：

$$\gcd(\Phi(n),e) = s \cdot \Phi(n) + t \cdot e$$

如果 $\gcd(e,\Phi(n))=1$，则 e 是一个有效的公钥。此外从这里可以看出，使用扩展欧几里得算法得到的参数 t 即为 e 的逆元，因此有：

$$d = t \bmod \Phi(n) \text{。}$$

如果 e 和 $\Phi(n)$ 不是互素的，则可选择一个新的 e 值，并重复此过程。请注意，EEA 的系数 s 对 RSA 而言不是必须的，因此也可以不计算。

下面通过一个简单的例子来演示 RSA 的工作方式。

示例 7.1　Alice 想要发送一个加密后的消息给 Bob。首先，Bob 执行步骤 1～5 计算 RSA 参数，并将他的公钥发送给 Alice。Alice 然后将消息$(x=4)$加密，并将得到的密文 y 发送给 Bob。最后，Bob 使用他自己的私钥解密 y。

Alice	**Bob**
消息 $x=4$	1. 选择 $p=3$ 和 $q=11$
	2. $n = p \cdot q = 33$
	3. $\Phi(n) = (3-1)(11-1) = 20$
	4. 选择 $e=3$
	5. $d \equiv e^{-1} \equiv 7 \bmod 20$

$$\xleftarrow{\quad k_{pub}=(33,3) \quad}$$

$y = x^e \equiv 4^3 \equiv 31 \bmod 33$

$$\xrightarrow{\quad y=3 \quad}$$

$$y^d = 31^7 \equiv 4 = x \bmod 33$$

注意：私钥指数和公钥指数都满足条件 $e \cdot d = 3 \cdot 7 \equiv 1 \bmod \Phi(n)$ 。

◇

实际中的 RSA 参数会非常非常大。从表 6-1 可知，RSA 模数 n 应该至少为 1024 位长，这使得 p 和 q 的位长度都至少为 512。下面是位长度为 1024 的 RSA 参数的示例。

$p = E0DFD2C2A288ACEBC705EFAB30E4447541A8C5A47A37185C5A9$
$CB98389CE4DE19199AA3069B404FD98C801568CB9170EB712BF$
$10B4955CE9C9DC8CE6855C6123_h$

q $= EBE0FCF21866FD9A9F0D72F7994875A8D92E67AEE4B515136B2$
$A778A8048B149828AEA30BD0BA34B977982A3D42168F594CA99$
$F3981DDABFAB2369F229640115_h,$

n$= CF33188211FDF6052BDBB1A37235E0ABB5978A45C71FD381A91$
$AD12FC76DA0544C47568AC83D855D47CA8D8A779579AB72E635$
$D0B0AAAC22D28341E998E90F82122A2C06090F43A37E0203C2B$
$72E401FD06890EC8EAD4F07E686E906F01B2468AE7B30CBD670$
$255C1FEDE1A2762CF4392C0759499CCOABECFF008728D9A11ADF_h$

e $= 40B028E1E4CCF07537643101FF72444AOBE1D7682F1EDB553E3$
$AB4F6DD8293CA1945DB12D796AE9244D60565C2EB692A89B888$
$1D58D278562ED60066DD8211E67315CF89857167206120405B0$
$8B54D10D4EC4ED4253C75FA74098FE3F7FB751FF5121353C554$
$391E114C85B56A9725E9BD5685D6C9C7EED8EE442366353DC39_h$

d$=C21A93EE751A8D4FBFD77285D79D6768C58EBF283743D2889A3$
$95F266C78F4A28E86F545960C2CE01EB8AD5246905163B28D0B$
$8BAABB959CC03F4EC499186168AE9ED6D88058898907E61C7CC$
$CC584D65D801CFE32DFC983707F87F5AA6AE4B9E77B9CE630E2$
$C0DF05841B5E4984D059A35D7270D500514891F7B77B804BED81_h$

有趣的是，加密时消息 x 首先要升高到 e 次幂，解密时密文 y 也要升高到 d 次幂，这样得到的结果也与消息 x 相等。这个过程可以用等式表示为：

$$d_{k_{pr}}(y) = d_{k_{pr}}(e_{k_{pub}}(x)) \equiv (x^e)^d \equiv x^{de} \equiv x \bmod n \tag{7.3}$$

这是 RSA 的核心。下面来证明 RSA 方案可行的原因。

证明：需要证明解密是加密的逆函数，即 $d_{k_{pr}}(e_{k_{pub}}(x)) = x$。首先来说明公钥和私钥的构建规则：$d \cdot e \equiv 1 \bmod \Phi(n)$。利用模操作符的定义，此表达式等价于：

$$d \cdot e \equiv 1 + t \cdot \Phi(n)，$$

其中 t 是整数。将此表达式带入等式(7.3)可得：

$$d_{k_{pr}}(y) \equiv x^{de} \equiv x^{1+t \cdot \Phi(n)} \equiv x^{t \cdot \Phi(n)} \cdot x^1 \equiv (x^{\Phi(n)})^t \cdot x \bmod n \tag{7.4}$$

这意味着我们需要证明 $x \equiv (x^{\Phi(n)})^t \cdot x \bmod n$。现在使用第 6.3.3 节中的欧拉定理，即若 $\gcd(x,n) = 1$，则有 $1 \equiv x^{\Phi(n)} \bmod n$，立即得到一个小型推广：

$$1 \equiv 1^t \equiv (x^{\Phi(n)})^t \bmod n，\tag{7.5}$$

其中，t 为任意整数。此证明过程要分两种情况进行讨论：

第一种情况：$\gcd(x,n) = 1$

由于这种情况下欧拉定理成立，可将等式(7.5)插入(7.4)，得到：

$$d_{k_{pr}}(y) \equiv (x^{\Phi(n)})^t \cdot x \equiv 1 \cdot x \equiv x \bmod n。 \qquad 证毕。$$

这部分证明说明，对与 RSA 模数 n 互素的明文值 x 而言，解密函数的确是加密函数的逆。下面来证明另外一种情况。

第二种情况：$\gcd(x,n) = \gcd(x, p \cdot q) \neq 1$

由于 p 和 q 均为素数，x 必须拥有下面因子的任何一个：

$$x = r \cdot p \quad 或 \quad x = s \cdot q，$$

其中 r, s 均为整数，且满足 $r < q$ 和 $s < p$。为了不失通用性，假设 $x = r \cdot p$，进而可以得到 $\gcd(x, q) = 1$。以下形式的欧拉定理依然成立：

$$1 \equiv 1^t \equiv (x^{\Phi(q)})^t \bmod q，$$

其中 t 为任意正整数。下面再来看看 $(x^{\Phi(n)})^t$：

$$(x^{\Phi(n)})^t \equiv (x^{(q-1)(p-1)})^t \equiv ((x^{\Phi(q)})^t)^{p-1} \equiv 1^{(p-1)} = 1 \bmod q。$$

使用模操作符的定义，此表达式等价于：

$$(x^{\Phi(n)})^t = 1 + u \cdot q \ ,$$

其中，u 为任何整数。将此等式乘以 x 可得：

$$x \cdot (x^{\Phi(n)})^t = x + x \cdot u \cdot q$$
$$= x + (r \cdot p) \cdot u \cdot q$$
$$= x + r \cdot u \cdot (p \cdot q)$$
$$= x + r \cdot u \cdot n$$
$$x \cdot (x^{\Phi(n)})^t = x \bmod n \tag{7.6}$$

将等式(7.6)代入等式(7.4)便可得到期望的结果：

$$d_{k_{pr}} = (x^{\Phi(n)})^t \cdot x \equiv x \bmod n \ 。$$

◇

如果这个证明过程看上去有些冗长，请记住：RSA 的正确性是通过 RSA 密钥生成阶段的第 5 步保证的。如果使用中国余数定理来证明会更简单一些，而中国余数定理目前尚未介绍。

7.4　加密与解密：快速指数运算

与 AES、DES 或序列密码等对称算法不同，公钥算法都是基于极长整数之间的算术运算。除非我们特别关注其中所需的计算，否则此方案可以直接忽略，因为它在实际使用中太慢。从等式(7.1)和等式(7.2)可以看出，RSA 的加密与解密都基于模指数运算。为方便起见，在此重新申明这两个操作：

$$y = e_{k_{pub}}(x) \equiv x^e \bmod n \ (加密)$$
$$x = d_{k_{pr}}(y) \equiv y^d \bmod n \ (解密)$$

指数运算最直接的方法就是：

$$x \xrightarrow{\ SQ\ } x^2 \xrightarrow{\ MUL\ } x^3 \xrightarrow{\ MUL\ } x^4 \xrightarrow{\ MUL\ } x^5 \cdots$$

其中 SQ 表示平方，MUL 表示乘法。但指数 e 和 d 通常都非常大；而指数的选择范围通常是在 1024～3072 位之间或者更大(公开指数 e 有时也会选择较小的值，但是 d 总是很长)。因此，上面所示的最简单的指数运算也至少需要 2^{1024} 或更多次乘法。由于目前宇宙内可见的原子数量大概为 2^{300} 左右，Web 浏览器需要计算 2^{1024} 次乘法才能建立一个安全会话并不划算。最核心的问题是，是否存在可用的快速计算指数的方法？幸运的是，答案是肯定的。否则，我们也不会看到目前 RSA 和几乎所有的其他公钥密码体制在实际中广泛使用的事实，因为这些方法都依赖于指数运算。其中一种快速实现指数运算的方法叫平方-乘算法。在说明实际算法前，我们先来分析几个处理较小数字的示例。

示例 7.2　下面来看一下计算一个简单的幂指数 x^8 需要多少次乘法。使用最简单的方法：

$$x \xrightarrow{SQ} x^2 \xrightarrow{MUL} x^3 \xrightarrow{MUL} x^4 \xrightarrow{MUL} x^5 \xrightarrow{MUL} x^6 \xrightarrow{MUL} x^7 \xrightarrow{MUL} x^8$$

总共需要 7 次乘法和平方。有一种更快的替换方法：

$$x \xrightarrow{SQ} x^2 \xrightarrow{SQ} x^4 \xrightarrow{SQ} x^8$$

这种方法只需要三次平方，其复杂度与一次乘法的复杂度相当。

◇

这个快速方法非常实用，但是它只能用于幂指数为 2 的运算，即 e 和 d 的值都必须是 2^i 形式。现在的问题是，我们能否将此方法推广对为任意指数都适用？下面来看另一个例子。

示例 7.3　本例中使用了更通用的幂指数 26，即计算 x^{26}。同样，最直接的方法需要 25 次乘法。一种更快捷的方法为：

$$x \xrightarrow{SQ} x^2 \xrightarrow{MUL} x^3 \xrightarrow{SQ} x^6 \xrightarrow{SQ} x^{12} \xrightarrow{MUL} x^{13} \xrightarrow{SQ} x^{26}\;。$$

该方法总共需要 6 次操作，两次乘法操作和四次平方操作。

◇

从上面最后一个示例可以看到，执行两种最基本的操作就可以得到想要的结果：

(1) 对当前结果进行平方操作，

(2) 将当前结果与基元素 x 相乘。

上面的例子依次执行了以下操作：SQ、MUL、SQ、SQ、MUL、SQ。然而，我们不清楚其他指数计算中平方和乘法的执行顺序。一种解决方法就是平方-乘算法，它提供了一种计算 x^H 时对 x 所执行的平方和乘法操作顺序的系统方法。大致来讲，此算法的工作方式如下：

此算法从左(最重要的位)至右(最不重要的位)依次扫描指数对应的位。在每轮迭代中

(即对每个指数位)而言，计算当前结果的平方。当且仅当被扫描位的值为 1 时，才会将平方操作得到的结果与 x 相乘。

这个规则看上去很简单却有点奇怪。为了更好地理解该算法，回顾一下上面的例子。这次请注意指数位。

示例 7.4　继续考虑指数运算 x^{26}。在平方-乘算法中，指数的二进制表示非常重要：

$$x^{26} = x^{11010_2} = x^{(h_4h_3h_2h_1h_0)_2} 。$$

算法从左到右依次扫描指数的二进制位，即从 h_4 开始到 h_0 结束。

步骤

#0	$x = x^{1_2}$	初始化设置，处理的位为：$h_4=1$
#1a	$(x^1)^2 = x^2 = x^{10_2}$	SQ，处理的位为：h_3
#1b	$x^2 \cdot x = x^3 = x^{10_2}x^{1_2} = x^{11_2}$	MUL，因为 $h_3=1$
#2a	$(x^3)^2 = x^6 = (x^{11_2})^2 = x^{110_2}$	SQ，处理的位为：h_2
#2b		没有 MUL，因为 $h_2=0$
#3a	$(x^6)^2 = x^{12} = (x^{110_2})^2 = x^{1100_2}$	SQ，处理的位为：h_1
#3b	$x^{12} \cdot x = x^{13} = x^{1100_2}x^{1_2} = x^{1101_2}$	MUL，因为 $h_1=1$
#4a	$(x^{13})^2 = x^{26} = (x^{1101_2})^2 = x^{11010_2}$	SQ，处理的位为：h_0
#4b		MUL，因为 $h_0=0$

为了理解此算法，仔细观察指数对应的二进制表示的改变方式非常有用。从上面可以看到，第一个基本操作即平方，导致指数向左移动一位，并将最右边的位置填上 0。与 x 相乘的另一个基本操作得到的结果为在指数最右边的位置上填入 1。请特别注意高亮的指数在每轮中的改变方式。

以下是平方-乘算法的伪代码：

模指数运算的平方—乘算法

输入：

基元素 x

指数 $H = \sum_{i=0}^{t} h_i 2^i$，其中 $h_i \in 0,1$；$h_t = 1$

和模数 n

输出： $x^H \bmod n$

初始化： $r = x$

算法：

1   FOR $i=t-1$ DOWNTO 0

1.1 $r = r^2 \bmod n$

        IF $h_i=1$

1.2 $r = r \cdot x \bmod n$

2   RETURN(r)

为了保持中间结果始终较小，在每个乘法和平方操作后都会执行模约简。比较此伪代码与上述算法语言描述有助于加深我们对此算法的理解。

下面确定位长度为 $t+1$ 的指数 H，即 $\lceil \log_2 H \rceil = t+1$，对应的平方-乘算法的复杂度。平方操作的个数与 H 的实际值无关，但是乘法操作的个数却与 Hamming 权重相等，即对应的二进制表示的个数。因此，乘法的平均个数可以表示为 $\overline{MUL}$：

$$\#SQ = t$$

$$\#\overline{MUL} = 0.5t$$

密码学中所使用的指数通常拥有良好的随机属性，因此指数对应位中有一半的值为 1 的假设是有效的。

示例 7.5 对一个位长为 1024 的指数而言，指数运算平均需要多少次操作？

最简捷的指数运算需要 $2^{1024} \approx 10^{300}$ 次乘法。不管我们拥有怎样的计算机资源，完成这么多次计算也是完全不可能的。然而平方-乘算法平均仅需要

$$1.5 \cdot 1024 = 1536$$

次平方和乘法操作。这个例子很明显显示了线性复杂度(最简单的指数运算)算法与对

数复杂度(平方-乘算法)算法的区别。请记住，1536 个平方和乘法操作涉及的数值都是 1024 位。这意味着在 CPU 上执行的整数操作数会远远超过 1536 个，但这对现代计算机而言却是可行的。

7.5　RSA 的加速技术

从第 7.4 节可知，RSA 涉及的都是非常长整数的指数运算。即使底层算术运算(包括模乘法、平方和平方-乘算法)都精心实现，但执行一次操作数不小于 1 024 位的完整 RSA 指数运算在计算上是非常复杂的。因此，自 RSA 诞生之日起，人们就一直在研究 RSA 加速技术。下面将介绍两种最主流的常用加速技术。

7.5.1　使用短公开指数的快速加密

在计算公钥为 e 的 RSA 操作时，我们可以使用一个非常简单却功能强大的技巧。这个技巧实际上就是 RSA 数字签名的加密和(将在后面看到)的验证。在这种情况下，公钥 e 可以选择是一个非常小的值。实际中非常重要的三个值分别是 $e = 3$，$e = 17$ 和 $e = 2^{16} + 1$。表 7-1 给出了使用这三种公钥分别对应的复杂度。

表 7-1　使用短公开指数的 RSA 指数运算的复杂度

公钥 e	e 的二进制字符串	#MUL + #SQ
3	11_2	2
17	10001_2	5
$2^{16} + 1$	$1\ 0000\ 0000\ 0000\ 0001_2$	17

这些复杂度应该与完全长度指数计算所需的乘法和平方的 $1.5t$ 进行比较。此处，$t+1$ 表示 RSA 模数 n 的位长度，即 $\lceil \log_2 n \rceil = t + 1$。请注意，上面列出的三种指数对应的 Hamming 权重(即二进制表示的位个数)都很低，这将导致执行一次指数运算所涉及的操作个数非常少。有趣的是，即使使用这种短指数方式，RSA 仍然是安全的。请注意，尽管 e 非常短，但私钥 d 通常仍然拥有完全位长度 $t+1$。

使用短公开指数最重要的一个结果就是，消息的加密与 RSA 签名的认证都非常快。实际上在这两种操作上，RSA 在绝大多数实际情况中都是可用的最快的公钥方案。但当解密和签名生成包含私钥 d 时，就不存在这样加速 RSA 的简便方法。因此，这两种操作都会比较慢。其他公钥算法通常都比这两种操作要快很多，尤其是椭圆曲线。下一节将介绍如何使用私钥指数 d 实现一个更合适的加速。

7.5.2 使用中国余数定理的快速加密

在不损失 RSA 安全性的情况下选择一个短私钥是不可能的。如果我们选择了一个与上节介绍的加密中一样短的私钥 d，则攻击者只需使用蛮力就可以破解所有可能的数值，当然，这也取决于给定密钥的位长度，比如 50 位。但即使这个数值非常大，比如 128 位，密钥恢复攻击还是可能的。事实证明，私钥的长度必须至少是 $0.3t$ 位，其中 t 是模数 n 的位长度。实际中的 e 通常选择较短的数字，而 d 则拥有全部的位长度。人们常用的一种替代方法就是基于中国余数定理(Chinese Remainder Theorem，CRT)的方法。我们在这里不会介绍什么是 CRT，而是说明如何使用 CRT 来加速 RSA 加密和签名生成。

我们的目标就是高效地执行指数运算 $x^d \bmod n$。首先需要注意，拥有私钥的一方同时也知道素数 p 和 q。CRT 的基本思想不是使用一个"非常长"的模数 n 进行算术运算，而是执行两个单独的指数运算模上两个"较短"素数 p 和 q。这是一种变换运算。与其他变换一样，此变换也需要三个步骤：变换到 CRT 域；在 CRT 域内进行计算；对得到的结果进行逆变换。下面将详细介绍这三个步骤。

1. 将输入变换到 CRT 域

约简基元素 x，将其分解为模上模数 n 的两个因子 p 和 q，并得到所谓的 x 的模表示。

$$y_p \equiv y \bmod p$$

$$y_q \equiv y \bmod q$$

2. CRT 域内的指数运算

使用约简后的 x 可以执行以下两个指数计算：

$$x_p = y_p^{d_p} \bmod p$$

$$x_q = y_q^{d_q} \bmod q$$

其中两个新的指数为：

$$d_p \equiv d \bmod (p-1)$$

$$d_q \equiv d \bmod (q-1)$$

请注意，变换域内 d_p 和 d_q 这两个指数分别由 p 和 q 限定。变换后的结果 y_p 和 y_q 也分别由 p 和 q 限定。由于实际中选择的这两个素数通常拥有相同的位长度，所以，两个指数

以及 y_p 和 y_q 的长度都是 n 的位长度的一半。

3. 逆变换到问题域

现在剩下的步骤就是从对应的模表示 (y_p, y_q) 中得到最终的结果 y。这是从 CRT 得到的，并可表示为：

$$y \equiv \left[qc_p \right] y_p + \left[pc_q \right] y_q \bmod n \tag{7.7}$$

其中系数 c_p 和 c_q 的计算公式为：

$$c_p \equiv q^{-1} \bmod p, \qquad c_q \equiv p^{-1} \bmod q$$

由于在一个给定 RSA 实现中素数的变换不是很频繁，等式(7.7)括号内的两个表达式可以预先计算。在预先计算之后，仅使用两个模乘法和一个模加法就可实现整个逆变换。

在考虑使用 CRT 实现的 RSA 的复杂度之前，先来看一个示例。

示例7.6　假设 RSA 的参数给定为：

$$\begin{aligned} p &= 11 & e &= 7 \\ q &= 13 & d &\equiv e^{-1} \equiv 103 \bmod 120 \\ n &= p \cdot q = 143 \end{aligned}$$

现在使用 CRT 对密文 $y = 15$，即值 $y^d = 15^{103} \bmod 143$，进行 RSA 解密。第一步，计算 y 的模表示：

$$y_p \equiv 15 \equiv 4 \bmod 11$$

$$y_q \equiv 15 \equiv 2 \bmod 13$$

第二步，使用短指数在变换域内执行指数运算，对应的短指数为：

$$d_p \equiv 103 \equiv 3 \bmod 10$$

$$d_q \equiv 103 \equiv 7 \bmod 12$$

对应的指数运算为：

$$x_p = y_p^{d_p} = 4^3 = 64 \equiv 9 \bmod 11$$

$$x_q \equiv y_q^{d_q} = 2^7 = 128 \equiv 11 \bmod 13$$

最后一步，根据模表示 (x_p, x_q) 计算 x。达到这个目的所需的系数为：

$$c_p = 13^{-1} \equiv 2^{-1} \equiv 6 \bmod 11 \qquad c_q = 11^{-1} \equiv 6 \bmod 13$$

得到的明文 x 为：

$$x \equiv \left[qc_p \right] x_p + \left[pc_q \right] x_q \bmod n$$

$$x \equiv [13 \cdot 6]9 + [11 \cdot 6]11 \bmod 143$$

$$x \equiv 702 + 726 = 1428 \equiv 141 \bmod 143$$

◇

如果读者想要验证这个结果，可使用平方-乘算法计算 $y^d \bmod 143$。

下面将确定 CRT 方法的计算复杂度。从基于 CRT 指数运算中涉及的三个步骤可以总结出，在实际复杂度分析中变换和逆变换可以忽略，因为与变换域内的实际指数运算相比，这两个步骤中涉及的操作可以忽略不计。为方便起见，这里再次重申 CRT 指数运算：

$$y_p = x_p^{d_p} \bmod p$$

$$y_q = x_q^{d_q} \bmod q$$

如果假设 n 为 $t + 1$ 位，则 p 和 q 都约为 $t/2$ 位长。CRT 指数运算包含的所有整数，即 x_p、x_q、d_p 和 d_q 的大小分别由 p 和 q 限定，因此它们对应的长度都约为 $t/2$ 位。如果这两个指数运算都使用平方-乘算法，则每个指数运算平均需要 $1.5t/2$ 次模乘法和模平方。因此，乘法和平方计算的总数为：

$$\#SQ + \#MUL = 2 \cdot 1.5t / 2 = 1.5t$$

看上去，这个复杂度与不使用 CRT 的普通指数运算的计算复杂度相同。然而在这个计算中，每个平方和乘法操作涉及整数对应的长度都只有 $t/2$ 位，这与乘法操作数均为 t 位的非 CTR 操作形成对照。由于乘法的复杂度随着操作数的位长以二次方的速率下降，因此每个位长为 $t/2$ 乘法比 t 位乘法[1]要快四倍。因此，通过 CRT 得到的总加速因子为 4。四倍的增速在实际中意义重大。由于基于 CRT 的指数几乎没有任何缺点，所以它们用于许多密码学产品中，比如 Web 浏览器加密。这种方法对银行应用等使用智能卡的实现尤其具有价值，

---

1. 使用下面实例很容易就可以了解到二次方复杂度的原因。如果将一个 4 位的十进制整数 abcd 与另一个整数 wxyz 相乘，则需要将第一个操作数的每个位分别与第二个操作数的每一位相乘，所以最后总共有 4^2=16 位乘法。而如果将两个两位的整数相乘；即 ab 乘以 wx，则需要 2^2=4 个元素乘法。

因为这些智能卡通常只拥有小型的微处理器。这里通常还需要私钥为 d 的数字签名。将 CRT 用于签名计算会使智能卡的速度提高四倍。例如，如果一个普通 1024 位的 RSA 指数计算需要 3 秒，则使用 CRT 可以将运算时间降低到 0.75 秒。这种加速很好地区分了高用户认可度(0.75 秒)的产品与对此延迟不认可的产品(3 秒)。这个示例也是基本数论对现实社会具有直接影响作用的很好说明。

7.6　寻找大素数

目前尚未讨论 RSA 一个非常重要的实用领域：密钥生成步骤 1 中生成了素数 p 和 q。由于这两个素数的乘积就是 RSA 模数 $n = p \cdot q$，并且它们的长度应该都是 n 的位长度的一半。例如，如果我们想建立一个模长度为 $\lceil \log_2 n \rceil = 1024$ 的 RSA，p 和 q 对应的位长约为 512。最通用的方法就是随机生成整数，并检查它们的素性，如图 7-2 所示，其中 RNG 表示随机数生成器。RNG 必须是不可预测的，因为如果攻击者可以计算或猜测出其中一个素数，就可以轻而易举地破解 RSA，这将在本章后面介绍。

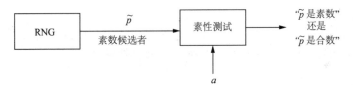

图 7-2　RSA 中生成素数的核心方法

为使该方法变得可行，我们首先必须回答两个问题：

(1) 必须测试多少个随机整数才能得到一个素数？(如果找到一个素数的概率太小，这个过程花费的时间将很长)。

(2) 检查一个随机整数是不是素数的速度怎样？(同样，如果检查的速度太慢，这个方法也变得不可行)。

事实证明，以上两个步骤都相当快，下面将对此进行讨论。

7.6.1　素数的普遍性

现在，我们将回答随机选择的整数 p 是一个素数的可能性是不是足够高的问题。从开头的几个正整数可以看出，随着数值的增加，素数的密度变得稀疏：

$$2, 3, 5, 7, 11, 13, 17, 19, 23, 29, 31, 37, \ldots$$

现在的问题是，一个 512 位的随机数是素数的可能性是否仍然可观？幸运的是，答案的确如此。随机选择的一个整数 $\tilde{p}$ 为素数的概率遵循一个著名的素数理论，而且接近 $1/\ln(\tilde{p})$。实际中，我们通常只检测奇数，所以这个概率会翻倍。因此，随机选择的奇数 $\tilde{p}$ 是素数的概率为：

$$P(\tilde{p}\text{为质数}) \approx \frac{2}{\ln(\tilde{p})} \text{。}$$

为了更好地理解这个概率对 RSA 素数的意义，首先来看一个例子：

示例 7.7 对模数 n 为 1024 位的 RSA 而言，素数 p 和 q 的长度都大概为 512 位，即 p，$q \approx 2^{512}$。随机选择的奇数 $\tilde{p}$ 为素数的概率为：

$$P(\tilde{p}\text{为质数}) \approx \frac{2}{\ln(2^{512})} = \frac{2}{512\ln(2)} \approx \frac{1}{177} \text{。}$$

这意味着我们必须测试 177 个随机数才能找到一个素数。

◇

选择的某个整数为素数的概率与整数的位长度成正比，因此下降缓慢。这意味着即使对非常长的 RSA 参数，比如 4096 位，素数的密度仍然够高。

7.6.2 素性测试

我们需要做的另一个步骤就是确定随机生成的整数 $\tilde{p}$ 是不是素数。最直接的想法就是对被测整数进行因式分解。然而，无法对 RSA 中使用的整数进行因式分解，因为 p 和 q 都太大(实际中通常会为 RSA 专门选择不能被因式分解的整数，因为对 n 因式分解是针对 RSA 已知的最好的攻击方法)。但是这种情况并不是完全没希望。请记住，我们感兴趣的不是对 $\tilde{p}$ 的因式分解，而是判断被测整数是否为素数的结论。实验证明，这样的素性测试比因式分解要容易很多。素性测试的例子包括费马测试，Miller-Rabin 测试及它们对应的变体。本章将介绍素性测试算法。

实际中素性测试的行为有点不同寻常：如果将被怀疑的整数 $\tilde{p}$ 输入到素性测试算法中，得到的答案为以下两种之一：

(1) "$\tilde{p}$ 是合数"(即不是素数)，这永远是一个真命题，或

(2) "$\tilde{p}$ 是素数"，这个命题只是以较大概率成立。

如果算法的输出是"合数"，情况会很清楚：待检测的整数不是素数，可以舍弃。如果输出语句是"素数"，$\tilde{p}$ 很可能是一个素数。然而，在少数情况中某个整数得到了"素

数"命题，但却是错误的，即它得到的是一个不正确的肯定答案。有一种处理这种行为的方法。实际中的素性测试都是概率算法，这意味着它的第二个输入参数 a 是随机选择的。如果合数 $\tilde{p}$ 与参数 a 一起得到了不正确的结论" $\tilde{p}$ 是素数"，则可以选择一个不同的 a 值再次重复该过程。常用的策略就是，使用若干个不同的随机值 a 来测试素数候选者 $\tilde{p}$，使得每次$(\tilde{p}，a)$得到错误结论的概率足够小，比如小于 2^{-80}。请记住，只要出现" $\tilde{p}$ 是合数"语句就可确定 $\tilde{p}$ 不是一个素数，可以将其丢弃。

1. 费马素性测试

有一种素性测试是基于费马小定理，即定理(6.3.2)。

费马素性测试

输入：素数候选者 $\tilde{p}$ 和安全性参数 s
输出：" $\tilde{p}$ 是合数"或" $\tilde{p}$ 可能是素数"语句
算法：

```
1       FOR i=1 TO s
1.1         choose random a∈ {2,3,…, p̃ − 2}
1.2         IF a^(p̃−1) ≢ 1
1.3             RETURN(" p̃ is composite")
2       RETURN(" p̃ is likely prime")
```

这种测试方法的思想为：费马定理对所有的素数都成立。因此，如果步骤 1.2 中找到一个满足 $a^{\tilde{p}-1} \not\equiv 1$ 的整数，那么这个数肯定不是素数。然而，这个结论的逆命题不成立。可能存在一些合数满足条件 $a^{\tilde{p}-1} \equiv 1$。为了检测这些合数，此算法需要使用不同的 a 值运行 s 次。

但即使使用多个 a 值进行费马测试，某些合数在费马定理中的行为仍然与素数相同，这样的合数就叫卡迈尔克数。给定一个卡迈尔克数 C，对所有满足 $\gcd(a, C) = 1$ 的整数 a，下面的表达式也始终成立：

$$a^{C-1} \equiv 1 \bmod C$$

这种特殊的合数非常少。例如，在小于 10^{15} 的整数中大概只有 100 000 个卡迈尔克数。

示例 7.8　卡迈尔克数
$n = 561 = 3 \cdot 11 \cdot 17$ 是一个卡迈尔克数，因为对所有 $\gcd(a, 561) = 1$ 都有

$$a^{560} \equiv 1 \bmod 561。$$

◇

如果一个卡迈尔克数的质因子都非常大，费马测试能检测出该值真的是合数的基数 a 非常少。正因为这个原因，实际中常使用功能更强大的 Miller-Rabin 测试来生成 RSA 素数。

2. Miller-Rabin 素性测试

与费马测试相反，Miller-Rabin 测试不会得到使用大量基 a 得到"素数"结论的任何合数。此测试基于以下定理：

定理 7.6.1　给定一个奇素数候选者 $\tilde{p}$ 的分解

$$\tilde{p} - 1 = 2^{u} r$$

其中 r 是奇数。如果可以找到一个整数 a，使得

$$a^r \not\equiv 1 \bmod \tilde{p} \quad 且 \quad a^{r2^j} \not\equiv \tilde{p} - 1 \bmod \tilde{p}$$

对所有的 $j = \{0, 1, \ldots, u-1\}$ 都成立，则 $\tilde{p}$ 是一个合数；否则，它可能是一个素数。

这个定理可以转换为一个高效的素性测试。

Miller-Rabin 素性测试

输入：满足 $\tilde{p} - 1 = 2^u r$ 的素数候选者 $\tilde{p}$ 和安全性参数 s

输出："$\tilde{p}$ 为合数"或"$\tilde{p}$ 可能是素数"的语句

算法：

1　　　FOR $i = 1$ TO s

　　　　choose random $a \in \{2, 3, \ldots, \tilde{p} - 2\}$

1.2　　$z \equiv a^r \bmod \tilde{p}$

1.3　　IF $z \neq 1$ and $z \neq \tilde{p} - 1$

1.4　　　　FOR $j = 1$ TO $u - 1$

$$z \equiv z^2 \bmod \tilde{p}$$

　　　　　　IF $z=1$

　　　　　　　　RETURN("$\tilde{p}$ is composite")

1.5　　　　IF $z \neq \tilde{p} - 1$

　　　　　　　　RETURN("$\tilde{p}$ is composite")

2　　RETURN("$\tilde{p}$ is likely prime")

步骤 1.2 使用平方-乘算法进行计算。步骤 1.3 中的 IF 语句测试了该定理在 $j = 0$ 时的情况。步骤 1.4 中的 FOR 循环和步骤 1.5 中的 IF 语句检测了当值 $j = 1, ..., u - 1$ 情况下，定理右手边的部分。

合数 $\tilde{p}$ 得到不正确的"素数"结论的情况还是可能发生的。然而，如果使用若干个不同的随机基元素 a 进行测试，则误判的概率将大大降低。测试的次数由 Miller-Rabin 测试中的安全参数 s 给出。为了使合数被误检为素数的概率小于 2^{-80}，表 7-2 给出了所需要选择的不同 a 值的个数。

表 7-2　Miller-Rabin 素性测试中使得错误的可能性小于 2^{-80} 所需要检测的次数

$\tilde{p}$ 的位长度	安全参数 s
250	11
300	9
400	6
500	5
600	3

示例 7.9　Miller-Rabin 测试

假设 $\tilde{p} = 91$，可将 $\tilde{p}$ 写作 $\tilde{p} - 1 = 2^1 \cdot 45$。选择的安全参数为 $s = 4$。现在 s 次选择随机数 a：

(1) 假设 $a = 12$：$z = 12^{45} \equiv 90 \bmod 91$，因此，$\tilde{p}$ 可能是个素数。

(2) 假设 $a = 17$：$z = 17^{45} \equiv 90 \bmod 91$，因此，$\tilde{p}$ 可能是个素数。

(3) 假设 $a = 38$：$z = 38^{45} \equiv 90 \bmod 91$，因此，$\tilde{p}$ 可能是个素数。

(4) 假设 $a = 39$：$z = 39^{45} \equiv 78 \bmod 91$，因此，$\tilde{p}$ 肯定是个合数。

由于对质素候选者 $\tilde{p} = 91$ 而言，数字 12，17 和 38 得到的都是不正确的语句，所以它们也叫"91 的骗子"。

7.7 实际中的 RSA：填充

到目前为止我们所描述的 RSA 都可以称为"教科书式的 RSA"系统，它们都非常简单，并且都存在一些缺陷。实际中的 RSA 常与填充方案(padding)一起使用。填充方案非常重要，如果填充方案实现的不好，RSA 实现也会不安全。教科书式 RSA 加密的以下属性存在问题：

- RSA 加密是确定的，即给定一个密钥，特定明文总是映射到特定密文。攻击者可从密文中获得明文的一些统计属性。此外，给定一些明文-密文对，攻击者就可以从使用相同密钥加密的新密文中推导出一些信息。
- 明文值 $x = 0$，$x = 1$ 或 $x = -1$ 产生的密文分别等于 0、1 或 -1。
- 如果没有使用填充或使用了比较脆弱的填充，则小型公开指数 e 和较小明文 x 将易于受到攻击。然而，目前还没有能够破解短公开指数(比如 $e = 3$)的已知攻击。

RSA 具有一个不可取的属性，叫做延展性(malleable)。如果攻击者 Oscar 可以将密文转换为另一种密文，而这种新密文会导致对明文进行的变换变得可知，则说明此密码方案具有延展性。请注意，在这种方式中攻击者并没有解密密文，而仅仅是以一种可预测的方式操纵了明文。在 RSA 中，如果攻击者将密文 y 用 $s^e y$ 替换(其中，s 为整数)，则就很容易实现这种操作。如果接收者成功解密了被操纵的密文，他就可以计算：

$$(s^e y)^d \equiv s^{ed} x^{ed} \equiv sx \bmod n \text{ 。}$$

尽管 Oscar 不能解密密文，但这样有针对性的操作仍然是有害的。例如，如果 x 是交易的金额或合同的价值，Oscar 选择 $s = 2$ 就可以将金额翻倍；但接收者无法检测他对金额的修改。

所有这些问题的一个可能解决方案就是使用填充方法，它在加密明文前将一个随机结构嵌入到明文中进而避免上述问题。公钥密码学标准#1(PKCS#1)规范并标准化了很多现代技术，比如填充 RSA 消息的最优非对称填充(OAEP)。

假设 M 是被填充的消息，k 为模数 n 的字节长度，|H|表示哈希函数输出长度的字节数，|M|表示消息对应的字节长度。哈希函数对每个输入都计算出一个固定长度(比如 160 或 256 位)的消息摘要。关于哈希函数的更多内容可以阅读第 11 章。此外，假设 L 表示与消息相关的可选标注(否则，L 默认为一个空的字符串)。根据 PKCS#1(v2.1)的最新版本可知，RSA 加密方案中填充消息的步骤如下：

(1) 生成一个长度为 $k - |M| - 2|H| - 2$ 的全零字节的字符串 PS，PS 的长度可能为 0。

(2) 将 $Hash(L)$、PS、一个十六进制值为 `0x01` 的单字节和消息 M 连接起来形成长度

为 $k - |H| - 1$ 字节的数据块 DB，其对应的表达式为：

$$DB = Hash(L) \| PS \| 0x01 \| M。$$

(3) 生成长度为 $|H|$ 的随机字节字符串 *seed*。

(4) 假设 $dbMask = MGF(seed，k - |H| - 1)$，其中 *MGF* 表示掩码生成函数。实际中常用类似 SHA-1 的哈希函数作为 *MFG*。

(5) 假设 $maskedDB = DB \oplus dbMask$。

(6) 假设 $seedMask = MGF(maskedDB，|H|)$。

(7) 假设 $maskedSeed = seed \oplus seedMask$。

(8) 将十六进制值为 `0x00` 的单字节、*maskedSeed* 和 *maskedDB* 连接起来，形成长度为 k 字节的编码后的消息 *EM*，即

$$EM = 0x00 \| maskedSeed \| maskedDB。$$

图 7-3 显示了填充后的消息 M 对应的结构。

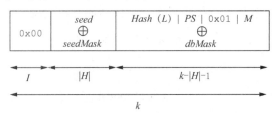

图 7-3　使用最优非对称密钥填充(OAEP)对消息 M 进行 RSA 加密

解密方必须验证被解密消息的结构。比如，如果 M 中没有十六进制值为 `0x01` 的字节来区分 *PS*，则会出现解密错误。在任何情况下，向用户(或可能的攻击者！)返回的解密错误都不应该包含任何明文信息。

7.8　攻击

自 1977 年 RSA 诞生之日起，人们就提出了成千上万种攻击 RSA 的方法；但所有这些攻击都不是很严重，而且它们攻击的通常都是 RSA 实现方式中的漏洞，而不是 RSA 算法本身的漏洞。针对 RSA 的攻击主要有三种常用的攻击类型：

(1) 协议攻击

(2) 数学分析攻击

(3) 旁道攻击

下面将详细介绍这几种攻击。

1. 协议攻击

协议攻击利用了 RSA 使用方式中的漏洞。在过去几十年中，人们提出了不少协议攻击方式；其中，最著名的协议攻击就是利用 RSA 延展性的攻击，这在前面已经介绍过。对于大多数协议攻击，都可以使用填充技术来加以避免。现代安全标准准确描述了 RSA 的使用方法，如果严格地遵守这些准则，针对协议的攻击是无法办到的。

2. 数学分析攻击

目前，我们已知的最好的数学密码分析方法就是对模数进行因式分解。攻击者 Oscar 已经知道模数 n、公钥 e 和密文 y，他的目标就是计算出私钥 d，其中 d 拥有属性 $e \cdot d \equiv \mathrm{mod}\, \Phi(n)$。看上去，攻击者似乎只需使用扩展欧几里得算法就可以计算出 d。但是他不知道 $\Phi(n)$ 的值。此时，获得 $\Phi(n)$ 值的最好方法就是将 n 分解为两个素数 p 和 q。如果 Oscar 能够做到这一点，则他可以按照以下三步成功地发起攻击：

$$\Phi(n) = (p-1)(q-1)$$

$$d^{-1} \equiv e \,\mathrm{mod}\, \Phi(n)$$

$$x \equiv y^d \,\mathrm{mod}\, n \ .$$

为了防止这种攻击，模数必须足够大，这也是为什么 RSA 要求模数至少为 1024 位的一个主要原因。1977 年提出的 RSA 方案引发了人们对整数因式分解老问题的极大兴趣。实际上，如果不算 RSA，过去三十年里人们在因式分解方面最大的进步基本没有。表 7-3 简要列出了自 20 世纪 90 年代初期起 RSA 因式分解的发展状况。这些进步的主要原因是因式分解算法的提高和改善，次要原因是因为计算机技术的进步。尽管现在因式分解问题已经比 30 年前 RSA 设计者的想法要简单得多，但对超过一定大小的 RSA 模数进行因式分解仍难以实现。

表 7-3　自 1991 年起 RSA 因式分解的发展记录概述

十进制数	位长度	日期
100	330	1991 年 4 月
110	364	1992 年 4 月
120	397	1993 年 6 月
129	426	1994 年 4 月

(续表)

十进制数	位长度	日期
140	463	1999 年 2 月
155	512	1999 年 8 月
200	664	2005 年 5 月

人们一直以来都感兴趣的是 129 位的模数，该模数是 Martin Gardner 于 1977 年在《科学美国人》专栏上发布。当时人们估计最好的因式分解算法也需要用时 40 万亿($4 \cdot 10^{13}$)年。但是，由于因式分解方法大幅度地改进，尤其是在 20 世纪 80 年代到 20 世纪 90 年代之间，现在该算法的实际用时已经少于 30 年。

关于 RSA 模数的准确长度究竟应该是多少的话题一直都广受讨论。直到最近，许多 RSA 应用都默认使用 1024 位长的模数。现在，人们认为在 10～15 年的时间内对 1024 位长的数字进行因式分解仍然是可能的，而情报机构可能更早就能够实现该技术。因此，从长期安全性而言，建议选择长度在 2048～4096 位的 RSA 参数。

3. 旁道攻击

另一种完全不同的攻击类型就是旁道攻击。它们利用的是通过类似功率消耗或计时行为等物理通道泄露的私钥信息。为了观察这样的信道，攻击者通常必须能直接访问 RSA 实现，比如手机或智能卡。尽管旁道攻击是现代密码学中一个非常庞大而活跃的研究领域，而且已经超出了本书的范围，但下面将介绍针对 RSA 的一个令人印象深刻的旁道攻击。

图 7-4 显示了一个 RSA 实现在微处理器上的功耗跟踪记录。更确切地说，该图显示了随着时间的推移，处理器画出的电流曲线。我们的目标是提取出 RSA 解密期间使用的私钥 d。从图中可以清楚地看到，高活跃度的间隔都分布在低活跃度的短周期之间。由于 RSA 的主要计算负载就是指数运算中的平方和乘法计算，因此可以推断出，高活跃度间隔对应的就是这两种操作。如果更仔细地观察该功耗跟踪记录就会发现，高活跃度的时间间隔都很短，而其他的时间间隔都很长。实际上，长时间间隔大概是短时间间隔的两倍。这个行为可以用平方-乘算法加以解释。如果指数位的值为 0，则只执行了一个平方运算；如果指数位的值为 1，则说明同时执行了一个平方和乘法运算。但是，这种计时行为立即泄露了密钥：长周期的活跃度对应的密钥位的值为 1，而短周期的活跃度对应的密钥位的值为 0。从图中可知，只需观察功耗跟踪记录就可以确定私钥指数。因此，通过观察该曲线就可得到私钥的以下 12 个位：

操作：S　SM　SM　S　SM　S　S　SM　SM　SM　S　SM
私钥：　0　1　1　0　1　0　0　1　1　1　0　1

显而易见，在现实世界中也可以找出完整私钥的所有 1024 或 2048 位。在低活跃度的短周期内，平方-乘算法在触发下一个平方或平方-乘序列前将扫描并处理指数位。

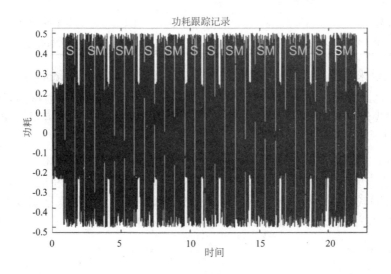

图 7-4　RSA 实现中的功耗跟踪记录

这个特定的攻击也称为简单功率分析或 SPA。防止这种攻击的预防措施有若干种，其中最简单的一个方法就是，在对应指数位 0 的平方之后执行一个与虚拟变量的乘法。得到的结果是一个功率分布图(和一个运行时间)，而此图与指数完全无关。然而，预防更高级的旁道攻击的方法并不简单。

7.9　软件实现与硬件实现

RSA 是计算非常复杂的公钥算法中最好的示例(这一点毫不夸张)。因此，尽管类似 3DES 和 AES 等对称密钥的实现非常快，但在实现上公钥算法的实现相对而言显得更为重要。为了确定计算负载，人们提出了一种粗略估计 RSA 操作所需整数乘法个数的方法。

假设 RSA 的模数长为 2048 位，则解密平均需要 3072 次平方和乘法运算，其中每个乘法和平方操作的操作数都是 2048 位。假设有一个 32 位的 CPU，每个操作数都可以用 2048/32 = 64 个寄存器表示。现在，单个长整数的乘法需要 $64^2 = 4096$ 次整数乘法，因为第一个操作数的每个寄存器都需要与第二个操作数的每个寄存器相乘。此外，这些乘法都需要进行模约简。最好的实现算法大概也需要 $64^2 = 4096$ 次整数乘法。因此，总体而言单个长整数的乘法需要 CPU 执行 4096 + 4096 = 8192 次整数乘法。由于我们已经完成了其中 3072 次计算，一次解密所需的整数乘法的个数为：

$$\#(32\text{-位乘法})=3072 \times 8192 = 25\,165\,824$$

当然，如果使用较小的模数，所需要做的操作也会相应少很多；但是考虑到整数乘法是目前 CPU 上最耗时的操作，所以其所需要的计算要求肯定也很高。请注意，绝大多数其他公钥方案都拥有类似的复杂度。

实际上，自诞生之日起 RSA 如此苛刻的高计算要求就一直是它在实际使用中最大的障碍。尽管 20 世纪 70 年代类型的计算机计算成千上万的整数乘法也已经不成问题，但在 20 世纪 80 年代中期之前，在可接受的运行时间内实现 RSA 的唯一选择就是在特殊硬件芯片上实现 RSA。在算法发明的初期，RSA 的发明者也对相关的硬件体系结构进行了研究。自那时起，关于如何快速进行模整数运算的研究也非常多。考虑到最新 VLSI 芯片的巨大能力，目前的高速硬件可以在 $100\,\mu s$ 级别的时间内完成一次 RSA 操作。

同样，根据摩尔定理，自 20 世纪 80 年代末起 RSA 的软件实现就已经成为可能。目前，在 2GHz 的 CPU 上，2048 位 RSA 的一次典型解密操作大概需要 10ms。尽管对很多 PC 应用而言，这个速度已经足够，但如果人们使用 RSA 来加密大量数据，则吞吐率大概为 $100\times2048 = 204\,800$ 位/秒。与当前绝大多数网络相比，这个速度已经非常慢了。正因为这个原因，人们不会选择使用 RSA 和其他公钥算法来加密大量数据。相反，对称算法的速度要比这个速度快 1000 倍或更多，因此经常被用来加密大量数据。

7.10　讨论及扩展阅读

RSA 及变体　RSA 密码体制在实际中广泛使用，并被类似 PKCS#1[149]的机构进行了很好地标准化。在过去几十年中，人们提出了若干种 RSA 变体，其中一个推广就是使用由两个或两个以上素数组成的模数。另一种 RSA 变体就是 $n = p^2q$ [162]形式的多幂模数 (multipower moduli)，以及 $n = p\,q\,r$ [45]形式的多因子模数(multifactor)。这两种情况的实现速度都可以提高大约 2～3 倍。

除了上面介绍的密码方案外，还存在一些基于整数因式分解问题的其他加密方案，最突出的一个就是 Rabin 方案[140]。与 RSA 相反，Rabin 方案与因式分解等价。因此，Rabin 密码体制可以称为是可证明安全的。依赖于整数因式分解难度的其他方案包括 BlumGoldwasser 的概率加密方案和 Blum Blum Shub 伪随机数生成器[27]。*The Handbook of Applied Cryptography*[120]系统地介绍了上面提到的所有方案。

实现 RSA 实现的实际性能很大程度上取决于它所使用的算术运算的效率。一般而言，加速可以分为两个等级。从高等级来说，选择之一就是改善平方-乘算法；而最快的一种方法就是滑动窗口指数，它比平方-乘算法快了约 25%。[120，第 4 章]给出了一系列指数运算方法的编目。从低等级来说，可以改善长整数的模乘法和模平方。处理模约简的有效算法有很多，蒙哥马利约简是实际中最主流的选择，关于软件技术的详细描述可以阅读[41]，而关于硬件技术的详细描述可以阅读[72]。在过去几十年中，人们也提出了不少蒙哥马利方法的替换方法[123]；[120，第 14 章]。加速长整数运算的另一个想法就是使用快速乘法。类似快速傅里叶变换(FFT)的频谱技术通常不适用，因为它们的操作数仍然太短；但是诸如 Karatsuba 算法却非常有用。文献[17]给出了乘法算法领域的综合而公正的数学描述，[172]则从实用的角度描述了 Karatsuba 方法。

攻击 在过去 30 年里，关于如何分析破解 RSA 成为人们热烈探讨的问题。尤其是在 20 世纪 80 年代，人们在因式分解算法方面取得了很大的进步，而这些成绩大多数是由 RSA 带来的。到目前为止，人们也尝试使用许多其他方法试图使用数学方法破解 RSA，包括针对短私钥指数的攻击。[32]给出了与此相关的一个调查。最近，人们又提出了构建专门破解 RSA 的特殊计算机的方案。这些提议还包括光电子因式分解机器[151]和其他几种基于传统半导体计算的体系结构[152，79]。

自 20 世纪 90 年代中期至末期，学术界及工业界对旁道攻击进行了系统研究。RSA 与其他绝大多数的对称和非对称方案都很容易受到差分功率分析(DPA)的攻击，而差分功率分析比本节介绍的简单功率分析(SPA)更强大。同时，人们也找到了很多对抗 DPA 的防御方法，比较优秀的文献有 *The Side Channel Cryptanalysis Lounge*[70]和关于 DPA 最好的教科书[113]。相关基于实现的攻击包括错误注入攻击和定时攻击。需要强调的一点就是，密码体制可以是数学上非常强，但仍然易受旁道攻击。

7.11 要点回顾

- RSA 是使用最为广泛的一种公钥密码体制。将来，椭圆曲线密码体制的普及度可能会赶上 RSA 的势头。

- RSA 主要用于密钥传输(即密钥加密)和数字签名。

- 公钥 e 可以是非常短的整数，私钥 d 的长度应该与模数相同。因此，加密过程会比解密要快很多。

- RSA 基于整数因式分解问题。目前，1024 位(大概对应 310 个十进制位)的数字不能被因式分解。预测因式分解算法与因式分解硬件方面的进步是非常困难的。如果想要获得相当长期的安全性，尤其是抵抗受到很好资助的攻击者，使用 2048 位模数的 RSA 是非常明智的。

● 许多种攻击都可以破解"教科书式的 RSA"，所以实际中，RSA 必须和填充技术一起使用。

7.12　习题

7.1　假设 RSA 握手阶段的参数为两个素数 $p = 41$ 和 $q = 17$。

(1) 参数 $e_1 = 32$ 和 $e_2 = 49$ 中，哪个是有效的 RSA 指数？请验证你的选择。

(2) 请计算对应的私钥 $K_{pr} = (p, q, d)$。请使用扩展的欧几里得算法计算每次逆元，并指出每个计算步骤。

7.2　高效地计算模指数对于 RSA 的实用性而言是不可避免的。请使用平方-乘算法计算下面的指数运算 $x^e \bmod m$。

(1) $x = 2$，$e = 79$，$m = 101$

(2) $x = 3$，$e = 197$，$m = 101$

请写出每轮迭代后得到的中间结果的指数对应的二进制表示形式。

7.3　请使用 RSA 算法对下面的系统参数进行加密和解密：

(1) $p = 3$，$q = 11$，$d = 7$，$x = 5$

(2) $p = 5$，$q = 11$，$e = 3$，$x = 9$

在此阶段请仅使用便携式计算器。

7.4　公钥算法最主要的一个缺点就是它们速度较慢。从第 7.5.1 中已知，一种加速技术是使用较短的指数 e。下面将更详细地研究这个问题中的短指数。

(1) 假设在 RSA 密码体制的某个实现中，一个模平方所耗时间是一个模乘法所耗时的 75%。请问，如果将使用 2048 位的公钥替换为较短的指数 $e = 2^{16} + 1$，则一次解密平均会快多少？假设两种情况中都使用平方-乘算法。

(2) 绝大多数短指数的形式都是 $e = 2^n + 1$，请问使用 $2^n - 1$ 形式的短指数会不会更有优势？请验证你的答案。

(3) 计算 $x = 5$，$n = 4$ 时，上面两种 e 的变体分别对应的指数运算 $x^e \bmod 29$ 的结果。应使用平方-乘算法，并显示每个计算步骤。

7.5　实际中广泛使用的短指数有 $e = 3$，17 和 $2^{16} + 1$。

(1) 在加速解密的应用中，为什么我们不能使用这三个短指数作为指数 d 的值？

(2) 请给出指数 d 允许的最小位长度并解释原因。

7.6 请使用平方-乘算法，通过计算 $y^d = 15^{103} \bmod 143$，验证本章使用 CRT 的 RSA 示例。

7.7 假设某个 RSA 加密方案的握手参数为 $p = 31$ 和 $q = 37$，公钥为 $e = 17$。

(1) 请使用 CRT 解密密文 $y = 2$。

(2) 请在不使用 CRT 的情况下加密明文来验证你的结果。

7.8 主流的 RSA 模数大小为 1024 位、2048 位、3072 位和 4092 位。

(1) 在得到一个素数前，我们必须平均检查多少个随机奇数？

(2) 请写出适用于任意 RSA 模数大小的简单公式。

7.9 公钥算法最具吸引力的一个应用就是在不安全信道上为类似 AES 等私钥算法建立一个安全的会话密钥。

假设 Bob 拥有 RSA 密码体制的一个公钥/私钥对。请使用 RSA 实现一种允许 Alice 和 Bob 双方达成一个共享私钥的简单协议。请问在这个协议中谁确定密钥？Aliche、Bob 还是双方共同确定？

7.10 实际中有时需要通信双方一起决定会话密钥的选择。这种做法可以防止对方选择的对称算法密钥太过薄弱。许多分组密钥也拥有脆弱的密码，比如 DES 和 IDEA 等。而使用脆弱密钥加密的消息通常很容易被破解。

请设计一个与习题 7.9 类似的协议，要求双方都能影响密钥。假设 Alice 和 Bob 都拥有 RSA 密码体制的一个公钥/密钥对。请注意，这个问题的答案有若干种，只要说明其中一种方法即可。

7.11 本习题需要你攻击一份使用 RSA 加密后的消息。假设你是这个攻击者：你可以通过窃听某个连接获得密文 $y = 1141$。公钥为 $k_{pub} = (n, e) = (2623, 2111)$。

(1) 在加密方程中，除了明文 x 外其他所有变量均已知。为什么我们不能简单地求解这个 x 方程？

(2) 为了确定私钥 d，我们必须计算 $d \equiv e^{-1} \bmod \Phi(n)$，这也是计算 $\Phi(n)$ 的有效表达式。请问这里可以使用这个公式吗？

(3) 请通过因式分解 $n = p \cdot q$ 计算私钥 d，进而计算明文 x。这个方法对长度不少于 1024 位的数值是否仍然合适？

7.12 下面将显示如何利用所选密文破解 RSA 加密。

(1) 请证明 RSA 的乘法属性成立，即证明两个密文的乘积等于两个各自对应明文的乘积的加密。

(2) 在某种情况下这个属性可以导致攻击。假设 Bob 首先收到 Alice 加密后的一个消息 y_1，而这个消息也被 Oscar 窃听到。过了一段时间，假设 Oscar 发送了一个有意义的密文 y_2 到 Bob，而且 Oscar 可以得到 y_2 的解密。这个情况在实际中也是可能发生的，比如 Oscar 可以侵入 Bob 的系统，并在一个有限的时间内获得被解密的明文。

7.13 这个例子说明了轻率使用非概率密码体制(比如教科书式 RSA)存在的问题。非概率意味着相同的明文字母序列映射到相同的密文。这种特性容易受到流量攻击(即仅通过观察密文就能推测出关于明文的一些结论)，在某些情况下，这个特性甚至会导致整个密码体制被破解。特别是可能明文的个数较少时，后一种情况成立。假设有以下场景：

Alice 想将使用 Bob 公钥对(n, e)加密的消息发送给 Bob。因此，她决定使用 ASCII 表给每个字符附上一个数值(空白→32，! →33，…，A→65，B→66，…，~→126)，并对每个字符单独加密。

(1) Oscar 可以窃听传输的密文。请描述他如何利用 RSA 的非概率属性成功地解密消息。

(2) Bob 的 RSA 公钥为$(n, e)=(3763, 11)$，请使用 1 中提出的攻击解密以下密文：

$$y = 2514，1125，333，3696，2514，2929，3368，2514$$

为了方便起见，假设 Alice 只选择了大写字母 A − Z 进行加密。

(3) 如果使用 OAEP 填充，仍能发起这种攻击吗？请准确地解释一下。

7.14 为了抵抗不断进步的攻击，RSA 的模数在过去数年里已经增加了很多。显而易见，随着模数长度的增加，其对应的公钥算法也会变得很慢。本题讨论了模数长度与算法性能之间的关系。RSA 与绝大多数其他公钥算法的性能取决于执行大整数模指数运算的速度。

(1) 假设 k 位整数的模平方或乘法计算需要 $c \cdot k^2$ 个时钟周期，其中 c 为一个常数。与 512 位的 RSA 相比，1024 位 RSA 的加密/解密平均要慢多少？只考虑使用完全长度的指数和平方-乘算法的加密/解密本身。

(2) Karatsuba 算法的复杂度是不对称的，并与 $k^{\log_2 3}$ 成正比；在实际中，它常用于密码学中长整数的乘法。假设这个更高级的技术要求乘法或平方有 $c' \cdot k^{\log_2 3} = c' \cdot k^{1.585}$ 个时钟周期，其中 c' 是个常数。如果在这两种情况下都使用 Karatsuba 算法，请问 1024 位的 RSA 加密与 512 位的 RSA 加密之比是多少？同样假设使用完全长度的指数。

7.15 (前沿问题！)可以通过多种方法来改进平方-乘算法，即减少所需操作的数量。尽管平方操作的数量是固定的，但乘法操作的数量却是可以削减的。你的任务就是提出一种对平方-乘算法的改进，使得所需的乘法操作减少。请给出你提出的新算法的详细描述，并说明它的复杂度(即操作个数)。

提示：可以尝试将平方-乘算法推广到能同时处理若干位。最基本的想法就是，在每轮迭代中处理 k(比如 $k = 3$)个指数位，而不是原始平方-乘算法的一位。

7.16 下面来研究针对 RSA 的旁道攻击。在一个简单的 RSA 实现中，它对旁道泄露没有预防措施，解密时对微控制器电流消耗进行分析就可直接得到私钥指数。图 7-5 显示了平方-乘算法实现的功耗。如果微控制器计算一个平方或乘法，功耗就会增加。根据环之间的小区间就可确定每轮迭代。此外，我们还可确定每轮计算的是单个平方操作(短周期)还是乘法之后的一个平方操作(长周期)。

(1) 请确定该图中的每个轮，若为平方操作，则标上 S；若包含平方和乘法操作，则标上 SM。

(2) 假设平方-乘算法的实现方式为从左向右扫描指数；此外，假设起始值也已经被初始化。请问私钥指数 d 是多少？

(3) 假设此密钥是 RSA 握手阶段阶段，且素数为 $p = 67$，$q = 103$ 和 $e=257$。请验证结果(注意：实际中攻击者不可能知道 p 和 q 的值)。

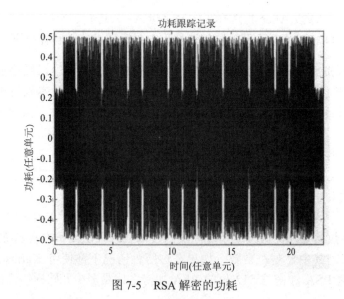

图 7-5　RSA 解密的功耗

第 **8** 章

基于离散对数问题的公钥密码体制

前章已经介绍了 RSA 公钥方案。从中可以了解到，RSA 基于大整数因式分解的难度。整数因式分解问题也称为 RSA 的单向函数。从前面可知，大致来讲，如果计算函数 $f(x)=y$ 很容易但计算其逆函数 $f^{-1}(y)=x$ 在计算上却是不可能，则这个函数就可以称为单向函数。现在的问题是，我们能否找到构建非对称密码方案的单向函数。现实证明，绝大多数具有实用性的非 RSA 公钥算法都基于另一个单向函数，即离散对数问题。

 本章主要内容包括

- Diffie-Hellman 密钥交换
- 循环群，它有助于我们深入理解 Diffie-Hellman 密钥交换
- 离散对数问题，它对很多实用公钥算法都非常重要
- 使用 Elgamal 方案的加密

很多密码方案的安全性都是取决于求解离散对数问题(Discrete Logarithm Problem，DLP)的计算复杂性，著名的例子包括 Diffie-Hellman 密钥交换方案和 Elgamal 加密方案；这两种方案都将在本章中进行介绍。同时，Elgamal 数字签名方案(参考第 8.5.1 节)和数字签名算法(参考 10.2 节)都基于 DLP，而密码体制都是基于椭圆曲线(参考第 9.3 节)。

本章首先介绍基本 Diffie-Hellman 协议，这个协议非常简单却很强大。离散对数问题定义在所谓的循环群中。关于循环群代数结构的概念将在第 8.2 节中介绍。此外，本章还给出了 DLP 的正式定义和几个用于说明的示例，以及针对 DLP 的攻击算法的概要描述。运用这些知识，我们将重新研究一下 Diffie-Hellman 协议，并正式地探讨其安全性。接着，本章将提出一种使用 DLP 加密数据的方法，该方法也称为 Elgamal 密码体制。

8.1 Diffie-Hellman 密钥交换

Diffie-Hellman 密钥交换(DHKE)是由 Whitfield Diffie 和 Martin Hellman 在 1976 年提出的，也是在公开文献中发布的第一个非对称方案。这两个发明者也是受到 Ralph Merkle 的研究成果的启发。Diffie-Hellman 密钥交换方案提供了实际中密钥分配问题的解决方案，即它允许双方通过不安全的信道进行交流，得到一个共同密钥[1]。DHKE 是本章将要学习的离散对数问题中非常引人注目的一个应用。许多公开和商业的密码协议中都实现了这种基本的密钥协议技术，比如安全外壳(SSH)，传输层安全(TLS)和 Internet 协议安全(IPSec)。DHKE 的基本思想为，$\mathbb{Z}_p^*$ 内的指数运算(p 是素数)是单向函数，并且该指数运算是可交换的，即：

$$k = (\alpha^x)^y \equiv (\alpha^y)^x \bmod p$$

值 $k \equiv (\alpha^x)^y \equiv (\alpha^y)^x \bmod p$ 是一个联合密钥，它可以当做通信双方的会话密钥使用。

下面来看一下 $\mathbb{Z}_p^*$ 内 Diffie-Hellman 密钥交换协议的工作方式。这个协议拥有两个参与方，Alice 和 Bob，他们将建立一个共享密钥。可能存在一个值得信赖的第三方，该方能恰当地选择密钥交换所需的公开参数。然而，Alice 或 Bob 也可能生成公开参数。严格来讲，DHKE 协议由两个协议组成：握手协议和主要协议；其中主要协议负责执行真正的密钥交换。握手协议包含以下几个步骤：

Diffie-Hellman 握手协议

1. 选择一个大素数 p。
2. 选择一个整数 $\alpha \in \{2, 3, ..., p-2\}$。
3. 公开 p 和 α。

---

p 和 α 这两个值有时也称为域参数。如果 Alice 和 Bob 都知道握手阶段计算得到的公开参数 p 和 α，则他们就可以使用下面的密钥交换协议生成一个联合私钥 k：

Diffie-Hellman 密钥交换

Alice	**Bob**
选择 $a = k_{pr,A} \in \{2, ..., p-2\}$	选择 $b = k_{pr,B} \in \{2, ..., p-2\}$

<hr>

[1]. 我们需要认证这个信道，这部分内容会在本书后续章节中进行讨论。

$$\text{计算 } A = \ k_{pub,A} \equiv \alpha^a \bmod p \qquad\qquad \text{计算 } B = \ k_{pub,B} \equiv \alpha^b \bmod p$$

$$\xrightarrow{\ k_{pub,A}=A\ }$$

$$\xleftarrow{\ k_{pub,B}=B\ }$$

$$k_{AB} = k_{pub,B}^{k_{pr,A}} \equiv B^a \bmod p \qquad\qquad k_{AB} = k_{pub,A}^{k_{pr,B}} \equiv A^b \bmod p$$

下面的证明说明了此简单协议是正确的，即 Alice 和 Bob 实际上计算的都是相同的会话密钥 k_{AB}。

证明：Alice 计算

$$B^a \equiv (\alpha^b)^a \equiv \alpha^{ab} \bmod p$$

而 Bob 计算

$$A^b \equiv (\alpha^a)^b \equiv \alpha^{ab} \bmod p$$

因此 Alice 和 Bob 都共享会话密钥 $k_{AB} = \alpha^{ab} \bmod p$。这个密钥可以用来在 Alice 和 Bob 之间建立一个安全的通信，比如将 k_{AB} 用作类似 AES 或 3DES 等对称算法的密钥。□

下面来看一个该协议处理较小整数的简单例子。

示例 8.1　Diffie-Hellman 的域参数为 $p = 29$，$\alpha = 2$。此协议的处理过程如下：

Alice   **Bob**

选择 a $= \ k_{pr,A} = 5$ 选择 b $= \ k_{pr,B} = 12$

$A = k_{pub,A} = 2^5 \equiv 3 \bmod 29$ $B = k_{pub,B} = 2^{12} \equiv 7 \bmod 29$

$$\xrightarrow{\ A=3\ }$$

$$\xleftarrow{\ B=7\ }$$

$k_{AB} = \ B^a \equiv 7^5 \equiv 16 \bmod 29$ $k_{AB} = \ A^b \equiv 3^{12} \equiv 16 \bmod 29$

从上面可以看出，双方计算得到的值都是 $k_{AB} = 16$，这个值可以当做联合密钥使用，比如作为对称加密中的会话密钥。

◇

DHKE 在计算方面与 RSA 非常相似。握手阶段使用第 7.6 节中讨论的概率素数查找算法生成 p。从表 6-1 可知，为了提供强壮的安全性，p 的长度应该与 RSA 模数 n 的长度相同，即大于等于 1024 位。整数 α 也需要满足一定的特性：它应该是一个本原元素，关于这个主题将在下面介绍。协议中计算的会话密钥 k_{AB} 与 p 拥有相同的位长度。如果想把它当作类似 AES 算法的对称密钥使用，可以只选择其中 128 个最重要位。另一种做法就是对 k_{AB} 使用哈希函数，并将得到的输出作为对称密钥使用。

在实际协议中，我们首先需要选择私钥 a 和 b。为了防止攻击者的准确猜测，这两个数必须来自于真随机数生成器。在计算公钥 A 和 B 以及会话密钥时，双方都可以使用平方-乘算法。这两个公钥通常通过预计算得到，因此，密钥交换中需要做的主要计算就是会话密钥的指数运算。由于 RSA 和 DHKE 的位长度和计算都非常类似，所以它们的计算开销也很接近。然而，第 7.5 节中介绍的使用短公开指数的技巧不适用于 DHKE。

到目前为止，我们讨论的都是群 $\mathbb{Z}_p^*$(其中 p 为素数)内的古典 Diffie-Hellman 密钥交换协议。这个协议很容易就能推广到椭圆曲线群，进而产生了椭圆曲线密码学，而此密码学已经成为实际使用中非常主流的非对称方案。椭圆曲线和类似 Elgamal 加密的方案与 DHKE 有着紧密的关联，为了更好地理解这些概念，下面将首先介绍离散对数问题(这个问题是 DHKE 的数学基础)，然后重新审视 DHKE 并讨论其安全性。

8.2 一些代数知识

本章主要介绍了抽象代数的一些基础知识，尤其是群、子群、有限群和循环群的概念；这些概念对理解离散对数公钥算法非常重要。

8.2.1 群

为方便起见，这里将重述第 4 章给出的群的定义：

定义 8.2.1 群

群指的是一个元素集合 G 以及联合 G 内两个元素的操作 o 的集合。群具有以下属性：

1. 群操作 o 是封闭的，即对所有的 $a,b \in G$，$aob = c \in G$ 始终成立。
2. 群操作是可结合的，即对所有的 $a,b,c \in G$，都有 $ao(boc) = (aob)oc$。
3. 存在一个元素 $1 \in G$，对所有的 $a \in G$ 均满足 $ao1 = 1oa = a$，这个元素称为中性元或单位元。
4. 对每个元素 $a \in G$，存在一个元素 $a^{-1} \in G$，满足 $aoa^{-1} = a^{-1}oa = 1$，则 a^{-1} 称为 a 的逆元。
5. 如果所有 $a,b \in G$ 都额外满足 $aob = boa$，则称群 G 为阿贝尔群或可交换群。

请注意，密码学中经常使用乘法群(即操作符"○"表示乘法)和加法群(即"○"表示加法)。后一种表示方法常用于椭圆曲线中，这在下面的章节将会看到。

示例 8.2　为了说明群的定义，请考虑以下示例。

- $(\mathbb{Z}, +)$ 是一个群，即整数集 $\mathbb{Z} = \{..., -2, -1, 0, 1, 2, ...\}$ 与普通加法形成了阿贝尔群，其中 $e = 0$ 是单位元，$-a$ 是 $a \in \mathbb{Z}$ 的逆。

- (不包括0的 $\mathbb{Z}$, ·) 不是一个群，即整数集 $\mathbb{Z}$ (不包括元素 0)和普通乘法不能形成群，因为除元素 -1 和 1 外，对于元素 $a \in \mathbb{Z}$，不存在逆元 a^{-1}。

- $(\mathbb{C}, \cdot)$ 是一个群，即复数 $u + iv$ 的集合(其中 $u, v \in \mathbb{R}$ 且 $i^2 = -1$)及定义在复数上的乘法

$$(u_1 + iv_1) \cdot (u_2 + iv_2) = (u_1 u_2 - v_1 v_2) + i(u_1 v_2 + v_1 u_2)$$

  形成了一个阿贝尔群。此群的单位元为 $e = 1$，元素 $a = u + iv \in \mathbb{C}$ 的逆元为

$$a^{-1} = (u - iv)/(u^2 + v^2)。$$

◇

然而，所有这些群在密码学中都不是很重要，因为密码学中通常需要的是拥有有限个元素的群。下面来看一个在 DHKE、Elgamal 加密、数字签名算法和其他很多密码学方案中都非常重要群 $\mathbb{Z}_n^*$。

> **定理 8.2.1**
>
> 　集合 $\mathbb{Z}_n^*$ 由所有 $i = 0, 1, ..., n-1$ 整数组成，其中满足 $\gcd(i, n) = 1$ 的元素与乘法模 n 操作形成了阿贝尔群，且单位元为 $e = 1$。

下面验证此定理的正确性，请看下面这个例子。

示例 8.3　如果选择 $n = 9$，$\mathbb{Z}_n^*$ 由元素 $\{1, 2, 4, 5, 7, 8\}$ 组成。

计算表 8-1 所示的 $\mathbb{Z}_9^*$ 的乘法表能方便地检查定义 8.2.1 中给出的绝大多数条件。条件 1(封闭性)是满足的，因为此表中的元素都在 $\mathbb{Z}_9^*$ 内。对这个群而言，条件 3(单位元)和条件 4(逆元)也成立，因为表中的每行和每列都是 $\mathbb{Z}_9^*$ 内元素的置换。根据主对角线的对称性，即第 i 行 j 列的元素与第 j 行 i 列的元素相等，可以看出，条件 5(交换性)也是满足的。条件 2(可结合性)不能从表的形状中直接得到，但可以根据 $\mathbb{Z}_n$ 内普通乘法的可结合性立即得到。

最后，读者应该记住第 6.3.1 节中的内容，即每个元素 $a \in \mathbb{Z}_n^*$ 的逆元 a^{-1} 都可以通过扩展的欧几里得算法计算得到。

表 8-1　$\mathbb{Z}_9^*$ 的乘法表

× Mod 9	1	2	4	5	7	8
1	1	2	4	5	7	8
2	2	4	8	1	5	7
4	4	8	7	2	1	5
5	5	1	2	7	8	4
7	7	5	1	8	4	2
8	8	7	5	4	2	1

8.2.2　循环群

在密码学中，我们总是关注有限的结构，比如 AES 需要一个有限域。下面将给出有限群的简单定义：

> **定义 8.2.2　有限群**
>
> 　　一个群 $(G, \circ)$ 是有限的，仅当它拥有有限个元素。群 G 的基或阶可以表示为 $|G|$。

示例 8.4　有限群的示例有：

- $(\mathbb{Z}_n, +)$：$\mathbb{Z}_n$ 的基为 $|\mathbb{Z}_n| = n$，因为 $\mathbb{Z}_n = \{0, 1, 2, ..., n-1\}$。
- $(\mathbb{Z}_n^*, \cdot)$：请记住，$\mathbb{Z}_n^*$ 是由小于 n 且与 n 互素的正整数组成的集合。因此，$\mathbb{Z}_n^*$ 的基等于 n 的欧拉函数，即 $|\mathbb{Z}_n^*| = \Phi(n)$。例如，群 $\mathbb{Z}_9^*$ 的基为 $\Phi(9) = 3^2 - 3^1 = 6$。前面提到的由 6 个元素 $\{1, 2, 4, 5, 7, 8\}$ 组成的群的例子可以很好地验证这个结论。

本节剩余部分将介绍一种特殊的群，叫循环群，它是基于离散对数密码体制的基础。首先来看以下定义：

定义 8.2.3　元素的阶

群 (G, o) 内某个元素 a 的阶 $ord(a)$ 指的是满足以下条件的最小正整数 k：

$$a^k = \underbrace{a\mathrm{o}a\mathrm{o}...\mathrm{o}a}_{k \text{次}} = 1 \,,$$

其中 1 是 G 的单位元。

下面通过示例来解释这个定义。

示例 8.5　本例的目的是确定群 $\mathbb{Z}_{11}^*$ 中 $a = 3$ 的序。为此，我们必须不停地计算 a 的幂值，直到得到单位元 1 为止。

$$a^1 = 3$$
$$a^2 = a \cdot a = 3 \cdot 3 = 9$$
$$a^3 = a^2 \cdot a = 9 \cdot 3 = 27 \equiv 5 \bmod 11$$
$$a^4 = a^3 \cdot a = 5 \cdot 3 = 15 \equiv 4 \bmod 11$$
$$a^5 = a^4 \cdot a = 4 \cdot 3 = 12 \equiv 1 \bmod 11$$

从最后一行可以得到 $ord(3) = 5$。

$\diamondsuit$

如果将得到的结果一直乘以 a，就会发现一个非常有趣的现象。

$$a^6 = a^5 \cdot a \equiv 1 \cdot a \equiv 3 \bmod 11$$
$$a^7 = a^5 \cdot a^2 \equiv 1 \cdot a^2 \equiv 9 \bmod 11$$
$$a^8 = a^5 \cdot a^3 \equiv 1 \cdot a^3 \equiv 5 \bmod 11$$
$$a^9 = a^5 \cdot a^4 \equiv 1 \cdot a^4 \equiv 4 \bmod 11$$
$$a^{10} = a^5 \cdot a^5 \equiv 1 \cdot 1 \equiv 1 \bmod 11$$
$$a^{11} = a^{10} \cdot a \equiv 1 \cdot a \equiv 3 \bmod 11$$
$$\vdots$$

从这一点可以看出，a 的幂值一直在 {3，9，5，4，1} 序列中无限循环。这个循环行为引发出如下定义：

定义 8.2.4　循环群

如果群 G 包含一个拥有最大阶 $ord(\alpha) = |G|$ 的元素 α，则称这个群是循环群。拥有最大阶的元素称为原根(本原元)或生成元。

群 G 中拥有最大阶的元素 α 称为生成元，因为 G 中每个元素 a 都可以写成是这个元素的幂值 $\alpha^i = a$ (i 为任意值)，即 α 产生了整个群。可以使用下面这个示例来验证这些属性。

示例 8.6 本例的目的是验证 $a = 2$ 是否为 $\mathbb{Z}_{11}^* = \{1,2,3,4,5,6,7,8,9,10\}$ 的本原元。请注意，该群的基为 $|\mathbb{Z}_{11}^*| = 10$。下面来看由元素 $a = 2$ 的幂值生成的所有元素：

$$a = 2 \qquad\qquad\qquad a^6 \equiv 9 \bmod 11$$
$$a^2 = 4 \qquad\qquad\qquad a^7 \equiv 7 \bmod 11$$
$$a^3 = 8 \qquad\qquad\qquad a^8 \equiv 3 \bmod 11$$
$$a^4 \equiv 5 \bmod 11 \qquad\qquad a^9 \equiv 6 \bmod 11$$
$$a^5 \equiv 10 \bmod 11 \qquad\qquad a^{10} \equiv 1 \bmod 11$$

从最后一个结论可知，

$$\mathrm{ord}(a) = 10 = |\mathbb{Z}_{11}^*|。$$

这意味着(i)$a = 2$ 是本原元；(ii)$|\mathbb{Z}_{11}^*|$ 是一个循环群。

下面将验证 $a = 2$ 的幂值是否真的生成了群 $\mathbb{Z}_{11}^*$ 内的所有元素。首先仍然来看一下 2 的幂值生成的所有元素。

i	1	2	3	4	5	6	7	8	9	10
a^i	2	4	8	5	10	9	7	3	6	1

从最后一行可以看出，幂值 2^i 的确生成了群 $\mathbb{Z}_{11}^*$ 内的所有元素。同时可以注意到，这些数字的生成顺序看上去是毫无章法的。指数 i 与群元素之间看上去随机的关系是很多密码体制的基础，比如 Diffie-Hellman 密钥交换。

◇

从上面的例子可以看出，元素 2 为群 $\mathbb{Z}_{11}^*$ 中的生成元。需要强调的一点，在其他循环群 $\mathbb{Z}_n^*$ 中，数值 2 并不是必要的生成元。比如在 $\mathbb{Z}_7^*$ 中 $\mathrm{ord}(2) = 3$，因此，元素 2 并不是这个群的生成元。

循环群具有一些有趣属性，其中对加密应用最重要的一个在下面定理中给出。

定理 8.2.2 对每个素数 p，$(\mathbb{Z}_p^*, \cdot)$ 都是一个阿贝尔有限循环群。

这个定理说明了每个素数域的乘法群都是循环群。这个结论对密码学产生了深远影响，因为这些群对于构建离散对数密码体制非常重要。为了理解这些看上去很奇怪的定理的实用性，请注意这样一个事实：几乎所有的 Web 浏览器都内嵌了一个基于 $\mathbb{Z}_p^*$ 的密码体制。

定理 8.2.3

假设 G 为一个有限群，则对每个 $a \in G$ 都有：

1. $a^{|G|} = 1$
2. $ord(a)$ 可以整除 $|G|$

第一个属性是费马小定理对所有循环群的一个推广。第二个属性具有很强的实用性，它指的是，循环群内所有元素的阶都可以整除群的基。

示例 8.7　下面再来看一下基为 $|\mathbb{Z}_{11}^*| = 10$ 的群 $\mathbb{Z}_{11}^*$。此群内仅有的元素阶为 1、2、5 和 10，因为只有这些整数可以整除 10。下面可以通过观察该群中所有元素的阶来验证这个属性：

ord(1)= 1	ord(6)= 10
ord(2)= 10	ord(7)= 10
ord(3)= 5	ord(8)= 10
ord(4)= 5	ord(9)= 5
ord(5)= 5	ord(10)= 2

的确只出现了可以整除 10 的阶。

定理 8.2.4　假设 G 为一个有限循环群，则下面的结论成立：

1. G 中本原元的个数为 $\Phi(|G|)$。
2. 如果 $|G|$ 是素数，则所有满足 $a \neq 1 \in G$ 的元素 a 都是本原元。

上面的例子验证了第一个属性，因为 $\Phi(10) = (5-1)(2-1) = 4$，即本原元的个数为 4，分别是元素 2、6、7 和 8。第二个属性可以从前一个定理得到。如果群的基是素数，则唯一可能的元素阶就是 1 和基本身。由于只有元素 1 的阶为 1，其他所有元素的阶都是 p。

8.2.3　子群

本节主要介绍了(循环)群的子集，当然它们本身也是群；这样的集合也称为子群。为了验证某个群 G 的子集 H 也是一个子群，我们需要验证 H 是否满足第 8.2.1 节中给出的群定义的所有属性。如果该群是个循环群，则有一种简单的方法生成子群，方法如以下定理：

> **定理 8.2.5　循环子群定理**
>
> 假设 (G, o) 是一个循环群，则 G 内每个满足 $ord(a) = s$ 的元素 a 都是拥有 s 个元素的循环子群的本原元。

这个定理告诉我们，循环群的每个元素都是其子群的生成元，而且该子群也是循环群。

示例 8.8　下面将通过 $G = \mathbb{Z}_{11}^*$ 的一个子群验证上面的定理。从前面的例子可知 ord(3)=5，根据定理 8.2.5，3 的幂值生成了子集 $H = \{1, 3, 4, 5, 9\}$。现在需要做的是通过观察其对应的乘法表(如表 8-2 所示)，验证这个集合是否真的是一个群。

表 8-2　子群 $H = \{1, 3, 4, 5, 9\}$对应的乘法表

×Mod 11	1	3	4	5	9
1	1	3	4	5	9
3	3	9	1	4	5
4	4	1	5	9	3
5	5	4	9	3	1
9	9	5	3	1	4

H 对乘法模数 11(条件 1)运算是封闭的，因为这个表是仅由 H 内的整数元素构成。显而易见，群操作是可结合且可交换的，因为它遵循的是普通乘法规则(分别对应条件 2 和 5)。中性素是 1(条件 3)，并且每个元素 $a \in H$ 均存在一个逆元 $a^{-1} \in H$(条件 4)。这一点可以从表中看出：表的每行和每列都包含一个单位元。因此，H 是 $\mathbb{Z}_{11}^*$ 的一个子群(如图 8-1 所示)。

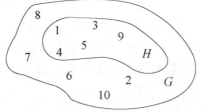

图 8-1　循环群 $G = \mathbb{Z}_{11}^*$ 的子群 H

更确切地讲，H 是一个阶为素数 5 的子群。需要注意的是，3 不是 H 唯一的生成元，它还有其他生成元 4，5 和 9，这个结论可以从定理 8.2.4 中得到。

一种特殊情况就是阶为素数的子群。如果将该群的基数表示为 q，根据定理 8.2.4 可知，所有非 1 元素的阶都为 q。

根据循环子群定理可知，群 G 内的每个元素 $a \in G$ 都可生成某个子群 H。使用定理 8.2.3 可以得到下面定理。

> **定理 8.2.6　拉格朗日定理**
>
> 　　假设 H 为 G 的一个子群，则 $|H|$ 可以整除 $|G|$。

下面来讨论拉格朗日定理的一个应用。

示例 8.9　循环群 $\mathbb{Z}_{11}^*$ 的基为 $|\mathbb{Z}_{11}^*| = 10 = 1 \cdot 2 \cdot 5$。因此可以得到结论：$\mathbb{Z}_{11}^*$ 的子群对应的基为 1，2，5 和 10，因为这些数都是 10 可能的除数。$\mathbb{Z}_{11}^*$ 所有的子群 H 及这些子群的生成元 α 可以表示如下：

子　群	元　素	本原元
H_1	{1}	$\alpha = 1$
H_2	{1,10}	$\alpha = 10$
H_3	{1,3,4,5,9}	$\alpha = 3,4,5,9$

本节最后一个定理全面描述了一个有限循环群对应的所有子群：

> **定理 8.2.7**
>
> 　　假设 G 为一个阶为 n 的有限循环群，α 为对应的生成元，则对整除 n 的每个整数 k，G 都存在一个唯一的阶为 k 的循环子群 H。这个子群是由 $\alpha^{n/k}$ 生成的。H 是由 G 内满足条件 $a^k = 1$ 的元素组成的，且 G 不存在其他子群。

这个定理给出了从一个给定循环群构建子群的简单而直接的方法。我们只需一个本原元和群基数 n，然后计算 $\alpha^{n/k}$，即可得到拥有 k 个元素的子群的生成元。

示例 8.10 再次考虑循环群 $\mathbb{Z}_{11}^*$，从前面可知该群的本原元为 $\alpha = 8$。如果想要得到阶为 2 的子群的生成元 β，需要计算：

$$\beta = \alpha^{n/k} = 8^{10/2} = 8^5 = 32768 \equiv 10 \bmod 11 。$$

现在我们需要验证的确是元素 10 生成了拥有两个元素的子群：$\beta^1 = 10$，$\beta^2 = 100 \equiv 1 \bmod 11$，$\beta^3 \equiv 10 \bmod 11$，等等。

请注意：当然存在计算 $8^5 \bmod 11$ 的更简单方法，比如通过计算 $8^5 = 8^2 8^2 8 \equiv (-2)(-2)8 \equiv 32 \equiv 10 \bmod 11$。

8.3　离散对数问题

在使用较大篇幅介绍了循环群后，读者也许想知道这与 DHKE 协议有什么关联。事实证明，DHKE 底层的单向函数，即离散对数问题(DLP)，可以直接使用循环群进行解释。

8.3.1　素数域内的离散对数问题

本节首先将介绍基于 $\mathbb{Z}_p^*$ 的 DLP，其中 p 为素数。

定义 8.3.1　基于 $\mathbb{Z}_p^*$ 的离散对数问题(DLP)

给定一个阶为 p-1 的有限循环群 $\mathbb{Z}_p^*$，一个本原元 $\alpha \in \mathbb{Z}_p^*$ 和另一个元素 $\beta \in \mathbb{Z}_p^*$。DLP 是确定满足以下条件的整数 x(其中 $1 \le x \le p-1$)的问题：

$$\alpha^x \equiv \beta \bmod p$$

从 8.2.2 节可知这样的整数 x 肯定存在，因为 α 是一个本原元，而每个群元素可以表示为任何本原元的幂值。这个整数 x 也称为以 α 为基的 β 的离散对数，可以正式地写作：

$$x = \log_\alpha \beta \bmod p$$

如果参数足够大的话，计算离散对数模一个素数是一个非常难的问题。因为指数运算

$\alpha^x \equiv \beta \bmod p$ 计算起来非常简单，这也形成了一个单向函数。

示例 8.11　　考虑群 $\mathbb{Z}_{47}^*$ 内的离散对数，其中本原元为 $\alpha = 5$。对 $\beta = 41$ 的离散对数问题为：找到满足下面条件的正整数 x：

$$5^x \equiv 41 \bmod 47 。$$

即使使用这么小的数字，确定 x 也不是很容易。使用蛮力攻击，即系统地尝试所有可能的 x 值，可得到解 $x = 15$。

◇

在实际中，为了防止 Pohlig-Hellman 攻击(参考第 8.3.3 节)，群内 DLP 的基数最好是素数。由于群 $\mathbb{Z}_p^*$ 的基为 $p-1$，而这个数显然不是素数，所以人们常会选择 $\mathbb{Z}_p^*$ 子群中基为素数的子群内的 DLP，而非直接使用群 $\mathbb{Z}_p^*$ 本身。下面将用一个例子说明这个问题。

示例 8.12　　群 $\mathbb{Z}_{47}^*$ 的阶为 46，因此，$\mathbb{Z}_{47}^*$ 中的子群对应的基有 23、2 和 1。$\alpha = 2$ 是拥有 23 个元素的子群的一个元素，因为 23 是一个素数，而 α 是子群内的本原元。$\beta = 36$ (也在子群中)对应的一个可能的离散对数问题为：找到一个正整数 $x(1 \leq x \leq 23)$，使得

$$2^x \equiv 36 \bmod 47 。$$

利用蛮力攻击可以找到解 $x = 17$。

◇

8.3.2　推广的离散对数问题

使得 DLP 在密码学中尤其有用的一个特征就是，它并没有限制在乘法群 $\mathbb{Z}_p^*$ (p 是一个素数)内，而是可以定义在任何循环群中。这也称为推广的离散对数(GDLP)问题，可以描述为：

> **定义 8.3.2　推广的离散对数问题**
>
> 　　给定一个基为 n 的有限循环群 G，群操作为 $\circ$。考虑一个本原元 $\alpha \in G$ 和另一个元素 $\beta \in G$，则离散对数问题为：找到在 $1 \leq x \leq n$ 内的整数 x，满足：
>
> $$\beta = \underbrace{\alpha \circ \alpha \circ \ldots \circ \alpha}_{x次} = \alpha^x$$

与 $\mathbb{Z}_p^*$ 内 DLP 的情况一样，这样的整数 x 一定存在，因为 α 是一个本原元，因此群 G 内的每个元素都可以通过 α 上重复使用群操作得到。

需要注意的一点是，有些循环群中的 DLP 并不是很困难的。这样的群就不能用于公钥密码体制，因为这样的群内的 DLP 并不是一个单向函数。请思考下面这个例子。

示例 8.13　这次将考虑整数模素数的加法群。例如，如果选择的素数为 $p = 11$，$G = (\mathbb{Z}_{11}, +)$ 是本原元为 $\alpha = 2$ 的一个有限循环群。下面是 α 生成该群的过程：

i	1	2	3	4	5	6	7	8	9	10	11
$i\alpha$	2	4	6	8	10	1	3	5	7	9	0

现在我们将试图求解元素 $\beta = 3$ 的 DLP，即必须计算整数 $1 \le x \le 11$ 中，满足以下条件的 x：

$$x \cdot 2 = \underbrace{2 + 2 + \ldots + 2}_{x\text{次}} \equiv 3 \bmod 11$$

以下是针对此 DLP 的攻击方式。尽管群操作为加法，但是 α, β 及离散对数 x 之间的关系也可以用乘法来表示：

$$x \cdot 2 \equiv 3 \bmod 11。$$

为了求解 x，可以简单地将本原元 α 求逆：

$$x \equiv 2^{-1}3 \bmod 11$$

根据扩展的欧几里得算法就可以计算 $2^{-1} \equiv 6 \bmod 11$，然后就可得到离散对数为：

$$x \equiv 2^{-1}3 \equiv 7 \bmod 11。$$

这个离散对数可以从上面给出的小表中验证。

上面的技巧可以推广到 n 为任意值，且元素 $\alpha, \beta \in \mathbb{Z}_n$ 的任何群 $(\mathbb{Z}_n, +)$ 中。因此，我们可以得到这样一个结论：在 $\mathbb{Z}_n$ 上计算推广的 DLP 会非常简单。这里能非常容易求解 DLP 的原因在于，其中有些数学操作都不在加法群里，即乘法和逆元。

介绍完这个反例后，现在我们列出了密码学中推荐使用的一些离散对数问题：
(1) 素数域 $\mathbb{Z}_p$ 的乘法群或其子群。例如古典 DHKE、Elgamal 加密或数字签名算法(DSA) 都使用了这个群，它们也是最古老且使用最广泛的几种离散对数系统。
(2) 椭圆曲线构成的循环群。椭圆曲线密码体制将在第 9 章中介绍，它们在过去几十年里逐渐占据了主流位置。

(3) 伽罗瓦域 $GF(2^m)$ 上的乘法群或其子群。这些群的使用与素数域的乘法群完全相同，并且可以用来实现类似 DHKE 的方案。但这些方案在实际中却不常用，因为针对它们的攻击通常比针对 $\mathbb{Z}_p$ 内的 DLP 更强大。因此，在提供相同安全等级的情况下，基于 $GF(2^m)$ 的 DLP 要求的位长度比基于于 $\mathbb{Z}_p$ 的要更长。

(4) 可以看作是椭圆曲线推广形式的超椭圆曲线或代数变体。这些问题在实际中很少使用，尤其是超椭圆曲线拥有一些优势，比如操作数长度较短。

在过去几年中，人们也提出了其他一些基于 DLP 的密码体制；但是这些密码体制在实际中都没什么应用，因为人们也发现它们对应的底层 DL 问题不是足够难。

8.3.3　针对离散对数问题的攻击

本节介绍了求解离散对数问题的几种方法，仅对创造性地使用 DL 方案的读者可以跳过此节。

从前面的知识可知，很多非对称本原的安全性都是基于计算循环群内 DLP 的难度，即 G 内的给定 α 和 β，计算满足下面条件的 x：

$$\beta = \underbrace{\alpha o \alpha o ... o \alpha}_{x\text{次}} = \alpha^x$$

但是，我们仍然不知道在给定实际群内计算离散对数 x 的确切难度。这里的意思是，尽管已知一些攻击，但是我们不确定是不是存在求解 DLP 更好的、更强壮的方法。这个情况与整数因式分解的难度类似，而整数因式分解是 RSA 底层的单向函数。没人知道最好的可能的因式分解方法，但关于 DLP 的计算难度，还是存在一些有趣的通用结果。本节主要概述了计算离散对数的一些算法，这些算法可以分为通用算法(generic algorithm)和非通用算法，后面将对此进行详细地介绍。

1. 通用算法

通用 DL 算法指的是仅使用群操作，不使用群的任何其他算术结构的方法。由于这种方法没有利用群的特殊属性，所以它适用于任何循环群。离散对数问题的通用算法可以分为两类：第一类中包含的算法的运行时间都取决于循环群的大小，比如蛮力搜索，baby-step giant-step(小步-大步)算法和 Pollard's rho 方法等。第二类中包含的算法的运行时间取决于群阶的质因子的大小，比如 Pohlig-Hellman 算法。

蛮力搜索

在计算离散对数 $\log_\alpha \beta$ 的方法中，蛮力搜索是最简单但也是计算量最大的方法。人们可以简单地不停计算生成元 α 的幂值，直到其结果等于 β 为止：

$$\alpha^1 \stackrel{?}{=} \beta$$

$$\alpha^2 \stackrel{?}{=} \beta$$

$$\vdots$$

$$\alpha^x \stackrel{?}{=} \beta$$

对随机对数 x，我们的确希望在检测完 x 所有可能值的一半时就找到了正确答案。这意味着其复杂度为 $\mathcal{O}(|G|)$ 个步骤[2]，其中 $|G|$ 为该群的基。

实际中为了避免针对基于 DL 密码体制的蛮力攻击，底层群 $|G|$ 的基必须足够大。例如，在群 $\mathbb{Z}_p^*$ 中（p 为素数，这个群也是 DHKE 的基础），计算离散对数平均需要 $(p-1)/2$ 次检测。因此，为了抵抗使用目前计算机技术发起的蛮力攻击，$|G| = p - 1$ 至少应该在 2^{80} 左右。当然，这个考虑只有在蛮力攻击是唯一可行的攻击的情况下才成立，但这种情况是不可能的。下面我们将看到，求解离散对数的强壮算法还有其他很多种。

Shanks' Baby-Step Giant-step 方法

Shanks' 算法是一个时间-内存平衡方法，它使用额外的存储来减少蛮力搜索的时间。这个方法的思想是将离散对数 $x = \log_\alpha \beta$ 重写为二位表示方式：

$$x = x_g m + x_b，\text{其中} 0 \le x_g, x_b < m \tag{8.1}$$

值 m 的大小通常选择为群的阶的平方根，即 $m = \lceil \sqrt{|G|} \rceil$。下面可以将离散对数记作 $\beta = \alpha^x = \alpha^{x_g m + x_b}$，进而得到

$$\beta \cdot (\alpha^{-m})^{x_g} = \alpha^{x_b} \tag{8.2}$$

此算法的思想就是找到等式(8.2)的解 (x_g, x_b)，进而根据等式(8.1)直接得到离散对数的解。此算法的核心思想在于：等式(8.2)可以通过分别搜索 x_g 和 x_b 而求解，即使用分而治之的方法求解。算法的第一阶段计算并存储所有 α^{x_b} 值，其中 $0 \le x_b < m$。这也是 baby-step 阶段，它需要 $m \approx \sqrt{|G|}$ 个步骤(群操作)，并需要存储 $m \approx \sqrt{|G|}$ 个群元素。

在 giant-step 阶段，此算法检查 $0 \le x_g < m$ 范围内所有的 x_g，并判断 baby-step 阶段计算的一些已存储的项 α^{x_b} 是否满足以下条件：

---

2. 此处使用了流行的 big-oh 表示法。如果对于常量 c 和大于一些值 x_0 的输入值 x，有 $f(x) \le c \cdot g(x)$，则复杂度函数 $f(x)$ 的 big-oh 表示法为 $\mathcal{O}(g(x))$。

$$\beta \cdot (\alpha^{-m})^{x_g} \overset{?}{=} \alpha^{x_b}$$

如果该等式成立, 则意味着找到了一个匹配, 即存在某个对 $(x_{g,0}, x_{b,0})$ 满足 $\beta \cdot (\alpha^{-m})^{x_{g,0}} = \alpha^{x_{b,0}}$, 则离散对数可以表示为:

$$x = x_{g,0} m + x_{b,0}$$

Baby-step giant-step 方法需要 $\mathcal{O}(\sqrt{|G|})$ 次计算步骤和相同大小的内存。对阶为 2^{80} 的群而言, 攻击者大概只需要 $2^{40} = \sqrt{2^{80}}$ 次计算和 $2^{40} = \sqrt{2^{80}}$ 个存储单元就能破解; 这个数目在目前 PC 机和硬盘上是非常容易实现的。为了获得 2^{80} 的攻击复杂度, 群的基至少为 $|G| \geqslant 2^{160}$。因此, 在群 $G = \mathbb{Z}_p^*$ 中, 素数 p 的长度至少应该为 160 位。然而, 我们在下面将看到针对 $\mathbb{Z}_p^*$ 内 DLP 的更强大攻击是存在的, 这也要求 p 拥有更长的位长度。

Pollard's Rho 方法

Pollard's Rho 方法期望的运行时间与 baby-step giant-step 算法相同, 都是 $\mathcal{O}(\sqrt{|G|})$, 但是 Pollard's Rho 方法对空间的需求却微不足道。此方法是基于生日悖论的概率算法(请比照第 11.2.3 节), 此处只对此略述。Pollard's Rho 方法的基本思想就是伪随机地生成 $\alpha^i \cdot \beta^j$ 形式的群元素, 并记录每个元素对应的 i 和 j。不断地重复这个过程, 直到有两个元素出现冲突为止, 即直到得到

$$\alpha^{i_1} \cdot \beta^{j_1} = \alpha^{i_2} \cdot \beta^{j_2} \tag{8.3}$$

如果用 $\beta = \alpha^x$ 进行代换, 并比较该等式两边的指数, 则此冲突将得到关系 $i_1 + xj_1 = i_2 + xj_2 \bmod |G|$(注意, 这是在拥有 $|G|$ 个元素的循环群里, 并且指数模数为 $|G|$)。从这里可以看到, 离散对数可以简单地表示为:

$$x \equiv \frac{i_2 - i_1}{j_1 - j_2} \bmod |G|$$

这里忽略了一个非常重要的细节, 那就是找到冲突(8.3)的确切方法。在任何情况下, 元素的伪随机生成都是对群的一个随机遍历, 这个过程可以使用 Greek letter rho 的形状进行说明, 因此这个攻击也叫 Greek letter rho 攻击。

Pollard's rho 方法具有非常重要的实际意义, 因为它是目前已知的计算椭圆曲线群里离散对数问题最好的算法。由于此算法的攻击复杂度为 $\mathcal{O}(\sqrt{|G|})$ 次计算, 因此椭圆曲线群的大小必须至少为 2^{160}。实际上, 操作数为 160 位的椭圆曲线密码体制在现实生活中非常流行。

目前还存在很多针对 $\mathbb{Z}_p^*$ 内 DLP 的很强大的攻击，下面会有相关介绍。

Pohlig-Hellman 算法

Pohlig-Hellman 方法是一种基于中国余数定理(本书未介绍此部分内容)的算法；它利用的是对群的阶可能的因式分解。Pohlig-Hellman 方法通常不是单独使用，而是与本章介绍的其他 DLP 攻击算法结合起来使用。假设

$$|G| = p_1^{e_1} \cdot p_2^{e_2} \cdot \ldots \cdot p_l^{e_l}$$

是群的阶|G|的质因式分解。这里同样也想计算 G 内的离散对数 $x = \log_\alpha \beta$。Pohlig-Hellman 方法也是一个分而治之的算法，其基本思想为：与其处理一个大的群 G，还不如计算阶为 $p_i^{e_i}$ 的子群里较小的离散对数 $x_i \equiv x \bmod p_i^{e_i}$。而最终需要的离散对数 x 可以使用中国余数定理从所有的 x_i ($i = 1$，…，l)中计算得到。每个单独的小型 DLP x_i 都可以使用 Pollard's rho 方法或 baby-step giant-step 算法计算得到。

此算法的运行时间很明显取决于群的阶的质因子。为了防止攻击，群的阶的最大质因子必须在 2^{160} 范围内。Pohlig-Hellman 算法最重要的一个实际后果就是，我们需要知道群的阶的质分解因子；尤其是在椭圆曲线密码体制中，计算循环群的阶并不总是很容易。

2. 非通用算法：Index-Calculus 算法

目前已介绍的所有算法都是与被攻击的群完全无关的，即这些算法对基于任何循环群的离散对数都适用。而非通用算法则有效利用了某些群的一些特殊属性，即群的内部结构，这样会导致更强壮的 DL 算法。最重要的非通用算法就是 index-calculus 方法。

Baby-step giant-step 算法和 Pollard's rho 方法的运行时间都与群的阶的位长度成指数关系，大概为 $2^{n/2}$ 步，其中 n 为|G|对应的位长度。密码设计者比密码分析者更喜欢这一点。例如，如果此群的阶仅仅增加 20 位，而破解所需的精力则要增加 1024 = 2^{10} 倍。这也是椭圆曲线比 RSA 或基于 $\mathbb{Z}_p^*$ 的 DLP 的密码体制拥有更好的长期安全性的主要原因。现在的问题是，在某些群内是否存在更强的 DLP 算法？答案是肯定的。

Index-calculus 方法是计算循环群 $\mathbb{Z}_p^*$ 和 $GF(2^m)^*$ 内离散对数非常有效的方法，它拥有次指数运行时间。本文不对此进行详细介绍，而是进行大致的描述。Index-calculus 方法依赖于这个属性：G 内的大部分元素都可以高效地表示为 G 的小型子集中元素的乘积。对群 $\mathbb{Z}_p^*$ 而言，这意味着它的很多元素都可以表示为较小素数的乘积。群 $\mathbb{Z}_p^*$ 和 $GF(2^m)^*$ 中的元素都满足这个属性；但是，人们目前还没有发现椭圆曲线群具有相同属性。Index calculus 方法非常强大，所以，为了提供 80 位的安全性，即攻击者必须执行 2^{80} 次步骤，$\mathbb{Z}_p^*$ 内 DLP 的素数 p 至少为 1024 位长。表 8-3 给出了自 20 世纪 90 年代初期起实现的 DLP 记录的概述。Index-calculus 方法在求解 $GF(2^m)^*$ 内的 DLP 上会更具有优势。因此，在实现相同的安全等

级时，其对应的位长度应该要长一点。正因为这个原因，$GF(2^m)^*$ 内的 DLP 方案在实际中并没有得到广泛使用。

表 8-3　计算 $\mathbb{Z}_p^*$ 内离散对数的记录的概述

十进制位数	位长度	日期
58	193	1991
65	216	1996
85	282	1998
100	332	1999
120	399	2001
135	448	2006
160	532	2007

8.4　Diffie-Hellman 密钥交换的安全性

介绍完离散对数问题后，现在可以讨论第 8.1 节提到的 DHKE 的安全性问题。首先需要注意的是，使用基本 DHKE 的协议在主动攻击面前并不是安全的。这意味着如果攻击者 Oscar 可以修改消息或生成假消息，则 Oscar 就可以破解这个协议。这称为中间人攻击，并将在第 13.3 节中描述。

下面来考虑消极攻击者的可能性，即 Oscar 只能监听消息但不能篡改消息。Oscar 的目的就是计算 Alice 与 Bob 之间共享的会话密钥 k_{AB}。通过观察协议 Oscar 可以获得什么信息？显然，Oscar 知道 α 和 p，因为这两个参数是在握手协议阶段选择的公开参数。此外，Oscar 可以在密钥交换协议的执行阶段窃听信道，获得值 $A=k_{pub,A}$ 和 $B=k_{pub,B}$。所以现在的问题是，他能否从 $\alpha, p, A \equiv \alpha^a \bmod p$ 和 $B \equiv \alpha^b \bmod p$ 中计算出 $k = \alpha^{ab}$。这个问题也称为 Diffie-Hellman 问题 (DHP)。与离散对数问题一样，Diffie-Hellman 问题也可推广到任意的有限循环群。下面是 DHP 的正式描述：

> **定义 8.4.1　推广的 Diffie-Hellman 问题(DHP)**
>
> 　　给定一个阶为 n 的有限循环群 G，一个本原元 $\alpha \in G$ 及两个 G 内的元素 $A = \alpha^a$ 与 $B = \alpha^b$。Diffie-Hellman 问题就是找到群元素 α^{ab}。

求解 Diffie-Hellman 问题的一个通用方法如下。为了便于说明和理解，可将乘法群 $\mathbb{Z}_p^*$ 内的 DHP 作为例子。假设 Oscar 知道计算 $\mathbb{Z}_p^*$ 内离散对数的有效方法——当然，这是一个"很大"的假设。然后，Oscar 就可以通过以下两步求解出 Diffie-Hellman 问题，并得到密钥 k_{AB}：

(1) 通过求解离散对数问题：$a \equiv \log_\alpha A \bmod p$ 计算出 Alice 的私钥 $a = k_{pr,A}$；

(2) 计算会话密钥 $k_{AB} \equiv B^a \bmod p$。

从第 8.3.3 节可知，尽管这些步骤看上去很简单，但如果 p 足够大，则计算离散对数问题仍然是不可行的。

这里需要注意的一点是，我们并不知道求解 DLP 是否是求解 DHP 的唯一方法。理论上，不用计算离散对数就能求解 DHP 的方法也是可能的。这个情况与 RSA 类似——在 RSA 中，因式分解是否真的是破解 RSA 最好的方法是未知的。然而，尽管这个结论在数学书是不可证明的，但人们通常假设有效求解 DLP 是有效求解 DHP 的唯一方法。

因此，为了保证实际中 DHKE 的安全性，我们必须确保对应的 DLP 不能被求解。而这一点是通过选择足够大的 p，使得 index-calculus 方法不能计算 DLP 而实现的。参考表 6-1 可知，长度为 1024 位的素数可以实现 80 位的安全级别，而实现 128 位的安全级别，则需要长度 3072 位的素数。一个额外的要求就是，为了防止 Pohlig-Hellman 攻击，循环群的阶 p-1 必须不能因式分解为全部都是小整数的素因子。由 p-1 的因子构成的每个子群都容易受到 baby-step giant-step 方法或 Pollards's rho 方法的攻击，但不容易受到 index-calculus 方法的攻击。因此，对 80 位安全等级而言，p-1 的最大素因子必须至少为 160 位；而对 128 位的安全等级而言，其至少为 256 位。

8.5 Elgamal 加密方案

Elgamal 加密方案最早由 Taher Elgamal 于 1985 年提出，它通常称为 Elgamal 加密。Elgamal 加密方案可以视为 DHKE 协议的扩展，毋庸置疑，其安全性也是基于离散对数问题和 Diffie-Hellman 问题的难度。本书主要考虑群 $\mathbb{Z}_p^*$（p 为素数）上的 Elgamal 加密方案。但 Elgamal 加密方案对其他循环群也适用，比如伽罗瓦域 $GF(2^m)$ 内的乘法群，因为这些循环群中的 DL 和 DH 问题也是非常困难的。

8.5.1 从 Diffie-Hellman 密钥交换到 Elgamal 加密

为了理解 Elgamal 方案，观察其从 DHKE 直接获得的属性是非常有必要的。考虑 Alice 和 Bob 双方，如果 Alice 想将一个加密的消息 x 发送给 Bob，双方必须首先执行 Diffie-Hellman

密钥交换获得共享密钥 k_M。为此，假设大素数 p 和本原元 α 已经生成了。现在的新想法就是，Alice 使用这个密钥作为乘法掩码，使用 $y \equiv x \cdot k_M \bmod p$ 加密 x。这个过程的描述如下。

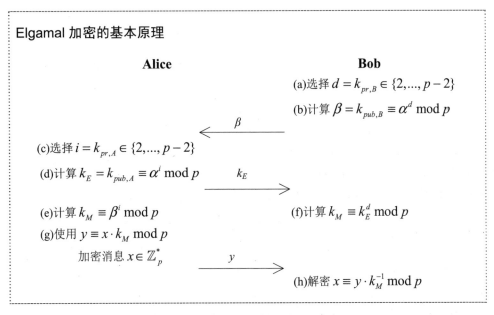

这个协议由两个阶段构成：第一阶段是古典 DHKE(步骤 a - f)，第二阶段是消息加密与解密(分别对应步骤 g 和步骤 h)。Bob 计算自己的私钥 d 和公钥 β，并且这对密钥不会改变，即它们可以用来加密很多消息。但是 Alice 在对每个消息加密时都必须生成一个新的公钥-私钥对。假设用 i 表示 Alice 的私钥，k_E 表示她的公钥。后者是一个临时密钥(仅在很短的时间内存在)，因此用下标"E"表示。联合密钥用 k_M 表示，因为它用于掩盖明文。

而在实际加密中，Alice 仅需将明文消息 x 与 $\mathbb{Z}_p^*$ 内的掩码密钥 k_M 相乘。接收方 Bob 将得到的结果乘以逆向掩码，将加密结果逆向。请注意循环群的一个属性，即给定任何密钥 $k_M \in \mathbb{Z}_p^*$，每个消息 x 与该密钥相乘就可将消息 x 映射到另一个密文。此外，如果密钥 k_M 是从 $\mathbb{Z}_p^*$ 内随机选择的，则得到每个密文 $y \in \{1, 2, ..., p-1\}$ 的概率都相等。

8.5.2　Elgamal 协议

下面将给出 Elgamal 方案的正式定义，它分为三个阶段。握手阶段由发布公钥和接收消息的一方执行，并只执行一次。而加密阶段和解密阶段则是在每次发送消息时都会执行。与 DHKE 相反，Elgamal 协议不需要可信任的第三方来选择素数和本原元。Bob 会生成这两个参数，并将它们公布(比如存储在数据库中或在网站上公布)。

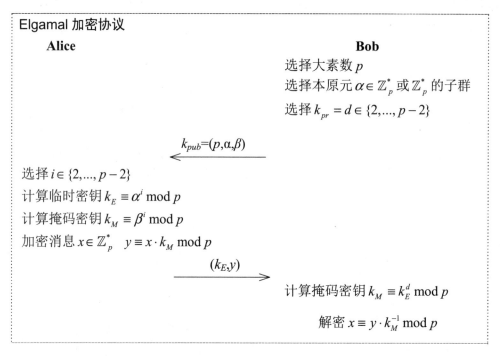

实际的 Elgamal 加密协议重新排列了前面已经学过的最简单的受 Diffie-Hellman 启发方法的操作顺序。其原因在于，Alice 只需要向 Bob 发送一条消息，这与以前需要发送两条消息的协议不同。

密文由两部分组成：临时密钥 k_E 和隐藏后的明文 y。由于所有参数的位长度通常为 $\lceil \log_2 p \rceil$，因此密文 (k_E, y) 的长度是消息长度的两倍。因此，可以说 Elgamal 加密的消息膨胀因子为 2。

下面来验证 Elgamal 协议的正确性。

证明：我们需要证明 $d_{k_{pr}}(k_E, y)$ 的确得到了原始消息 x。

$$
\begin{aligned}
d_{k_{pr}}(k_E, y) &\equiv y \cdot (k_M)^{-1} \bmod p \\
&\equiv [x \cdot k_M] \cdot (k_E^d)^{-1} \bmod p \\
&\equiv [x \cdot (\alpha^d)^i][(\alpha^i)^d]^{-1} \bmod p \\
&\equiv x \cdot \alpha^{d \cdot i - d \cdot i} \equiv x \bmod p
\end{aligned}
$$

□

下面来看几个处理小整数的例子。

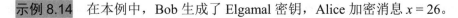

示例8.14　在本例中，Bob 生成了 Elgamal 密钥，Alice 加密消息 $x = 26$。

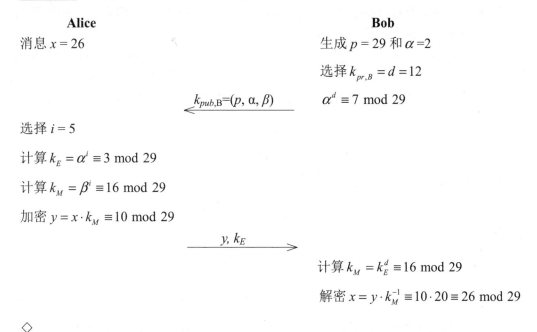

Alice	**Bob**
消息 $x = 26$	生成 $p = 29$ 和 $\alpha = 2$
	选择 $k_{pr,B} = d = 12$
$\xleftarrow{\quad k_{pub,B}=(p,\,\alpha,\,\beta) \quad}$	$\alpha^d \equiv 7 \bmod 29$
选择 $i = 5$	
计算 $k_E = \alpha^i \equiv 3 \bmod 29$	
计算 $k_M = \beta^i \equiv 16 \bmod 29$	
加密 $y = x \cdot k_M \equiv 10 \bmod 29$	
$\xrightarrow{\quad y,\, k_E \quad}$	
	计算 $k_M = k_E^d \equiv 16 \bmod 29$
	解密 $x = y \cdot k_M^{-1} \equiv 10 \cdot 20 \equiv 26 \bmod 29$

◇

需要注意的是，与教科书版本的 RSA 方案不同，Elgamal 是一个概率加密方案，即使用相同的公钥加密两个相同的消息 x_1 和 x_2(其中 $x_1, x_2 \in \mathbb{Z}_p^*$)会得到两个不同的密文 $y_1 \neq y_2$(或者说得到的两个密文不相等的概率非常高)。这主要是因为每次加密中使用的 i 是从 $\{2, 3, \cdots, p-2\}$ 中随机选取的，所以每轮加密中使用的会话密钥 $k_M = \beta^i$ 也是随机选择的。正是这种方式可以预先避免对 x 的蛮力搜索攻击。

8.5.3　计算方面

密钥生成　接收方(本例中为 Bob)在生成密钥时必须生成素数 p，并计算公钥和私钥。由于 Elgamal 的安全性也取决于离散对数问题，p 必须具有第 8.3.3 节中讨论的属性，尤其是它的位长度至少应该为 1024。为了得到这样一个素数，可使用第 7.6 节中介绍的素数寻找算法。私钥应该使用真随机数生成器得到，而公钥则需要执行指数运算得到，可以使用平方-乘算法实现这个指数运算。

加密　在加密过程中，计算临时密钥和掩码密钥及消息加密时，需要两个模指数运算和一个模乘法运算。这些运算所涉及的操作数的位长度都是 $\lceil \log_2 p \rceil$。为了高效进行指数运算，可使用第 7.4 节中介绍的平方-乘算法。需要注意的一点是，这两个指数运算几乎是所需要的所有计算，并且这两个指数运算与明文 x 无关。因此，在某些应用中，为了降低计算负荷可以预计算这些指数运算，并将得到的结果存储起来，直到实际加密需要时再使用。这个做法在实际中具有很大的优势。

解密   解密最主要的步骤就是：首先使用平方-乘算法计算指数运算 $k_M = k^d \bmod p$，然后使用扩展欧几里得算法计算 k_M 的逆元。然而，有一个基于费马小定理的捷径，可以将两个步骤整合到一个步骤中实现。根据第 6.3.4 节中介绍的定理可以得到，所有的 $k_E \in \mathbb{Z}_p^*$ 均满足：

$$k_E^{p-1} \equiv 1 \bmod p$$

现在可将解密中的步骤 1 和 2 整合为：

$$k_M^{-1} \equiv (k_E^d)^{-1} \bmod p$$

$$\equiv (k_E^d)^{-1} k_E^{p-1} \bmod p$$

$$\equiv k_E^{p-d-1} \bmod p \tag{8.4}$$

等价关系(8.4)说明，仅使用指数为$(p - d - 1)$的单个指数运算就能计算掩码密钥的逆元。之后，需要计算一个模乘法来恢复 $x \equiv y \cdot k_M^{-1} \bmod p$。最后发现，解密本质上只需要执行一个平方-乘算法和恢复明文的单个模乘法。

8.5.4 安全性

在评估 Elgamal 解密方案的安全性时，区分消极攻击(即只监听的攻击)与积极攻击(即攻击者会生成和篡改消息的攻击)非常重要。

1. 消极攻击

Elgamal 加密方案针对消极攻击的安全性，即通过窃听到的信息 p，α，$\beta = \alpha^d$，$k_E = \alpha^i$ 和 $y = x \cdot \beta^i$ 恢复明文 x，取决于 Diffie-Hellman 问题的难度(比照第 8.4 节)。目前，除了计算离散对数外，人们没有发现其他求解 DHP 的方法。如果假设 Oscar 拥有超级能力，并真的可以计算 DLP，则他有两种可以攻击 Elgamal 方案的方法。

- 通过找到 Bob 的密钥 d 来恢复 x：

$$d = \log_\alpha \beta \bmod p \text{ 。}$$

这种方法需要求解 DLP；如果参数选择得当的话，它在计算上是不可行的。然而，如果 Oscar 可以成功地求解 DLP，则他就可以执行与接收者 Bob 相同的步骤解密密文：

$$x \equiv y \cdot (k_E^d)^{-1} \bmod p \, 。$$

- 另一种方法就是与其计算 Bob 的私钥指数 d，Oscar 不如试图恢复 Alice 的随机指数 i：

$$i = \log_\alpha k \bmod p \, 。$$

同样地，这个方法也需要求解离散对数问题。如果 Oscar 可以求解这个 DLP，则他就可以计算出明文：

$$x \equiv y \cdot (\beta^i)^{-1} \bmod p \, 。$$

在这两种情况中，Oscar 都必须求解有限循环群 $\mathbb{Z}_p^*$ 内的 DL 问题。与椭圆曲线相反，这里可以使用更强大的 index-calculus 方法(比照第 8.3.3 节)。因此，如今为了保证 $\mathbb{Z}_p^*$ 内 Elgamal 方案的安全性，p 的长度必须至少为 1024 位。

与 DHKE 协议一样，我们必须防止成为所谓的小型子集攻击的受害者。为了防御这种攻击，实际中常使用可以生成阶为素数的子群的本原元 α。因为在这样的群中，所有的元素都是本原元，并且它们不存在更小的子群。下面将使用一个例子说明小型子群攻击的缺陷。

2. 积极攻击

与其他每个非对称方案一样，必须保证公钥是可信的。这意味着加密方，在本例中为 Alice，实际上拥有 Bob 的公钥。如果 Oscar 可以让 Alice 相信他的密钥是 Bob 的密钥，则他就能很容易地破解此方案。为了防止这种攻击，我们必须使用证书；关于证书的主题将在第 13 章介绍。

Elgamal 加密的另一个缺陷就是，如果不需要攻击者 Oscar 执行任何直接的行为，则私钥指数 i 不应该重复使用。假设 Alice 使用值 i 加密两个连续的消息 x_1 和 x_2。在这种情况下，两个掩码密钥也相同，即 $k_M = \beta^i$；同样地，两个临时密钥也应该一样。Alice 会在信道上发送两个密文 (y_1, k_E) 和 (y_2, k_E)。如果 Oscar 知道或能猜测出第一个消息，则他就可以利用 $k_M \equiv y_1 x_1^{-1} \bmod p$ 算出掩码密钥，并进而解密 x_2：

$$x_2 \equiv y_2 k_M^{-1} \bmod p$$

可以利用这种方式破解任何使用相同 i 加密的消息。这个攻击的后果就是，人们必须保证密钥指数 i 不会重复。例如，如果某个人使用第 2.2.1 节中介绍的密码学安全的 PRNG，并在每个会话初始化时使用相同的种子值，则每次加密都会使用 i 值的相同序列，而这个事实也会被 Oscar 利用。注意，Oscar 可以检测到密钥指数的重复使用，因为这些指数对应相同的临时密钥。

另一种针对 Elgamal 的主动攻击利用了 Elgamal 方案的延展性。如果 Oscar 观察到密文 (k_E, y)，他就可以将其替换为

$$(k_E, sy),$$

其中 s 为一个任意整数。接收者可以计算

$$d_{k_{pr}}(k_E, sy) \equiv sy \cdot k_M^{-1} \bmod p$$
$$\equiv s(x \cdot k_M) \cdot k_M^{-1} \bmod p$$
$$\equiv sx \bmod p$$

因此，被解密的文本也是 s 的倍数。这个情况与第 7.7 节中介绍的利用 RSA 延展性的攻击相同。Oscar 不能解密密文，但他可按某种方式篡改密文。比如，他可以选择 s 的值等于 2 或 3，使得解密结果对应的值变成原来值的 2 或 3 倍。与 RSA 情况一样，教科书式的 Elgamal 加密在实际中通常也不使用，但它也引入了一些填充技术来防止这些类型的攻击。

8.6 讨论及扩展阅读

Diffie-Hellman 密钥交换和 Elgamal 加密 具有里程碑意义的论文[58]介绍了 DHKE 以及公钥密码学的概念。由于 Ralph Merkle 单独发明了非对称密码，因此 Hellman 在 2003 年建议该算法应该命名为"Diffie-Hellman-Merkle 密钥交换"。本书的第 13 章介绍了基于 DHKE 密钥交换的详细内容。此方案被 ANSI X9.42[5]进行了标准化，并广泛用于各种安全协议(比如 TLS)。DHKE 最具有吸引力的一个特点就是，它可以扩展到任何循环群，而不仅仅是本章提到的素数域内的乘法群。实际上，除了 $\mathbb{Z}_p^*$ 外，最主流的群就是基于椭圆曲线的 DHKE，这部分内容将在第 9.3 中进行详细介绍。

DHKE 是一个双方协议，但它也可以推广到多方(大于两方)建立联合 Diffie-Hellman 密钥的群密钥协商，详细内容可以参阅[38]。

Elgamal 加密最早由 Tahar Elgamal 于 1985 年提出，现在已经得到广泛使用。例如，Elgamal 是免费 GNU 隐私保卫(GnuPG)、OpenSSL、优良保密协议(PGP)及其他密码软件的一部分。第 8.5.4 节描述的针对 Elgamal 加密方案的积极攻击需要满足非常严格的要求，而这些要求通常很难实现。此外，还存在一些与 Elgamal 相关但拥有更高安全属性的方案，包括 Cramer-Shoup 系统[49]和 Abdalla、Bellare 和 Rogaway 提出的 DHAES[1]方案。在某

些假设情况下，这些方案可以抵抗所选的明文攻击。

离散对数问题　本章概述了求解离散对数问题中最重要的一些攻击算法。[168，第 164 页]给出了这些算法的概述及其他相关文献。本书也探讨了 Diffie-Hellman 问题(DHP)与离散对数问题(DLP)之间的关系。这个关系对密码编码学的基础有着深远的意义，而关于此研究的主要贡献为[31,118]。

椭圆密码学的主要思想利用了群内的 DLP，而不是 $\mathbb{Z}_p^*$ 内的 DLP，关于这个主题的内容将在第 9 章中介绍。基于推广的 DLP 的其他密码体制包括椭圆曲线，而关于此主题的综合描述可以在[44]中找到。除了素数域 $\mathbb{Z}_p^*$ 外，也可以使用某些具有计算优势的扩展域。两个研究最深入的基于扩展域的 DL 系统就是 Lucas-Based 密码体制[26]和有效的紧凑子群迹表示(XTR)[109]。

8.7　要点回顾

- Diffie-Hellman 协议是广泛使用的密钥交换方法，它是基于循环群的。
- 离散对数问题是现代非对称密码体制中一个非常重要的单向函数。很多公钥算法都基于它。
- 实际中经常使用的是素数域 $\mathbb{Z}_p$ 的乘法群或椭圆曲线群。
- 在 $\mathbb{Z}_p^*$ 内的 Diffie-Hellman 协议中，素数 p 至少应该为 1024 位长，它提供的安全性大概与 80 位对称密码的安全性等价。为了获得长期的安全性，最好选择长度为 2048 位的素数。
- Elgamal 方案是 DHKE 的扩展，其中得到的会话密钥可以作为乘法掩码来加密消息。
- Elgamal 是一种概率加密方案，即加密两个相同的消息不会得到两个相同的密文。
- 对于基于 $\mathbb{Z}_p^*$ 的 Elgamal 加密方案，素数 p 的长度必须至少为 1024 位，即 $p > 2^{1000}$。

8.8　习题

8.1　理解群、循环群和子群的功能对基于离散对数问题的公钥密码体制的使用非常重要。这也是为什么本题要求练习此类结构中的一些算术运算的原因。

首先来练习一个简单的习题。请确定以下对应的乘法群中所有元素的阶：

(1) $\mathbb{Z}_5^*$

(2) $\mathbb{Z}_7^*$

(3) $\mathbb{Z}_{13}^*$

请创建一个列表，每个群对应此列表中的两列，而每行都包含元素 a 和阶 ord(a)。

提示：为了进一步熟悉循环群及其属性，最好手工计算所有的阶，即仅使用便携式计算器。如果你想挑战一下自己的心算能力，可以完全不使用计算器，尤其是在计算前面两个群时。

8.2 对于群 $\mathbb{Z}_{53}^*$，可能的元素的阶有哪些？对每个阶而言，存在多少个元素？

8.3 继续考虑问题 8.2 中的群。

(1) 这些乘法群中的每个群分别拥有多少个元素？

(2) 上述所有的阶是否都可以整除对应乘法群的元素个数？

(3) 习题 8.1 中的哪些元素是本原元？

(4) 请验证本原元的个数表示为 $\phi(|\mathbb{Z}_p^*|)$ 的群。

8.4 本题想确定乘法群中的本原元(即生成元)，因为它们在 DHKE 及很多其他基于 DL 问题的公钥方案中发挥着重要的作用。假设给定的素数为 $p=4969$，对应的乘法群为 $\mathbb{Z}_{4969}^*$。

(1) 请确定 $\mathbb{Z}_{4969}^*$ 中存在多少个生成元？

(2) 随机选择一个元素 $a \in \mathbb{Z}_{4969}^*$ 为生成元的概率是多少？

(3) 确定最小的生成元 $a \in \mathbb{Z}_{4969}^*$，且 $a > 1000$。

提示：这个确定过程可以直接通过检测群基数 $p-1$ 所有可能的因子实现，或使用高效一些的方法实现，即检查满足 $p-1 = \prod q_i^{e_i}$ 的所有素因子 q_i 是否满足前提 $a^{(p-1)/q_i} \neq 1 \bmod p$。你可以从 $a = 1001$ 开始，不断重复这些步骤，直到找到 $\mathbb{Z}_{4969}^*$ 期望的生成元。

(4) 为了简化对任意群 $\mathbb{Z}_p^*$ 中生成元的搜索，你可以采取哪些措施？

8.5 请使用参数 $p = 467$，$\alpha = 2$ 及以下值，计算 DHKE 方案中的两个公钥和一个共同密钥。

(1) $a = 3$，$b = 5$

(2) $a = 400$，$b = 134$

(3) $a = 228$，$b = 57$

所有情况都需要计算 Alice 和 Bob 之间的共同密钥。这也是对你得到的结果的一个恰当检查。

8.6 下面使用与问题 8.5 相同的素数 $p = 467$ 设计另一个 DHKE 方案。然而，这次使用

的元素 $\alpha = 4$。元素 4 的阶为 233，因此它可以生成一个拥有 233 个元素的子群。计算下面参数对应的 k_{AB}：

(1) $a = 400$，$b = 134$

(2) $a = 167$，$b = 134$

为什么这两个会话密钥是相同的？

8.7　DHKE 协议中的私钥是从以下集合中选择的

$$\{2, \ldots, p\text{-}2\}。$$

为什么排除了值 1 和 $p-1$？请描述这两个值的缺点。

8.8　给定一个 DHKE 算法，模数 p 为 1024 位，α 是子群的生成元，且 $\mathrm{ord}(\alpha) \approx 2^{160}$。

(1) 私钥的最大值为多少？

(2) 如果一个模乘法需要 $700\,\mu s$，一个模平方需要 $400\,\mu s$，则会话密钥的计算平均需要多长时间？假设公钥已经计算过了。

(3) 离散对数系统对应的一种著名的加速技术就是使用较短的本原元。假设 α 就是这样的短元素(比如 16 位的整数)，并且 α 的模乘法只需要 $30\,\mu s$，则公钥的计算需要多长时间？如果使用平方-乘算法，为什么一次模平方的时间仍然与上面相同？

8.9　下面考虑乘法群中选择合适生成元的重要性。

(1) 请证明满足 $a = p-1$ 的元素 $a \in \mathbb{Z}_p$ 的阶总是 2。

(2) a 生成的子群是什么？

(3) 请描述一种针对拥有这种属性的 DHKE 的简单攻击。

8.10　考虑基于伽罗瓦域 $GF(2^m)$ 的 DHKE 协议。所有的算术运算都在不可约域多项式为 $P(x) = x^5 + x^2 + 1$ 的 $GF(2^5)$ 内完成。Diffie-Hellman 方案的本原元为 $a = x^2$，私钥为 $a = 3$，$b = 12$。请问会话密钥 k_{AB} 是什么？

8.11　从本章中可以看到，Diffie-Hellman 协议与 Diffie-Hellman 问题一样安全，而 Diffie-Hellman 问题与群 $\mathbb{Z}_p^*$ 内的 DL 问题一样困难。然而，这个结论只对消极攻击成立，即 Oscar 只能窃听消息。如果 Oscar 可以篡改 Alice 和 Bob 之间的消息，他就可以轻而易举地破解密钥协商协议！请设计一种针对 Diffie-Hellman 密钥协商协议的积极攻击，其中 Oscar 是中间人。

8.12　请编写一个程序，通过穷尽搜索来计算 $\mathbb{Z}_p^*$ 中的离散对数。该程序的输入参数为 p，α，β。程序需要计算 $\beta = \alpha^x \bmod p$ 时的 x。

请计算 $\mathbb{Z}_{24691}$ 中 $\log_{106} 12375$ 的解。

8.13   请使用 Elgamal 方案($p = 467$ 和 $\alpha = 2$)加密以下消息：

(1) $k_{pr} = \mathrm{d} = 105$，$i = 213$，$x = 33$

(2) $k_{pr} = \mathrm{d} = 105$，$i = 123$，$x = 33$

(3) $k_{pr} = \mathrm{d} = 300$，$i = 45$，$x = 248$

(4) $k_{pr} = \mathrm{d} = 300$，$i = 47$，$x = 248$

请解密所有的密文，并写出所有步骤。

8.14   假设 Bob 向 Alice 发送一个使用 Elgamal 加密后的消息。而 Bob 错误地对所有消息都使用了相同的参数 i。此外，我们还知道 Bob 的每个明文是以数字 $x_1 = 21$(Bob 的 ID)开头。现在拥有以下密文

$$(k_{E,1} = 6, y_1 = 17) ,$$

$$(k_{E,2} = 6, y_2 = 25) 。$$

Elgamal 参数为 $p = 31$，$\alpha = 3$，$\beta = 18$。请确定第二个明文 x_2。

8.15   给定一个 Elgamal 密码体制。Bob 非常聪明，并选择以下伪随机数生成器计算新的 i 值：

$$i_j = i_{j-1} + f(j)，\quad 1 \leq j \tag{8.5}$$

其中，$f(j)$是一个非常复杂的已知伪随机函数(比如 $f(j)$可能是密码学哈希函数，比如 SHA 或 RIPE-MD160)。i_0 是 Oscar 不知道的一个真随机数。

Bob 加密 n 个消息 x_j 的过程为：

$$k_{E_j} = \alpha^{i_j} \bmod p，$$

$$y_j = x_j \cdot \beta^{i_j} \bmod p，$$

其中，$1 \leq j \leq n$。假设 Oscar 已知最后一个明文 x_n 和所有密文。

请写出 Oscar 计算任何消息 $x_j(1 \leq j \leq n-1)$的公式。当然，根据 Kerckhoffs' 原理，Oscar 知道上面显示的构建方法，包括函数 $f()$。

8.16   给定公开参数为 $k_{pub} = (p, \alpha, \beta)$ 和未知私钥为 $k_{pr} = d$ 的 Elgamal 加密方案。由于加密方随机数生成器的实现有误，两个临时密钥之间存在以下关系：

$$k_{M,j+1} = k_{M,j}^2 \quad \bmod p 。$$

给定 n 个连续的密文

$$(k_{E_1}, y_1)，\ (k_{E_2}, y_2)，\ \ldots，\ (k_{E_n}, y_n)$$

它们对应的明文依次为

$$x_1，\ x_2，\ \ldots，\ x_n。$$

此外，第一个明文 x_1 是已知的(比如头信息)。

(1) 请描述攻击者如何从给定的信息计算出明文 x_1, x_2, …, x_n。

(2) 攻击者能否从给定的信息计算出私钥 d？请解释你的答案。

8.17　从问题 8.13 中给出的四个例子可以看出，Elgamal 方案具有不确定性：一个给定的明文 x 拥有多个有效的密文，即上个问题中的 $x = 33$ 和 $x = 248$ 对应的密文相同。

(1) 为什么说 Elgamal 签名方案是不确定的？

(2) 每个消息 x 存在多少个有效的密文(通用表达式)？在问题 8.13 的系统中，这个数是多少(数字答案)？

(3) 一旦选择了公钥，RSA 密码体制是不是就变得不确定了？

8.18　我们将考虑使用拥有较小阶的公钥时，Elgamal 加密存在的缺陷，先看下面的例子。假设 Bob 使用本原元为 $\alpha = 2$ 的群 $\mathbb{Z}_{29}^*$，他的公钥为 $\beta = 28$。

(1) 公钥的阶是多少？

(2) 可能的掩码密钥 k_M 有哪些？

(3) Alice 加密一个文本信息。每个字符都是根据简单规则 $a \to 0$, …, $z \to 25$ 进行编码的，三个额外的密文符号为：ä→26，ö→27，ü→28。Alice 传输了以下 11 个密文 (k_E, y)

$$(3，15)，(19，14)，(6，15)，(1，4)，(22，13)，(4，7)$$
$$(13，4)，(3，21)，(18，17)，(26，25)，(7，17)$$

请在不计算 Bob 私钥的情况下解密该消息。仅观察密文，并利用这样一个事实：里面只有很少的掩码密钥和一点猜测。

第 9 章

椭圆曲线密码体制

椭圆曲线密码学(ECC)是已确立的具有实用性的三种公钥算法家族中最新的一个成员，这部分内容在第 6.2.3 节中已介绍。其实，ECC 早在 20 世纪 80 年代中期就已经出现了。

ECC 使用较短的操作数，可提供与 RSA 或离散对数系统同等的安全等级(所需要的操作数的长度之比大概为 160～256 位比 1024～3072 位)。ECC 基于推广的离散对数问题，因此，DL 协议(比如 Diffie-Hellman 密钥交换)也可以使用椭圆曲线实现。

在很多情况中，ECC 在性能(更少的计算量)和带宽(更短的签名和密钥)上都比 RSA 和离散对数(DL)方案更具有优势。但是，正如 7.5.2 节中介绍的，使用较短公钥的 RSA 操作还是会比 ECC 操作要快很多。

椭圆曲线的数学运算比 RSA 和 DL 方案的数学运算要更复杂一些。类似统计椭圆曲线上的点数等主题都已经超出了本书的范畴。因此，本章将重点介绍 ECC 的基础知识，而不会在很多数学运算上花费时间，以便读者更好地理解基于椭圆曲线的密码体制的重要函数。

本章主要内容包括

- 与 RSA 和 DL 方案相比，ECC 的主要优缺点
- 椭圆曲线的含义和计算方式
- 如何使用椭圆曲线构建 DL 问题
- 可使用椭圆曲线实现的协议
- 对基于椭圆曲线密码体制的安全性评估

9.1 椭圆曲线的计算方式

本节首先将简单介绍椭圆曲线的数学概念，这些概念与对应的密码学应用无关。ECC 基于推广的离散对数问题。因此，我们首先要做的就是找到一个可以构建密码体制的循环群。当然，仅有循环群是不够的，该群内的 DL 问题在计算起来还必须足够难，因为这样才意味着它拥有很好的单向属性。

首先考虑某些多项式(比如指数 x 和 y 的和的函数)，并在实数上画出它们对应的图。

示例 9.1 先来看一个实数 $\mathbb{R}$ 上的多项式等式 $x^2 + y^2 = r^2$。如果将满足此方程的所有 (x, y) 对画在坐标系统中，就可得到一个如图 9-1 所示的圆。

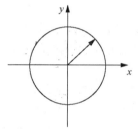

图 9-1 $\mathbb{R}$ 上所有满足等式 $x^2 + y^2 = r^2$ 的所有点对应的图

◇

下面来看实数上的另一个多项式方程。

示例 9.2 对此圆方程的一个小小的推广就是为两个项 x^2 和 y^2 引入系数，即找出实数中满足等式 $a \cdot x^2 + b \cdot y^2 = c$ 的解的集合。事实证明，我们将得到一个椭圆，如图 9-2 所示。

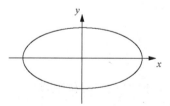

图 9-2 $\mathbb{R}$ 上所有满足方程 $a \cdot x^2 + b \cdot y^2 = c$ 的点 (x, y) 组成的图

◇

9.1.1　椭圆曲线的定义

从前面两个例子可以得到结论：可从多项式等式中得到某种类型的曲线。这里的"曲线"指该方程的解对应的点(x, y)的集合。例如，点$(x = r, y = 0)$满足此圆对应的方程，因此在这个集合中。点$(x = r/2, y = r/2)$不是多项式$x^2 + y^2 = r^2$的解，因此不是这个集合的元素。椭圆曲线是一种特殊的多项式方程。密码学中使用的通常不是实数域内的曲线，而是有限域内的曲线。最常用的有限域就是素数域$GF(p)$(比照第 4.1 节)，其中所有的算术运算需要针对素数p执行模运算。

定义 9.1.1　椭圆曲线

$\mathbb{Z}_p$ $(p > 3)$上的椭圆曲线指满足以下条件的所有对$(x, y) \in \mathbb{Z}_p$的集合

$$y^2 \equiv x^3 + a \cdot x + b \bmod p \tag{9.1}$$

以及一个无穷大的虚数点$\mathcal{O}$，其中

$$a, b \in \mathbb{Z}_p$$

并且满足条件$4 \cdot a^3 + 27 \cdot b^2 \neq 0 \bmod p$。

椭圆曲线的定义要求该曲线是非奇异的。从地理位置上说，这意味着该曲线的图不会自我相交或没有顶点；如果曲线的判别式$-16(4a^3 + 27b^2)$不等于 0，就可以保证这一点。

密码学应用感兴趣的是定义中给出的基于素数域的曲线。如果在$\mathbb{Z}_p$上画出这个椭圆曲线，则得到的从远处看不像是一条曲线。然而，这些都不能阻止我们得到椭圆曲线方程，并在实数集合内把它画出来。

示例 9.3　图 9-3 显示了实数上的椭圆曲线$y^2 = x^3 - 3x + 3$。

◇

从这个椭圆曲线图中可以看出几点[1]：首先，椭圆曲线是关于 x 轴对称的。这个结论可以从下面事实推知：对椭圆曲线上的所有值x_i，$y_i = \sqrt{x_i^3 + a \cdot x_i + b}$和$y_i' = -\sqrt{x_i^3 + a \cdot x_i + b}$都是其对应的解。其次，该图像与 x 轴只有一个交点。因为这是一个三次方程，$y = 0$有一个实数解(与 x 轴的交点)和两个复数解(图中没有显示)。与 x 轴有三个交点的椭圆曲线也是存在的。

---

1. 注意：椭圆曲线不是椭圆，它们的作用是确定椭圆的周长，并因此得名。

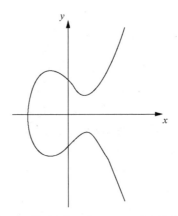

图 9-3　　$\mathbb{R}$ 上 $y^2 = x^3 - 3x + 3$ 对应的曲线

现在回归到最初的目标，即找到构建离散对数问题所需的大循环群上的曲线。找到群的第一个任务已经完成，即已经确定了一组元素的集合。在椭圆曲线中，这些群元素指的是满足等式(9.1)的点。现在的第二个问题是，我们如何定义这些点的群操作？当然，该群操作必须满足第 4.2 节定义 4.3.1 给出的群规则。

9.1.2　椭圆曲线上的群操作

假设用加法符号[2]"+"表示群操作。"加"意味着给定两个点及其对应的坐标，比如 $P = (x_1, y_1)$ 和 $Q = (x_2, y_2)$，我们需要计算第三个点 R 的坐标，使得：

$$P + Q = R$$
$$(x_1, y_1) \ + \ (x_2, y_2) \ = \ (x_3, y_3)$$

下面将看到，事实证明加法操作看上去是非常随意。幸运的是，如果考虑定义在实数上的曲线，对应的物理位置可以很好地说明加法操作。而使用地理位置进行说明时，必须区分两种情况：两个不同点的加法(即相异点相加)和同一点与自身的加法(即相同点相加)。

相异点相加 $P + Q$　这个主要是针对计算 $R = P + Q$，且 $P \neq Q$ 的情况。构建的方法为：画一条经过 P 和 Q 的线，该线与椭圆曲线的交点就是第三个点。根据定义，将第三个点关于 x 轴映射，得到的映射点就是点 R。图 9-4 显示了实数上椭圆曲线的相异点相加。

---

2. 将操作选择命名为"加法"完全是随意的，我们也可以将其称为乘法。

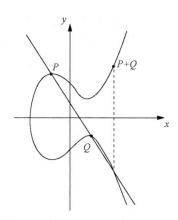

图 9-4 实数上椭圆曲线的相异点相加

相同点相加 P + P　这主要针对的是 $P + Q$ 但 $P = Q$ 的情况。因此，可以写作 $R = P + P = 2P$。这里的构建方式有点不同。画一条经过 P 点的切线，即可得到此切线与椭圆曲线的第二个交点；将此交点关于 x 轴映射，得到的对称点就是相同点相加的结果 R。图 9-5 显示了实数上椭圆曲线的相同点相加。

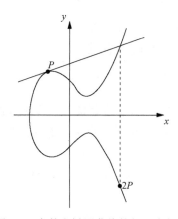

图 9-5 实数上椭圆曲线的相同点相加

　　你也许想知道为什么群操作的形式看上去很随意。因为某些历史原因，如果已知两个点，在仅使用加、减、乘和除四种算术运算的情况下，常用这种 tangent-and-chord 方法来构建第三个点。事实证明，如果椭圆曲线上的点采用这种方式进行相加，则点的集合也满足群所需的大多数条件，即闭合性、结合性、存在单位元和逆元。

　　当然，密码体制不可能使用这种几何构建方式；但使用这种简单的坐标几何就可以把上面的两种几何构建表示为分析表达式，即公式。正如上文所述，这些公式仅涉及四个基本的算术运算；并且这四个算术运算可以在任何域中进行，而非仅限于实数域内(比照第4.2 节)。现在以上面使用的曲线方程为例，考虑它在素数域 $GF(p)$ 而不是实数域上的特性，就可得到群操作的如下分析表达式：

椭圆曲线上的相同点相加与相异点相加

$$x_3 = s^2 - x_1 - x_2 \bmod p$$
$$y_3 = s(x_1 - x_3) - y_1 \bmod p$$

其中

$$s = \begin{cases} \dfrac{y_2 - y_1}{x_2 - x_1} \bmod p; & \text{当} P \neq Q\text{(相异点相加)} \\[3mm] \dfrac{3x_1^2 + a}{2y_1} \bmod p; & \text{当} P = Q\text{(相同点相加))} \end{cases}$$

注意：在相异点加法中，参数 s 指的是经过 P 和 Q 的直线的斜率；而在相同点加法中，参数 s 指的是经过点 P 的切线的斜率。

尽管我们已经在有限群的构建方面取得极大进步，但最终还是没有成功。我们一直忽略的一个问题就是椭圆曲线上所有的点都满足

$$P + \mathscr{O} = P$$

的单位元(或中性元)$\mathscr{O}$。事实证明，满足这个条件的点(x, y)是不存在的。所以，我们将一个无穷的抽象点定义为单位元$\mathscr{O}$。这个无穷点可以看作是位于 y 轴正半轴的无穷远处，或 y 轴负半轴的无穷远处。

根据群的定义，现在可将任何群元素 P 的逆元-P 定义为：

$$P + (-P) = \mathscr{O}。$$

现在的问题是，我们如何找到-P？如果使用上面提到的 tangent-and-chord 方法，则点 $P = (x_p, y_p)$ 的逆元为点-$P = (x_p, -y_p)$，即其逆元是该点关于 x 轴对称的点。图 9-6 显示了点 P 与其对应的逆元。从这里可以看出，找到点 $P = (x_p, y_p)$ 的逆元非常简单，只需得到其 y 坐标的负数即可。对素数域 $GF(p)$ 上的椭圆曲线(这是密码学中最有趣的情况)而言，实现起来非常容易，因为 $-y_p \equiv p - y_p \bmod p$，因此可以得到：

$$-P = (x_p, p - y_p)。$$

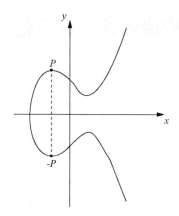

图 9-6　椭圆曲线上点 P 的逆元

到目前为止，我们已经定义了椭圆曲线的所有群属性。下面来看一个群操作的示例。

示例9.4 考虑小型域 $\mathbb{Z}_{17}$ 上的曲线：

$$E : y^2 \equiv x^3 + 2x + 2 \bmod 17$$

点 $P = (5, 1)$ 的相同点加法为：

$$2P = P + P = (5, 1) + (5, 1) = (x_3, y_3)$$

$$s = \frac{3x_1^2 + a}{2y_1} = (2 \cdot 1)^{-1}(3 \cdot 5^2 + 2) = 2^{-1} \cdot 9 \equiv 9 \cdot 9 \equiv 13 \bmod 17$$

$$x_3 = s^2 - x_1 - x_2 = 13^2 - 5 - 5 = 159 \equiv 6 \bmod 17$$
$$y_3 = s(x_1 - x_3) - y_1 = 13(5 - 6) - 1 = -14 \equiv 3 \bmod 17$$
$$2P = (5, 1) + (5, 1) = (6, 3)$$

为便于说明，我们可将坐标插入到曲线方程中，检查结果 $2P = (6, 3)$ 是否真的是曲线上的一个点：

$$y^2 \equiv x^3 + 2 \cdot x + 2 \bmod 17$$
$$3^2 \equiv 6^3 + 2 \cdot 6 + 2 \bmod 17$$
$$9 = 230 \equiv 9 \bmod 17$$

◇

9.2　使用椭圆曲线构建离散对数问题

我们目前所做的就是建立群操作(相异点加法和相同点加法)；前面已经给出了单位元，也提供了找到曲线上任何一点的逆元的方法。这些条件已经足够得出下面的定理：

> **定理 9.2.1**　曲线上的点与 $\mathscr{O}$ 一起构成了循环子群。在某些条件下，椭圆曲线上的所有点可以形成一个循环群。

请注意，我们尚未证明此定理。这个定理非常有用，因为它可以帮助我们更好地理解循环群的属性。尤其是，根据定义可知本原元一定存在，并且它的幂值生成了整个群。此外，我们也已经非常清楚如何从循环群中构建密码体制。下面是一个椭圆曲线对应的循环群的例子。

示例 9.5　我们希望找到以下曲线上的所有点：

$$E : y^2 \equiv x^3 + 2 \cdot x + 2 \bmod 17 \text{。}$$

曲线上的所有点恰好形成了一个循环群，而且该群的阶为 #E = 19。对这个特殊的曲线而言，其对应的群的阶为素数；根据定理 8.2.4 可知，该群中的每个元素都是本原元。

与前一个示例一样，我们从本原元 $P = (5, 1)$ 开始，计算 P 的所有幂值。更确切地讲，由于群操作为加法，所以需要计算 P，$2P$，…，$(\#E)P$。以下是得到的元素的列表：

$2P = (5, 1)+(5, 1)=(6, 3)$　　　　　　$11\,P = (13, 10)$

$3\,P = 2P + P = (10, 6)$　　　　　　　$12\,P = (0, 11)$

$4\,P = (3, 1)$　　　　　　　　　　　　$13\,P = (16, 4)$

$5\,P = (9, 16)$　　　　　　　　　　　$14\,P = (9, 1)$

$6\,P = (16, 13)$　　　　　　　　　　$15\,P = (3, 16)$

$7\,P = (0, 6)$　　　　　　　　　　　$16\,P = (10, 11)$

$8\,P = (13, 7)$　　　　　　　　　　　$17\,P = (6, 14)$

$9\,P = (7, 6)$　　　　　　　　　　　$18\,P = (5, 16)$

$10\,P = (7, 11)$　　　　　　　　　　$19\,P = \mathscr{O}$

从现在开始循环结构就变得很清晰了，因为：

$$20P = 19P + P = \mathscr{O} + P = P$$

$$21P = 2P$$
$$\vdots$$

上面的最后一个计算式也非常具有启发意义，即：

$$18P + P = \mathcal{O}.$$

这意味着 $P = (5, 1)$ 是 $18P = (5, 16)$ 的逆元，反之亦然。这个结论的验证非常简单，只需要验证两个 x 坐标是否一致以及两个 y 坐标是互为模 17 的加法逆元。显而易见，第一个条件成立，第二个条件也成立，因为

$$-1 \equiv 16 \bmod 17.$$

◇

在建立 DL 密码体制时，知道群的阶至关重要。尽管确切知道曲线上点的个数是一项非常困难的任务，但我们可以根据 Hasse's 定理了解它的大概数量。

定理 9.2.2　Hasse's 定理

给定一个椭圆曲线 E 模 p，曲线上点的个数表示为 #E，并且在以下范围内：

$$p + 1 - 2\sqrt{p} \leqslant \#E \leqslant p + 1 + 2\sqrt{p}.$$

Hasse's 定理也称为 Hasse's 边界，它说明了点的个数大概在素数 p 的范围内。这个结论具有非常大的实用性。例如，如果需要一个拥有 2^{160} 个元素的椭圆曲线，我们必须使用一个长度大约为 160 位的素数。

下面将介绍离散对数问题的构建详情。在这个过程中，我们可以严格地按照第 8 章的描述进行。

定义 9.2.1　椭圆曲线离散对数问题(ECDLP)

给定一个椭圆曲线 E，考虑本原元 P 和另一个元素 T。则 DL 问题是找到整数 $d(1 \leqslant d \leqslant \#E)$，满足：

$$\underbrace{P + P + \cdots + P}_{d\text{次}} = dP = T. \tag{9.2}$$

在密码体制中，d 通常为整数，也是私钥，而公钥 T 是曲线上的一个点，坐标为 $T = (x_T, y_T)$。

而 $\mathbb{Z}_p^*$ 内 DL 问题中的两个密钥都是整数。等式(9.2)中的操作也称为点乘法，因为其结果可以记作 $T = dP$。但是，这个术语有一定的误导性，因为整数 d 与曲线上的一个点 P 无法直接相乘。所以 dP 仅是对等式(9.2)中重复应用的群操作的一个简单表示符号[3]。下面来看一个 ECDLP 的例子。

示例 9.6 与前面例子一样，我们对曲线 $y^2 \equiv x^3 + 2x + 2 \bmod 17$ 执行一个点乘。假设要计算

$$13P = P + P + \ldots + P$$

其中 $P = (5, 1)$。这种情况下可以直接使用预先编译好的表，得到结果为：

$$13P = (16, 4)。$$

◇

点乘类似于乘法群上的指数运算。为了高效地计算点乘，我们可以直接使用平方-乘算法；唯一的区别在于，平方变成了点加倍(doubling)，乘法变成了 P 的加法。算法过程如下：

点乘中的 Double-and-Add 算法

输入：椭圆曲线 E 及椭圆曲线上的点 P

标量 $d = \sum_{i=0}^{t} d_i 2^i$ ，且 $d_i \in 0, 1$ ， $d_t = 1$

输出： $T = dP$

初始化：

$T = P$

算法：

1   FOR $i = t-1$ DOWNTO 0

1.1 $T = T + T \bmod n$

         IF $d_i = 1$

1.2 $T = T + P \bmod n$

2   RETURN (T)

---

3. 注意，这里的"+"符号是随意选择的，用来表示群操作。如果选择了乘法符号，则 ECDLP 的形式就变成 $P^d = T$ ，这种形式与传统的 $\mathbb{Z}_p^*$ 中的 DL 问题更趋一致。

对于一个长度为 $t+1$ 位的随机标量，此算法平均需要 $1.5t$ 次点加倍和点加法。简单地讲，该算法从左到右依次扫描标量 d 的位表示，并在每次迭代中执行一个点加倍；只有当前位的值为 1 时，它才会执行一个 P 的加法。下面来看一个示例。

示例 9.7　对于标量乘法 $26P$，它对应的二进制表示为：

$$26P = (11010_2)P = (d_4d_3d_2d_1d_0)_2P.$$

此算法从最左边的 d_4 开始依次扫描各个标量位，直到最右边的 d_0 位为止。

步骤

#0	$P = \mathbf{1}_2 P$	初始化设置，被处理的位为：$d_4=1$
#1a	$P + P = 2P = \mathbf{10}_2 P$	DOUBLE，被处理的位为：d_3
#1b	$2P + P = 3P = 10_2 P + 1_2 P = \mathbf{11}_2 \mathrm{P}$	ADD，因为 $d_3=1$
#2a	$3P + 3P = 6P = 2(11_2 P) = \mathbf{110}_2 P$	DOUBLE，被处理的位为：d_2
#2b		没有 ADD，因为 $d_2=0$
#3a	$6P + 6P = 12P = 2(110_2 P) = \mathbf{1100}_2 P$	DOUBLE，被处理的位为：d_1
#3b	$12P + P = 13P = 1100_2 P + 1_2 P = \mathbf{1101}_2 P$	ADD，因为 $d_1=1$
#4a	$13P + 13P = 26P = 2(1101_2 P) = \mathbf{11010}_2 P$	DOUBLE，被处理的位为：d_0
#4b		没有 ADD，因为 $d_0=0$

这个过程非常直观地反映了指数的二进制表示变换的过程。从中可以看出，点加倍会使标量向左移动一位，并在最右边的位置填上 0。执行一个 P 的加法则会在标量最右边的位置上插入一个 1。请比较高亮显示的指数在每轮迭代中的变换方式。

如果回到实数上的椭圆曲线就会发现，ECDLP 的几何解释也非常简单：给定一个起点 P(公开参数)，可以通过在椭圆曲线上来回跳跃，有效地计算 $2P$，$3P$，$\ldots$，$dP = T$(公钥)；然后发布起点 P 和终点 T。为了破译密码体制，攻击者必须弄清楚在椭圆曲线上"跳跃"的频率；而这个跳跃的次数就是密码 d，即私钥。

9.3 基于椭圆曲线的 Diffie-Hellman 密钥交换

我们现在可以使用与第 8.1 节介绍的 Diffie-Hellman 密钥交换(DHKE)完全类似的方法，实现基于椭圆曲线的密钥交换，这也称为椭圆曲线 Diffie-Hellman 密钥交换或 ECDH。首先必须统一域参数，即实现所需要的合适的椭圆曲线以及此曲线上的一个本原元。

ECDH 域参数

1. 选择一个素数 p 和椭圆曲线

$$E : y^2 \equiv x^3 + a \cdot x + b \bmod P$$

2. 选择一个本原元 $P = (x_p, y_p)$。

素数 p、由系数 a 和 b 给出的曲线以及本原元 P 都是域参数。

请注意：实际中找到一个合适的椭圆曲线是一项比较困难的任务。为了提供足够的安全性，该曲线必须拥有某些特殊的属性，关于此主题的详细内容会在下面予以介绍。实际的密钥交换方式与传统 Diffie-Hellman 协议完全相同。

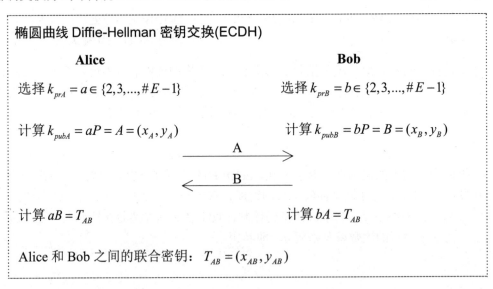

椭圆曲线 Diffie-Hellman 密钥交换(ECDH)

Alice	**Bob**
选择 $k_{prA} = a \in \{2, 3, ..., \#E - 1\}$	选择 $k_{prB} = b \in \{2, 3, ..., \#E - 1\}$
计算 $k_{pubA} = aP = A = (x_A, y_A)$	计算 $k_{pubB} = bP = B = (x_B, y_B)$

$$\xrightarrow{\quad A \quad}$$

$$\xleftarrow{\quad B \quad}$$

计算 $aB = T_{AB}$	计算 $bA = T_{AB}$

Alice 和 Bob 之间的联合密钥： $T_{AB} = (x_{AB}, y_{AB})$

证明此协议的正确性非常简单。

证明：Alice 计算

$$aB = a(bP)$$

而 Bob 计算

$$bA = b(aP)。$$

由于点加法具有结合性(提示：结合性是群的一个属性)，双方计算得到的结果相同，即点 $T_{AB} = abP$。 □

从协议中可以看出，Alice 和 Bob 分别选择了自己的私钥 a 和 b，这两个私钥都是非常大的整数。双方都使用各自的私钥计算出各自的公钥 A 和 B，而且这两个公钥都是曲线上的点。公钥是通过点乘法计算得到的，双方彼此交换公钥参数。然后，Alice 和 Bob 利用他们收到的公钥以及各自的私钥参数再次执行点乘计算，便可得到联合密钥 T_{AB}。联合密钥 T_{AB} 可以用来得到会话密钥，比如作为 AES 算法的输入。注意： (x_{AB}, y_{AB}) 的两个坐标并不是独立的：给定 x_{AB}，将 x 的值代入到椭圆曲线方程中就可计算出另一个坐标。因此，会话密钥生成时可以只用其中一个坐标。下面来看一个处理小整数的例子。

示例 9.8　对于拥有如下域参数的 ECDH。椭圆曲线为 $y^2 \equiv x^3 + 2x + 2 \bmod 17$，它构成了阶为#$E$=19 的循环群。基点为 $P = (5，1)$，该协议的工作方式如下：

Alice		**Bob**
选择 $a = k_{pr,A} = 3$		选择 $b = k_{pr,B} = 10$
$A = k_{pub,A} = 3P = (10, 6)$	$\xrightarrow{\quad A \quad}$	$B = k_{pub,B} = 10P = (7, 11)$
$T_{AB} = aB = 3(7, 11) = (13, 10)$	$\xleftarrow{\quad B \quad}$	$T_{AB} = bA = 10(10, 6) = (13, 10)$

Alice 和 Bob 分别执行的两个标量乘法都需要利用 Double-and-Add 算法。

◇

联合密钥 T_{AB} 的一个坐标可以作为会话密钥使用。实际中通常将 x 坐标进行散列，然后再作为对称密钥使用；而通常并不是所有的密钥位都需要。例如，在一个 160 位的 ECC 方案中，使用 SHA-1 对 x 坐标进行散列将得到一个 160 位的输出，而我们通常只将其中的 128 位作为 AES 密钥使用。

请注意，椭圆曲线的应用并不局限于 DHKE。实际上，几乎所有离散对数协议都可以使用椭圆曲线实现，尤其是数字签名和数字加密(即 Elgamal 的变体)。应用最广泛的椭圆曲线数字签名算法(ECDSA)将在第 10.5.1 节中介绍。

9.4　安全性

我们使用椭圆曲线的原因在于 ECDLP 拥有非常好的单向特性。如果攻击者 Oscar 想破解 ECDH，他已经拥有以下信息：E, p, P, A 和 B。他想要计算 Alice 和 Bob 之间的联合密钥 $T_{AB} = a \cdot b \cdot P$，这称为椭圆曲线 Diffie-Hellman 问题(ECDHP)。看上去似乎只有一种计算 ECDHP 的方法，即求解以下任意一个离散对数问题：

$$a = \log_p A$$

或

$$b = \log_p B$$

如果椭圆曲线选择得当，则针对 ECDLP 最好的已知攻击比求解 DL 问题模 p 和针对 RSA 攻击的最好的因式分解问题要弱得多。尤其是，对 DLP 模 p 攻击最强大的 index-calculus 算法对椭圆曲线却不适用。而对精心选择的椭圆曲线而言，剩下唯一的攻击就是通用的 DL 算法，即第 8.3.3 节中介绍的 Shanks' baby-step giant-step 方法与 Pollard's rho 方法。由于这样一个攻击需要的步骤数量大概等于群基数的平方根，所以群的阶至少应该为 2^{160}。根据 Hasse's 定理，椭圆曲线所使用素数 p 的长度应该为 160 位左右。如果使用通用算法攻击这样的群，大概需要 $\sqrt{2^{160}} = 2^{80}$ 步。80 位的安全等级可以提供中期的安全性。在实际中，常用的椭圆曲线的位长度为 256 位，其提供的安全等级大致为 128 位。

需要强调的一点，只有使用密码学强壮的椭圆曲线时才能达到这个安全等级。有好几个家族的曲线都拥有密码学缺陷，比如超奇椭圆曲线；但是这些曲线很容易画出来。实际中，人们常用 National Institute of Standards and Technology(NIST)推荐的一些标准曲线。

9.5　软件实现与硬件实现

在使用 ECC 前，我们需要确定一个拥有良好密码学属性的曲线。实际中，对该曲线的一个核心要求就是，曲线上的点形成的循环群(或子群)的阶必须为素数。此外，导致密码学弱点的一些数学属性也必须排除。由于确保所有这些属性是一项非常重要而计算繁杂的任务，所以实际中通常使用标准曲线。

在实现椭圆曲线时，将 ECC 方案看作一个 4 层的结构是非常有帮助的。最底层执行模运算，即素数域 $GF(p)$ 内的算术运算。所有四个域操作(即加减乘除)都需要。接下来一层实现了两个群操作：点加倍和点加法；这两个操作都使用了底层提供的算术运算。第三层使用其上一层提供的群操作实现了标量乘法。最上面一层则实现了实际的协议，即 ECDH 或 ECDSA。需要注意的是，椭圆曲线密码体制中使用了两个完全不同的有限代数结构，即定义曲线的有限域 $GF(p)$ 和曲线上的点形成的循环群。

在软件实现中，一个高度优化的 256 位 ECC 实现在 64 位的频率为 3-GHz 的 CPU 上运行时，每个点乘法需要大概 2ms。在小型微处理器或算法不够优化的实现中，吞吐率会比较慢，通常在 10ms 以内。对于高性能的应用而言，比如每秒需要处理大量椭圆曲线签名的 Internet 服务器，使用硬件实现是非常必要的。最快的硬件实现可以在 $40\,\mu s$ 内完成一个点乘法的计算，而最常见的速度通常是几百 μs。

从性能光谱的另一面来讲，对类似 RFID 标签等轻量级应用而言，ECC 是最具吸引力的公钥算法。因为高度紧凑型的 ECC 引擎只需要 10 000 门左右的体积，却可以达到每毫秒处理几十条指令的速度。尽管 ECC 引擎比诸如 3DES 对称密码实现的体积更大，但却比 RSA 实现所需要的体积要小很多。

ECC 的计算复杂度是所使用素数的位长度的立方，这主要是因为作为底层主要操作的模乘法的复杂度是位长度的平方，而标量乘法(即使用 Double-and-Add 算法)又贡献了另一个线性维度，所以最后得到的计算复杂度也是立方级别的。这意味着将 ECC 实现中的位长度加倍将导致性能大概下降 2^3=8 倍。RSA 和 DL 系统实现的运行时间都是立方级别。ECC 比另外两种主流公钥家族优胜的地方在于：在增加安全级别时，ECC 参数长度的增加会慢很多。例如，若要使攻击者破解一个给定 ECC 系统的付出加倍，只需要将参数的长度增加 2 位；而在 RSA 或 DL 方案中，则需要将参数的长度增加 20～30 位。这主要是因为，已知的针对 ECC 密码体制的攻击只有通用攻击，而对 RSA 和 DL 方案的已知攻击却有更加强大的算法。

9.6　讨论及扩展阅读

历史及综合摘要　ECC 是由 Neal Koblitz 在 1987 年和 Victor Miller 在 1986 年单独发明的。20 世纪 90 年代人们对 ECC 的安全性和实用性进行了很多讨论，尤其是与 RSA 进行比较。经过一段时间的火热研究后，人们当时发现 ECC 与 RSA 和 DL 方案一样，已经非常安全了。而让人们对 ECC 充满信心的重要一步则来自于分别在 1999 年和 2001 年发布的两个 ANSI 银行标准[6, 7]：椭圆曲线数字签名和密钥建立。有趣的是，在 Suite B 中——NSA 选择的用于 US 政府系统的一系列密码算法——允许将 ECC 方案作为非对称算法使用[130]。在商业标准中椭圆曲线也广泛使用，比如 IPsec 或传输层安全(TLS)。

在本书撰写之时，已经存在的分类检索的 RSA 和 DL 应用比椭圆曲线要多很多。这主要是因为一些历史原因，以及某些 ECC 变体非常复杂的专利情况。然而，在许多新的有安全需求的应用中，尤其是在诸如手机设备的嵌入式系统中，ECC 通常是非常理想的公钥方案。例如，ECC 被广泛用于主流的商业手持设备中；同样，ECC 的应用在未来的几年里会变得更广泛。参考文献[100]描述了 ECC 在科学与商业领域的发展历史，这也是一本非常优秀的读物。

对想要深入学习 ECC 的读者而言，推荐阅读[25, 24, 90, 44]。概述类文章[103]尽管有点过时，但也详细介绍了在 2000 年以前的最新技术。而关于 ECC 最近的发展趋势，推荐的优秀资源就是关于 ECC 的年度研讨会[166]。该研讨会包含了 ECC 与相关密码方案的理论和实用话题。不考虑椭圆曲线在密码学上的使用，还有不少文献深入探讨了椭圆曲线的数学性[154, 101, 155]。

实现和变体 在 ECC 出现的前几年里，人们认为此算法比已存在的公钥方案(尤其是 RSA)的计算要更复杂。事后看来，这个假设有点反讽的意味，因为 ECC 通常比绝大多数其他公钥方案要快很多。在 20 世纪 90 年代，人们对 ECC 的快速实现技术进行了广泛研究，并推动了其实现性能上的改善。

本章主要介绍了素数域 $GF(p)$ 上的椭圆曲线。在实际中，目前 $GF(p)$ 素数域的使用比其他有限域更为广泛，而基于二进制伽罗瓦域 $GF(2^m)$ 的曲线应用也很广泛。为了高效地实现椭圆曲线，改进有限域算术运算层，群操作层和点乘法层的技术都是可能的，并且也存在很多这样的改善技术。以下是实际中最常用加速技术的概述。对 $GF(p)$ 上的曲线，通常在算术运算层使用推广的 Mersenne 素数，比如 $p = 2^{196} - 2^{64} - 1$。该方法的主要优势在于，模约简操作非常简单。如果使用通用素数，则可以使用类似第 7.10 节中描述的方法。[90]描述了 $GF(2^m)$ 上 ECC 的有效算法。对群操作也存在几种优化方法，最常用的方法就是将此处介绍的仿射坐标转换到将点表示为三元组 (x, y, z) 的投影坐标中。这种方法的优势在于，群操作中不需要使用逆；但其对应的乘法数量将增加。在接下来一层中，可使用快速标量乘法技术。而 Double-and-Add 算法的改进版本利用了这样一个事实：加上或减去一个点的开销几乎相同。关于有效计算 ECC 技术的优秀汇总就是[90]。

有一种特殊类型的椭圆曲线可以实现快速点乘法，那就是 Koblitz 曲线[158]。这些曲线是基于 $GF(2^m)$，且对应系数的值为 0 或 1。此外，人们还提出了很多拥有良好实现属性的椭圆曲线，其中之一就是基于优化扩展域的椭圆曲线，即 $GF(p^m)$ 形式的域，其中 $p > 2$[10]。

正如第 9.5 节中所述,实际中通常使用标准曲线。FIPS 标准提供了一系列广泛使用的曲线集合[126,附录 D]。另外一些是由 ECC Brainpool consortium 或 Standards for Efficient Cryptography Group(SECG)指定的曲线。

椭圆曲线也存在多种变体和推广。有一种特殊的超椭圆曲线可以用来构建离散对数密码体制[44]。关于实现超椭圆曲线技术的概述可从[175]获取。另一种也使用椭圆曲线,但完全不同的公钥方案就是基于身份的密码体制[30],此密码体制在过去的几年里也吸引了极大的关注。

9.7 要点回顾

- 椭圆曲线密码学(ECC)是基于离散对数问题,它需要模素数的算术运算,或伽罗瓦域 $GF(2^m)$ 内的算术模素数运算。
- ECC 可以用于密钥交换、数字签名和加密。
- ECC 使用较短的操作数就能提供与 RSA 或基于 $\mathbb{Z}_p^*$ 的离散对数系统同等的安全等级(大概为 160~256 位比 1024~3072 位);此外,ECC 得到的密文和签名也相对较短。
- 很多情况下,ECC 比其他公钥算法都具有性能优势。然而,使用较短 RSA 密钥的签名验证仍然比 ECC 要快一些。
- 与其他公钥方案相比,ECC 的应用正在慢慢地普及;大量新的应用(尤其是嵌入式平台)都使用椭圆曲线密码学。

9.8 习题

9.1 请证明以下曲线满足条件 $4a^3 + 27b^2 \neq 0 \bmod p$

$$y^2 \equiv x^3 + 2x + 2 \bmod 17 \tag{9.3}$$

9.2 请计算曲线 $y^2 \equiv x^3 + 2x + 3 \bmod 17$ 对应群内的加法:
(1) (13, 7)+(6, 3)
(2) (13, 7)+(13, 7)
请只使用便携式计算器。

9.3 本章中椭圆曲线 $y^2 \equiv x^3 + 2x + 2 \bmod 17$ 给定的 #E= 19。请验证此曲线的 Hasse's 定理。

9.4 再次考虑椭圆曲线 $y^2 \equiv x^3 + 2x + 2 \bmod 17$，为什么所有的点都是本原元？
注意，通常椭圆曲线上的所有元素都是本原元是不成立的。

9.5 假设 E 是定义在 $\mathbb{Z}_7$ 上的椭圆曲线：

$$E : y^2 = x^3 + 3x + 2 \text{ 。}$$

(1) 请计算基于 $\mathbb{Z}_7$ 的 E 上所有的点。
(2) 该群的阶是多少？提示，不要忽略了中性元素 $\mathscr{O}$。
(3) 给定元素 $\alpha = (0, 3)$，请确定 α 的阶。α 是本原元吗？

9.6 实际中，a 和 k 都在范围 $p \approx 2^{150} \cdots 2^{250}$ 内，通常使用第9.2节中介绍的 Double-and-Add 算法计算 $T = a \cdot p$ 和 $y_0 = k \cdot P$。

(1) 请说明此算法计算 $a = 19$ 和 $a = 160$ 对应的流程。不要执行椭圆曲线操作，保持 P 是一个变量。
(2) 一次乘法中平均需要多少个(*i*)点加法和(*ii*)点加倍？假设所有整数的长度均为 $n = \lceil \log_2 p \rceil$ 位。
(3) 假设所有整数都为 $n = 160$ 位，即 p 是一个 160 位长的素数。同时假设一个群操作(加法或加倍)需要 $20 \, \mu s$，请问一次 Double-and-Add 操作需要多长时间？

9.7 给定 $\mathbb{Z}_{29}$ 上的一个椭圆曲线 E 和一个基点 $P = (8, 10)$：

$$E : y^2 = x^3 + 4x + 20 \bmod 29 \text{ 。}$$

请使用 Double-and-Add 算法计算以下对应的点乘法 $k \cdot P$。请写出每步得到的中间结果。
(1) $k = 9$
(2) $k = 20$

9.8 给定与问题 9.7 中相同的曲线，此曲线的阶已知为 #$E = 37$。此外，给出了曲线上另一个点 $Q = 15 \cdot P = (14, 23)$。请在尽量少使用群操作的情况下，即合理使用已知点 Q，写出以下点乘法的结果。请说明你每次是如何简化计算的。
提示：除了使用 Q 外，还可利用计算 -P 非常容易的事实。

(1) $16 \cdot P$

(2) $38 \cdot P$

(3) $53 \cdot P$

(4) $14 \cdot P + 4 \cdot Q$

(5) $23 \cdot P + 11 \cdot Q$

最好使用比直接应用 Double-and-Add 算法更少的步骤计算标量乘法。

9.9　你现在的任务是计算基于椭圆曲线的 DHKE 协议中的会话密钥。假设你的私钥为 $a = 6$，而从 Bob 接收到的公钥为 $B = (5, 9)$。使用的椭圆曲线为

$$y^2 \equiv x^3 + x + 6 \bmod 11 。$$

9.10　第 9.3 节中给出了椭圆曲线 DHKE 的一个示例。请验证 Alice 执行的两个标量乘法，请写出群操作的中间结果。

9.11　在 DHKE 后，Alice 和 Bob 拥有一个共同的密钥点 $R = (x, y)$。所使用椭圆曲线的模数是一个 64 位的素数。现在，我们希望从 128 位的分组密钥中得到会话密钥。会话密钥的计算公式为：

$$K_{AB} = h(x\|y)$$

请描述针对此对称密码的一个有效蛮力攻击。在这个例子中，有多少个密钥位是真正的随机数？提示：无需详细描述其中的数学计算，只需列出所需的步骤。假设你已经拥有一个计算平方根模 p 的函数。

9.12　请写出椭圆曲线上的加法公式，即给定 P 和 Q 的坐标，找到 $R = (x_3, y_3)$ 的坐标。

提示：首先找到经过这两个点的直线的方程，并将此方程代入椭圆曲线方程中。在某些点上，你需要计算三次方多项式 $x^3 + a_2 x^2 + a_1 x + a_0$ 的根。如果将这三个根表示为 x_0，x_1 和 x_2，则可以利用结论 $x_0 + x_1 + x_2 = -a_2$。

第 10 章

数字签名

数字签名是最重要的众多密码学工具中的一种，在今天已经得到广泛应用。数字签名应用于安全电子商务使用的数字证书乃至安全软件更新使用的合同合法签名。数字签名与不安全信道上的密钥建立共同构成了公钥密码学中最重要的内容。

数字签名与手写签名具有某些相同的功能，尤其是它们都提供了一种方法，保证每个用户都可以验证消息，即该消息的确来自于声称产生该消息的人。然而除此以外，数字签名还提供了其他很多功能，这将在本章中进行介绍。

本章主要内容包括

- 数字签名的基本原理
- 安全服务，即一个安全系统可以得到的特定目标
- RSA 数字签名方案
- Elgamal 数字签名方案及其对应的两个扩展方案：数字签名算法(DSA)和椭圆曲线数字签名算法(ECDSA)

10.1 引言

本节首先提供了一个例子，说明了需要数字签名的原因，以及它们必须基于非对称密码学的原因；然后提出了数字签名的基本原理。实际中使用的数字签名算法将在后面的小节中介绍。

10.1.1　对称密码学尚不能完全满足需要的原因

我们目前所遇到的密码方案主要有两个目标：要么是加密数据，比如 AES、3DES 或 RSA 加密；要么是建立一个共享密钥，比如使用 Diffie-Hellman 或椭圆曲线密钥交换。也许有人认为，我们现在已经可以满足实际中遇到的任何安全需求了。但是，除了加密和密钥交换外，还存在其他很多安全需求，而这些在实际中叫安全服务。关于安全服务的相关内容将在第 10.1.3 节中介绍。现在我们将讨论一个对称密码学不能提供所需安全功能的场景。

假设两个通信方 Alice 和 Bob 共享一个密钥；并且该密钥与一个分组密钥一起用于加密。当 Alice 接收消息，并解密出一个具有语法意义的消息，即解密得到的消息是的确是一个(英文)文本，则大多数情况下她可以直接得出结论：该消息的确是由与自己共享私钥[1]的人发出的。如果只有 Alice 和 Bob 知道此密钥，则他们可以确定在传输过程中没有第三方修改了此消息，而这个推断也是合情合理的。我们通常假设这个坏人是一个被称为 Oscar 的外部方。然而在实际中，Alice 和 Bob 一方面都想与对方进行安全通信，另一方面也可能对欺骗对方感兴趣。事实证明，对称密钥方案对双方彼此的攻击没有任何防御。请考虑下面的场景：

假设 Alice 拥有一些新汽车的经销权，用户可以在线选择和预定汽车。假设顾客 Bob 和经销商 Alice 使用 Diffie-Hellman 密钥交换建立起一个共享密钥 k_{AB}。现在 Bob 说明了他喜欢的汽车，包括车的内部颜色为粉色，外部颜色为橘色等——这个搭配是绝大多数人不会选择的；并利用 AES 加密将这个订单发送给 Alice。Alice 解密这个订单，并为售出了另一个价值 25 000 美元的型号而感到高兴。由于他的配偶在看到该车后威胁要与他离婚，所以在三个星期后这辆汽车交付时，Bob 再次思考了一下这个选择。但是，对 Bob 和他的家庭而言，Alice 申明了"不退货"政策。而且 Alice 是一个经验丰富的经销商，她非常清楚卖出一个粉色和橘色的汽车是十分困难的，因此她也绝不会做出任何让步。由于 Bob 现在可以声称他从来没有预定过这辆汽车，Alice 除了起诉他外别无选择。在法庭上，Alice 的律师展示了 Bob 的数字汽车订单及对应的加密版本。显而易见，Alice 的律师可以肯定地说 Bob 一定生成了这个订单，因为他拥有生成密文所需要的密钥 k_{AB}。然而，如果 Bob 的律师称职的话，他会详细地向法官解释：经销商 Alice 也知道 k_{AB}，并且 Alice 自己生成假汽车订单的动机更大。事实证明，法官也无法判断此明文-密文对是由 Bob 还是 Alice 生成。根据大多数国家的法律，Bob 可能侥幸逃脱因为撒谎而带来的惩罚。

这个例子看上去可能比较特别，或者给人留下人为刻意渲染的成分，但实际上确有其事。在相当多的情况中，向中立的第三方即扮演法官角色的人证明，双方(或多方)中有一方的确生成了这个消息。这里的证明指的是，即使所有的参与方都可能

---

1. 但是我们必须注意这样的冲突，例如，如果 Alice 和 Bob 选择的是序列密码，则攻击者可能翻转密文中的单个位，从而导致收到的明文也会出现位翻转。攻击者甚至可以在保证消息语义正确的前提下操纵消息，便这通常取决于应用环境。然而，使用分组密码(尤其是链模式下的分组密码)，能使得对密文的操纵在解密后能被推测到。

是不诚实的，法官也可以毫无悬念地确定产生此消息的人。我们为什么不能使用一些(复杂的)对称密钥方案来实现这个目的呢？最高层的解释非常简单：正因为握手阶段是完全对称的，Alice 和 Bob 知道的(关于密钥的)信息也完全相同，所以他们拥有的能力也完全相同，即 Alice 能做的 Bob 也可以做。因此，中立的第三方就不能分辨出来某个加密操作是由 Alice 或 Bob 或他们一起执行的。通常，这个问题的解决方案取决于公钥密码学。由公钥算法本质所决定的不对称握手阶段可能允许法官区别这是一个人的行为(即拥有私钥的一方)还是两个人的共同行为(即涉及到公钥的计算)。事实证明，数字签名是公钥算法，它拥有解决欺骗参与方问题所需的特性。在上述的电子商务汽车情况中，Bob 在下订单时肯定需要使用他的私钥在他的订单上进行数字签名。

10.1.2　数字签名的基本原理

除数字领域外，证明某个人的确生成了某个消息的属性显然也至关重要。在我们现实生活中，这主要是通过纸上手写的签名来实现的。例如，如果我们签订一份合同或签署一个订单，收到合同或订单的人就可以向法官证明，我们的确对这个消息进行了签名(当然，有人也可能伪造签名；但也存在不少法律和道德障碍防止大多数人这样做的企图)。与传统手写签名一样，只有创建数字消息的人才能生成有效的签名。为了使用密码学本原元达到这个目的，我们只能使用公钥密码学，其基本思想为：对消息签名的一方使用私钥，接收方则使用对应的公钥。数字签名方案的基本思想如图 10-1 所示。

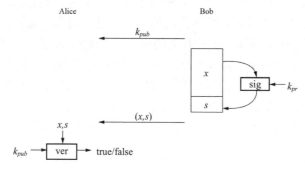

图 10-1　包括消息签名和消息验证的数字签名的基本原理

这个过程从 Bob 对消息 x 进行签名开始，而签名算法是 Bob 的私钥 k_{pr} 的一个函数。因此，假设 Bob 的私钥是保密的，只有他本人才能对消息 x 进行签名。为了将一个签名与一个消息对应，x 也必须是数字签名的一个输入。Bob 在对消息进行签名后，将得到的签名 s 附加到消息 x 之后，并将得到的(x, s)对发送给 Alice。请注意：数字签名本身是没有任何意义，除非与消息一起使用。没有消息的数字签名相当于没有对应合同或订单的手写签名。

数字签名本身仅仅是一个(大)整数，比如一个 2048 位长的字符串。只有在 Alice 验证签名是否有效时，此签名对她而言才有用。因此，我们也需要一个输入为 x 和签名 s 的验证函数。为了将此签名与 Bob 挂上关系，此验证函数还需要 Bob 的公钥。尽管验证函数的输入很长，但其输出却非常简单，就是二进制语句"真"或"假"。如果 x 的确是使用公开验证密钥对应的私钥签名的，则输出为真，否则为假。

通过上面这些综合观察，可以很简单地得到一个通用的数字签名协议：

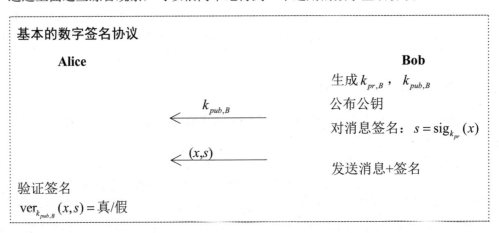

基本的数字签名协议

Alice   **Bob**

生成 $k_{pr,B}$, $k_{pub,B}$

公布公钥

$\xleftarrow{\quad k_{pub,B} \quad}$

对消息签名：$s = \mathrm{sig}_{k_{pr}}(x)$

$\xleftarrow{\quad (x,s) \quad}$

发送消息+签名

验证签名

$\mathrm{ver}_{k_{pub,B}}(x,s) = 真/假$

从上面的握手过程可以看出，数字签名的核心属性为：被签名的消息可以明确地追踪到它的发起人，因为只有唯一的签名者的私钥才能计算出有效的签名。只有签名者自己才能生成一个签名，因此可以证明：签名方的确生成了这个消息。这样的证明甚至具有法律上的意义，比如美国的国际和国内商业行为的电子签名(ESIGN)法案，德国的签名法等。大家可能已经注意到，上面的基本协议没有为消息提供任何保密性，因为消息 x 是以明文形式发送的。当然，也可以使用类似 AES 或 3DES 的算法对其进行加密，进而保证其保密性。

三种主流的公钥算法家族，即整数因式分解、离散对数和椭圆曲线，都可以用来构建数字签名。在本章剩余的内容将介绍大多数具有实用性的签名方案。

10.1.3　安全服务

更详细地讨论使用数字签名所能获得的安全功能是非常具有启发意义的。实际上，此时我们暂时不会讨论数字签名，而是自问一个普通问题：一个安全系统应用拥有哪些可能的安全性目标？更确切地说，这里的安全系统的目标也称为安全服务。安全服务种类繁多，许多应用中都需要的最重要的安全服务包括：

(1) **保密性**：只有被授权的人才能访问信息。

(2) **完整性**：消息在传输过程中未被更改。

(3) **消息验证**：消息的发送者是可信的，另一种叫法为数据源验证。

(4) **不可否认性**：消息的发送者无法否认其生成了消息。

不同应用所需的安全服务是不同的。例如，对私人电子邮件而言，必须满足前三个功能，而一般的公司电子邮件系统则还需要满足不可否认性。另一个例子就是，如果想保证手机软件更新的安全，则首要目标就是完整性和消息验证，因为制造商也想保证手持设备中下载的就是最原始的更新。注意：消息验证总是意味着数据完整性，但反过来不成立。

通过本书介绍的方案，可以用一种简单的方式实现这四种安全服务：对称密码和更换不频繁的非对称加密主要实现了保密性。完整性和消息验证可以通过数字签名和消息验证码实现，这将在第 12 章中介绍。而不可否认性可以通过上面讨论的数字签名实现。

除了以上四个核心安全服务外，还存在一些其他的安全服务：

(5) **身份验证/实体验证**：建立并验证一个实体(比如人、计算机或信用卡)的身份。

(6) **访问控制**：保证只有有权限的用户才能访问资源

(7) **可用性**：　确保电子系统是可靠而且可用的。

(8) **审计**：对安全相关的行为提供证明，例如记录某些事件的日志。

(9) **物理安全**：为物理干涉提供保护，或提供应对物理干涉企图的响应方法。

(10) **匿名**：为身份发现和误用提供保护。

一个给定系统所需的安全服务很大程度上取决于其特定的应用。比如，匿名对电子邮件系统而言毫无意义，因为电子邮件本来就应该注明明确的发送者。另一方面避免碰撞的车辆间的通信系统(这是密码学在未来十年甚至更长的时间内一个令人激动的新应用)必须保证汽车和司机都是匿名的，以免被跟踪。还有个例子，为了加强操作系统的安全性，对计算机系统中某些部分的访问控制是非常重要的。大部分(但不是全部的)高级服务都可以使用本书中介绍的加密算法实现。然而在某些情况下，也有必要采取一些非密码学的方法。例如，可用性通常可以通过冗余实现，例如并行运行冗余的计算机系统或存储系统。这样的方法几乎并不直接与密码学相关。

10.2　RSA 签名方案

RSA 签名方案基于第 7 章介绍的 RSA 加密，其安全性取决于因式分解两个大素数的乘积(整数因式分解问题)的难度。自从 1978 年的第一篇关于 RSA 的描述［143］开始，RSA 签名方案已经逐步发展为实际中运用最广泛的数字签名方案。

10.2.1 教科书的 RSA 数字签名

假设 Bob 想发送一个已签名的消息 x 给 Alice，且他生成的 RSA 密钥与第 7 章中描述 RSA 加密中使用的密钥相同。则在握手阶段结束时，Bob 得到以下参数：

> **RSA 密钥**
>
> - Bob 的私钥：$k_{pr} = (d)$
> - Bob 的公钥：$k_{pub} = (n, e)$

实际的签名协议如下所述。被签名的消息 x 在范围$(1, 2, \dots, n-1)$以内。

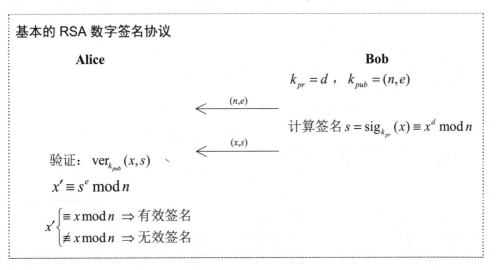

从这个协议可以看出，Bob 使用他的私钥 k_{pr} 对消息 x 进行 RSA 加密，进而得到消息 x 的签名 s。由于 Bob 是唯一可以使用 k_{pr} 的人，所以 k_{pr} 的所有权证明了 Bob 是消息的签名者。Bob 将消息 x 的签名追加到消息 x 之后，并将这两部分一起发送给 Alice。Alice 接收到被签名的消息，并使用 Bob 的公钥 k_{pub} 对签名 s 进行 RSA 解密，就可得到 x'。如果 x 与 x' 匹配上，则 Alice 可以确定两件事：第一，消息的作者拥有 Bob 的私钥，并且如果只有 Bob 拥有此密钥的访问权限，则说明的确是 Bob 对该消息进行了签名。这也称为消息验证。第二，此消息在传输过程中未被篡改，这也保证了消息的完整性。从前面的章节可知，这两点也是实际中通常需要的最基本的两个安全服务。

证明：现在我们要证明此方案是正确的，即如果消息和签名在传输过程中都没有被篡改，则验证过程得到为"真"的语句。从验证操作 $s^e \bmod n$ 开始：

$$s^e = (x^d)^e = x^{de} \equiv x \bmod n$$

由于私钥与公钥之间的数学关系，即

$$d\,e \equiv 1 \bmod \phi(n),$$

计算任何一个整数 $x \in \mathbb{Z}_n$ 的 $(d\,e)$ 次幂得到的都是该整数本身。这个结论的证明在第 7.3 节中已经给出。□

与 RSA 加密方案相比，数字签名中公钥和私钥的角色对换了：RSA 加密方案使用公钥加密消息 x，而数字签名方案则使用私钥 k_{pr} 对消息进行签名。在通信信道的另一边，RSA 解密要求接收者使用私钥，而数字签名方案则使用公钥进行验证。

下面来看一下数字签名方案处理较小整数的例子。

示例 10.1 假设 Bob 想发送一个签名后的消息 $(x = 4)$ 给 Alice，他需要做的第一步与 RSA 加密中一样：Bob 计算他自己的 RSA 参数，并将公钥发送给 Alice。与加密方案不同的是，现在私钥用来签名，而公钥用来验证消息。

Alice		Bob
		1. 选择 $p = 3$ 和 $q = 11$
		2. $n = p \cdot q = 33$
		3. $\Phi(n) = (3-1)(11-1) = 20$
		4. 选择 $e = 3$
	$(n,e)=(33,3)$ ←	5. $d \equiv e^{-1} \equiv 7 \bmod 20$
		计算消息 $x = 4$ 的签名
	$(x,s)=(4,16)$ ←	$s = x^d = 4^7 \equiv 16 \bmod 33$

验证：

$$x' = s^e \equiv 16^3 \equiv 4 \bmod 33$$

$$x' \equiv x \bmod 33 \Rightarrow 有效的签名$$

如果验证签名为有效的，则 Alice 可以得出结论：这个消息的确是 Bob 生成的，而且消息在传输过程中未被修改，即提供了消息验证和消息完整性。

◇

需要注意，我们只介绍了数字签名；如果消息本身是没有加密的，则也不会提供保密性。如果实际中需要提供保密性这个安全服务，则消息与签名都应使用诸如 AES 的对称算法进行加密。

10.2.2 计算方面

在上面的介绍中，我们首先注意到签名的长度与模数 n 一样长，即大概为 $\lceil \log_2 n \rceil$ 位。而前文提到过，n 的长度通常在 1024 位～3072 位之间。尽管这样长度的签名在绝大多数 Internet 应用中都不是问题，但在有带宽或功耗限制的系统(比如手机)中，这个长度是不合适的。

数字签名的密钥生成过程与 RSA 加密过程中的一样，详细内容可以参阅第 7 章。计算和验证签名主要使用了第 7.4 节介绍的平方-乘算法。第 7.5 节介绍的 RSA 加速技术也适用于数字签名方案，尤其有趣的是短公钥 e；例如，如果选择 $e = 2^{16} + 1$，则验证过程将非常快。由于在大多数实际情况中，消息只需要签名一次但需要多次验证，所以快速的验证过程也是非常有用的。这种情况在使用证书的公钥基础结构中非常普遍。证书只需要一次签名，但是每次在一个用户使用其非对称密钥时都需要验证这个证书。

10.2.3 安全性

与其他所有非对称方案一样，数字签名也必须保证公钥是可信的。这意味着验证方拥有的公钥的确是与签名的私钥相对应的公钥。如果攻击者成功地向验证方提供了一个错误的公钥，而这个公钥本应该属于签名者，则攻击者显然就可以对消息进行签名。可以使用证书可以防止这种攻击，这部分内容将在第 13 章中介绍。

1. 算法攻击

第一类攻击就是试图通过计算私钥 d 来破解底层的 RSA 方案。此类攻击的常规做法是试图将模数 n 分解为两个素数 p 和 q。如果攻击者可以成功将模数分解为两个素数，则他就可以从 e 中计算出私钥 d。正如第 7.8 节所述，为了防止这种因式分解攻击，模数必须足够大。在实际运用中，推荐使用的模数长度为 1024 位或更长。

2. 存在性伪造

针对教科书式 RSA 数字签名方案的另一种攻击允许攻击者生成随机消息 x 的有效签名。这种攻击的工作方式为：

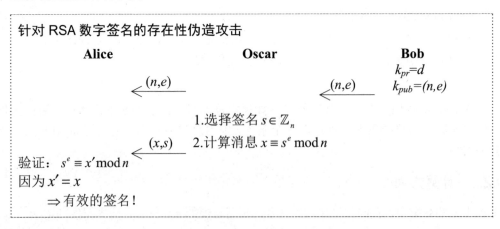

攻击者 Oscar 可以扮演 Bob，并向 Alice 宣称他实际上是 Bob。由于 Alice 实际上执行的计算与 Oscar 完全相同，所以她验证签名的结果为真。然而，仔细观察 Oscar 执行的第 1 和 2 步就会发现，他的攻击有点奇怪。攻击者首先选择签名，然后计算消息，结果他不能控制消息 x 的语义。例如，Oscar 不能生成"转账 1000 美金到 Oscar 的账号"之类的消息。不过，自动化的验证过程不能识别伪造的情况在实际中是所不希望的。正因为这个原因，教科书式的 RSA 方案在实际中很少使用；而为了防止这种攻击和其他攻击，通常会使用填充方案。

3. RSA 填充技术：概率签名标准(Probabilistic Signature Standard，PSS)

通过限制消息的格式可以防止上述攻击。粗略地讲，对消息格式化就是使用一定的规则，允许验证者(即本例中的 Alice)区分有效的消息与无效的消息，这种方法也称为填充。例如，一个简单的格式化规则为：要求所有的消息 x 都必须以 100 个值为 0(或其他特定的位模式)的位结束。如果 Oscar 选择的签名值为 s，计算的消息为 $x \equiv s^e \bmod n$，很显然 x 很难拥有某种特定的格式。如果要求这 100 个结束位的值为某个特定值，则 x 满足此格式的概率为 2^{-100}，这个概率比中彩票的概率都低。

下面来看在实际中广泛使用的填充模式。关于 RSA 加密的填充模式已经在 7.7 节中讨论过。概率签名方案(RSA-PSS)是基于 RSA 密码体制的签名方案，它结合了签名和验证与消息编码。

下面将详细介绍 RSA-PSS。在实际使用中，我们并不是直接对消息本身签名，而是对其对应的哈希版本进行签名。哈希函数可以计算消息的数字指纹。这个指纹拥有固定的长度，比如 160 位或 256 位；但是其输入却可以是任意长度的消息。关于哈希函数的更多内容及其在数字签名中的作用可以阅读第 11 章。

为了与标准中使用的术语相一致，我们将使用 M 来表示消息，而不是 x。图 10-2 描述了编码过程，这个过程也称为 Encoding Method for Signature with Appendix(EMSA) 概率签名方案(PSS)。

EMSA 概率签名方案的编码

假设 $|n|$ 表示 RSA 模数对应的位长度，编码后的消息 *EM* 的长度为 $\lceil (|n|-1)/8 \rceil$ 字节，所以 *EM* 的位长度最多为 $|n|$-1 位。

1. 生成一个随机值 *salt*。
2. 将一个固定填充 *padding*₁、哈希值 *mHash* = h(M) 和 *salt* 连接起来形成一个字符串 *M′*。
3. 计算字符串 *M′* 对应的哈希值 *H*。

---

4. 将一个固定长度的填充 $padding_2$ 与 $salt$ 的值连接起来组成一个数据块 DB。

5. 对字符串 M' 的哈希值使用掩码生成函数 MGF，计算对应的掩码值 $dbMask$。在实际中，MGF 通常使用诸如 SHA-1 的哈希函数。

6. 将掩码值 $dbMask$ 和数据块 DB 进行异或操作，得到 $maskedDB$。

7. 将 $MaskedDB$、哈希值 H 和固定填充 bc 串接起来，就得到了编码后的消息 EM。

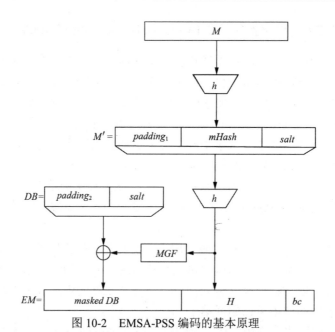

图 10-2　EMSA-PSS 编码的基本原理

编码后将实际的签名操作应用到编码后的消息 EM，即

$$s = \text{sig}_{k_{pr}}(x) \equiv EM^d \bmod n$$

验证操作的处理方式与此类似：复原 $salt$ 值，并检查消息的 EMSA-PSS 编码是否正确。注意：接收者可以从标准中获知 $padding_1$ 和 $padding_2$ 的值。

EM 中的值 H 实际上就是消息的哈希版本。在第二轮哈希之前增加一个随机数值 $salt$ 会使得被编码的值变得不确定。结果，对同一个消息进行两次编码和签名得到的签名是不同的，而这个结果也正是我们想要的。

10.3　Elgamal 数字签名方案

Elgamal 签名方案最早于 1985 年发布，它是基于计算离散对数的难度(比照第 8 章)。RSA 中的加密操作和数字签名操作基本上是完全相同的，而 Elgamal 数字签名与 Elgamal 加密方案是完全不同的，尽管它们对应的名字相同。

10.3.1　教科书的 Elgamal 数字签名

1. 密钥生成

与其他所有公钥方案一样，教科书式的 Elgamal 数字签名方案也存在一个握手阶段，在此期间计算密钥。首先找到一个大素数 p，并使用如下步骤构建一个离散对数问题：

Elgamal 数字签名的密钥生成

1. 选择一个大素数 p。
2. 选择 $\mathbb{Z}_p^*$ 或 $\mathbb{Z}_p^*$ 的一个子群内的一个本原元。
3. 选择随机整数 $d \in \{2,3,...,p-2\}$。
4. 计算 $\beta = \alpha^d \bmod p$。

$k_{pub} = (p, \alpha, \beta)$ 形成了公钥，而 $k_{pr} = d$ 则是私钥。

2. 签名与验证

使用私钥和公钥的参数就可以得到每个消息 x 的签名为：

$$\mathrm{sig}_{k_{pr}}(x, k_E) = (r, s)$$

这个计算是在签名过程中得到的。请注意：此签名由两个整数 r 和 s 构成。而签名过程则包含两个主要步骤：选择一个构成临时私钥的随机值 k_E 和计算 x 的实际签名。

Elgamal 签名生成

1. 从 2 到 $p-2$ 选择一个随机的密钥 k_E，使得 $\gcd(k_E, p-1) = 1$。
2. 计算签名参数：
$$r \equiv \alpha^{k_E} \bmod p,$$
$$s \equiv (x - d\,r)k_E^{-1} \bmod p-1.$$

接收方使用公钥、签名和消息，通过函数 $\text{ver}_{k_{pub}}(x,(r,s))$ 对签名进行验证。

Elgamal 签名验证

    1. 计算值

$$t \equiv \beta^r \cdot r^s \bmod p$$

    2. 验证过程为：

$$t \begin{cases} \equiv \alpha^x \bmod p & \Rightarrow \quad \text{有效的签名} \\ \not\equiv \alpha^x \bmod p & \Rightarrow \quad \text{无效的签名} \end{cases}$$

简而言之，只有在关系 $\beta^r \cdot r^s \equiv \alpha^x \bmod p$ 满足时，接收方才会接受签名；否则，验证失败。计算签名参数 r 和 s，以及验证的规则看上去比较随意，为了充分理解其内涵，学习下面的证明非常有帮助。

证明： 下面将证明 Elgamal 签名方案的正确性。更确切的讲，如果验证者使用了正确的公钥和正确的消息，并且签名参数 (r,s) 也是按说明选择的，则此验证过程将得到一个"真"语句。验证方程为：

$$\beta^r \cdot r^s \equiv (\alpha^d)^r (\alpha^{k_E})^s \bmod p$$
$$\equiv \alpha^{dr+k_E s} \bmod p \text{ 。}$$

如果这个表达式与 α^x 一致，则要求这个签名也被认为是有效的：

$$\alpha^x \equiv \alpha^{dr+k_E s} \bmod p \text{ 。} \tag{10.1}$$

根据费马小定理可知，如果将等式两边的指数都同时模 $p-1$，则关系 (10.1) 也成立：

$$x \equiv dr + k_E s \bmod p-1$$

进而可以得到数字签名参数 s 的构建规则：

$$s \equiv (x - d \cdot r)k_E^{-1} \bmod p-1 \text{ 。}$$

□

由于在计算 s 时需要将临时密钥模 $p-1$ 求逆，所以必须满足条件 $\gcd(k_E, p-1)=1$。

下面来看一个 Elgamal 签名处理较小整数的例子。

示例 10.2　　与前面的情况相同，Bob 想发送一个消息给 Alice，只是这次使用 Elgamal 数字签名方案对消息进行签名。对应的签名和验证过程为：

Alice	Bob

Bob
1. 选择 $p = 29$
2. 选择 $\alpha = 2$
3. 选择 $d = 12$

4. $\beta = \alpha^d \equiv 7 \bmod 29$

$\xleftarrow{\quad (p, \alpha, \beta) = (29, 2, 7) \quad}$

计算消息 $x = 26$ 的签名：

选择 $k_E = 5$，注意 gcd(5, 28)=1

$r = \alpha^{k_E} \equiv 2^5 \equiv 3 \bmod 29$

$\xleftarrow{\quad (x(r, s)) = (26, (3, 26)) \quad}$　$s = (x - dr)k_E^{-1} \equiv (-10) \cdot 17 \equiv 26 \bmod 28$

验证：

$t = \beta^r \cdot r^s \equiv 7^3 \cdot 3^{26} \equiv 22 \bmod 29$

$\alpha^x \equiv 2^{26} \equiv 22 \bmod 29$

$t \equiv \alpha^x \bmod 29 \Rightarrow$ 有效的签名

◇

10.3.2　计算方面

　　Elgamal 数字签名的密钥生成阶段与第 8.5.2 节中介绍的 Elgamal 加密的握手阶段完全相同。由于数字签名方案的安全性取决于离散对数问题，p 必须拥有第 8.3.3 节中讨论的那些属性，尤其是，p 的长度必须不得少于 1024 位。素数可以通过第 7.6 节中介绍的素数寻找算法生成，并且私钥必须使用真正的随机数生成器得到，而公钥需要使用平方-乘算法进行一个指数运算。

　　签名是由 (r, s) 对组成，而这个对中每个数的位长度都与 p 相同，因此，数据包 $(x, (r, s))$ 的总长度是消息 x 长度的 3 倍。计算 r 需要一个指数模 p 操作，这个也可以通过平方-乘算法实现。计算 s 的主要操作就是求 k_E 的逆，而求逆过程可以使用扩展的欧几里得算法实现。同时，还可以通过预计算来实现加速。签名者可以预先生成临时密钥 k_E 和 r，并将它们存储起来；当对消息进行签名时再将这些值取出来用于计算 s。验证者需要执行两个指数运算和一个乘法操作，其中两个指数运算都是使用平方-乘算法进行计算的。

10.3.3　安全性

我们首先必须确保验证者拥有的公钥是正确的，否则很容易受第 10.2.3 节中描述的攻击。下面将描述其他攻击。

1. 计算离散对数

数字签名方案的安全性取决于离散对数问题(DLP)。如果 Oscar 能够计算离散对数，则他就可以分别从 β 和 r 中计算出私钥 d 和临时密钥 k_E。使用这些信息，他就可以充当签名者对任何消息进行签名。因此，必须选择使得 DLP 很难破解的 Elgamal 参数；关于可能的离散对数攻击的相关内容可以比照第 8.3.3 节。其中最关键的一个要求就是，素数 p 的长度至少为 1024 位；同时也必须保证不可能存在小子群(small subgroup)攻击。为了抵抗这种攻击，实际中常用本原元 α 生成一个阶为素数的子群。在此类子群中，所有元素都是本原元，并且不存在子群。

2. 临时密钥的复用

如果签名者复用临时密码 k_E，攻击者就可以轻而易举地计算出私钥 d。这组成了一个完整的系统破解。下面是此攻击的工作原理。

Oscar 观察$(x, (r, s))$形式的两个数字签名和消息。如果两个消息 x_1 和 x_2 拥有相同的临时密钥 k_E，则 Oscar 很容易就能检测到，因为两个 r 值都是从 $r_1 = r_2 = \alpha^{k_E}$ 中得到，所以它们是相同的。由于两个 s 值不同，因此 Oscar 可以得到下面表达式：

$$s_1 \equiv (x_1 - d\,r)k_E^{-1} \bmod p - 1 \tag{10.2}$$

$$s_2 \equiv (x_2 - d\,r)k_E^{-1} \bmod p - 1 \tag{10.3}$$

这是一个拥有 d 和临时密钥 k_E 两个未知数的等式系统，其中 d 为 Bob 的私钥！将两个等式都乘以 k_E 就可将这两个等式变成一个等式线性系统，而这个线性系统则非常容易求解。Oscar 只需将第一个等式减去第二个等式，就可得到：

$$s_1 - s_2 \equiv (x_1 - x_2)k_E^{-1} \bmod p - 1$$

进而可以得到临时密钥为：

$$k_E \equiv \frac{x_1 - x_2}{s_1 - s_2} \bmod p - 1 \text{。}$$

如果 $\gcd(s_1 - s_2, p-1) \neq 1$，则 k_E 存在多个解，Oscar 就需要验证其中哪一个是正确的解。不管怎样，Oscar 都可以将 k_E 代入等式(10.2)或等式(10.3)来计算私钥：

$$d \equiv \frac{x_1 - s_1 k_E}{r} \bmod p - 1 \text{。}$$

利用私钥 d 和公钥参数的相关信息，Oscar 现在就可以冒充 Bob 对任何文档进行签名。为了防止这种攻击，每次数字签名时都必须对来自真随机数生成器的临时密钥进行刷新。

下一个例子给出了较小整数情况下的攻击。

示例 10.3　假设这样一个场景：Oscar 在信道上窃听到以下两个消息，而这两个消息之前都是使用 Bob 的私钥和相同的临时密钥 k_E 进行签名的：

(1) $(x_1, (r, s_1))=(26，(3，26))$,

(2) $(x_2, (r, s_2))=(13，(3，1))$。

此外，Oscar 还知道 Bob 的公钥，即

$$(p, \alpha, \beta) = (29, 2, 7)。$$

利用该信息，Oscar 现在就能计算出临时密钥

$$k_E \equiv \frac{x_1 - x_2}{s_1 - s_2} \bmod p - 1$$

$$\equiv \frac{26 - 13}{26 - 1} \equiv 13 \cdot 9$$

$$\equiv 5 \bmod 28$$

并最终得到 Bob 的私钥 d：

$$d \equiv \frac{x_1 - s_1 \cdot k_E}{r} \bmod p - 1$$

$$\equiv \frac{26 - 26 \cdot 5}{3} \equiv 8 \cdot 19$$

$$\equiv 12 \bmod 28。$$

◇

3. 存在性伪造攻击

与 RSA 数字签名的情况类似，攻击者也可能生成一个随机消息 x 的有效签名。攻击者 Oscar 假扮 Bob，即 Oscar 对 Alice 宣称他实际上是 Bob。这种攻击的工作方式如下：

针对 Elgamal 数字签名的存在性伪造攻击		
Alice	**Oscar**	**Bob**
		$k_{pr} = d$
		$k_{pub} = (p, \alpha, \beta)$

$$\xleftarrow{\quad (p, \alpha, \beta) \quad} \qquad \xleftarrow{\quad (p, \alpha, \beta) \quad}$$

1. 选择整数 i，j，其中 $\gcd(j, p\text{-}1)=1$
2. 计算签名：

$$r \equiv \alpha^i \beta^j \bmod p$$

$$s \equiv -rj^{-1} \bmod p-1$$

3. 计算消息：

$$x \equiv si \bmod p-1$$

$$\xleftarrow{\quad (x, (r, s)) \quad}$$

验证：

$$t \equiv \beta^r \cdot r^s \bmod p$$

因为 $t \equiv \alpha^x \bmod p$：

有效的签名！

这个验证过程得到"真"语句，因为下面的条件成立：

$$t \equiv \beta^r \cdot r^s \bmod p$$

$$\equiv \alpha^{dr} \cdot r^s \bmod p$$

$$\equiv \alpha^{dr} \cdot \alpha^{(i+dj)s} \bmod p$$

$$\equiv \alpha^{dr} \cdot \alpha^{(i+dj)(-rj^{-1})} \bmod p$$

$$\equiv \alpha^{dr-dr} \cdot \alpha^{-rij^{-1}} \bmod p$$

$$\equiv \alpha^{si} \bmod p$$

由于消息的构建方式为 $x \equiv si \bmod p-1$，则最后一个表达式等于

$$\alpha^{si} \equiv \alpha^x \bmod p$$

而这个等式恰巧也是 Alice 确认签名为有效签名的条件。

攻击者在第 3 步计算消息 x，但他无法控制此消息的语法。因此，Oscar 只能计算伪随机消息的有效签名。

如果事前对消息进行了哈希处理，则这种攻击就不可能成功了，而这种实现对消息进行哈希的方法在实际中经常使用。与其直接使用消息计算签名，还不如在签名前先对消息进行哈希，则签名方程变成：

$$s \equiv (h(x) - d \cdot r)k_E^{-1} \bmod p-1。$$

10.4　数字签名算法

本章描述的原始的 Elgamal 数字签名算法(DSA)在实际中很少使用。相反，常用的是一种更为流行的变体，即数字签名算法(DSA)。此算法是联邦美国政府在数字签名方面的标准，并由国家标准与技术局(NIST)提出。数字签名算法比 Elgamal 数字签名方案优胜的地方在于，其签名长度仅为 320 位，而且某些可以破解 Elgamal 方案的攻击却不适用于此方案。

10.4.1　DSA 算法

这里主要介绍长度为 1024 位的 DSA 标准。注意：标准也允许更长的密钥长度。

1. 密钥生成

DSA 密钥的计算方式如下：

DSA 的密钥生成

1. 生成一个素数 p，且 $2^{1023} < p < 2^{1024}$。

2. 找到 $p-1$ 的一个素除数 q，且 $2^{159} < q < 2^{160}$。

3. 找到 $\mathrm{ord}(\alpha)=q$ 的元素 α，即 α 生成了拥有 q 个元素的子群。

4. 选择一个随机整数 d，且 $0 < d < q$。

5. 计算 $\beta \equiv \alpha^d \bmod p$。

则密钥为：

$$k_{pub} = (p, q, \alpha, \beta)$$

$$k_{pr} = (d)$$

DSA 的核心思想包含两个循环群。第一个为大的循环群 $\mathbb{Z}_p^*$，其阶对应的位长度为 1024. 第二个群为长度为 160 位的 $\mathbb{Z}_p^*$ 的子群。我们在下面将看到，握手阶段产生的签名较短。

除了长度为 1024 位的素数 p 和 160 位的素数 q 外，素数 p 和 q 的长度还有其他可能的组合。表 10-1 根据此标准的最新版本列出了目前所允许的 p 和 q 位长度所有组合。

如果需要的位长度不在表中，则只需将密钥生成阶段的第 1 和 2 步进行相应的调整即可。关于密钥位长度问题的更多内容将在下面第 10.4.3 节中介绍。

表 10-1　DSA 中重要参数的位长度

p	q	签　　名
1024	160	320
2048	224	448
3072	256	512

2. 签名与验证

与 Elgamal 数字签名方案相同，DSA 签名也包含一对整数(r, s)。由于这两个参数的长度都是 160 位，所以签名的总长度为 320 位。使用公钥和私钥对消息 x 进行签名的计算方法为：

DSA 签名生成

1. 选择一个整数作为随机临时密钥 k_E，且满足 $0 < k_E < q$。

2. 计算 $r \equiv (\alpha^{k_E} \bmod p) \bmod q$。

3. 计算 $s \equiv (SHA(x) + d \cdot r) k_E^{-1} \bmod q$。

根据标准，为了计算 x 必须先使用哈希函数 SHA-1 对消息 x 进行哈希。包括 SHA-1 在内的哈希函数将在第 11 章中介绍，现在，我们只需要知道 SHA-1 对 x 进行了压缩，并计算出一个 160 位的指纹。指纹可以认为是 x 的一种表示形式。

签名验证过程如下：

DSA 签名验证

1. 计算辅助值 $w \equiv s^{-1} \bmod q$。

2. 计算辅助值 $u_1 \equiv w \cdot SHA(x) \bmod q$。

3. 计算辅助值 $u_2 \equiv w \cdot r \bmod q$。

4. 计算 $v \equiv (\alpha^{u_1} \cdot \beta^{u_2} \bmod p) \bmod q$。

5. 验证函数 $ver_{k_{pub}}(x, (r, s))$ 的结果为：

$$v \begin{cases} \equiv r \bmod q \Rightarrow \text{有效的签名} \\ \not\equiv r \bmod q \Rightarrow \text{无效的签名} \end{cases}$$

只有在满足条件 $v \equiv r \bmod q$ 时，验证者才会接受签名(r, s)；否则，验证失败。如果验证失败，则说明消息或签名可能已被篡改，或验证者得到的公钥不正确。但不管是哪种情

况，该签名都应该看做是无效的。

证明：我们需要证明签名(r, s)满足验证条件 $v \equiv r \bmod q$。首先看签名参数 s：

$$s \equiv (SHA(x) + d\,r)k_E^{-1} \bmod q$$

其等价于：

$$k_E \equiv s^{-1}SHA(x) + d\,s^{-1}r \bmod q \;。$$

右边的值可以使用辅助值 u_1 和 u_2 表示：

$$k_E \equiv u_1 + du_2 \bmod q \;。$$

如果将方程两边同时约去模 p，则左右两边都变成 α 的指数：

$$\alpha^{k_E} \bmod p \equiv \alpha^{u_1 + du_2} \bmod p \;。$$

由于公钥值 β 的计算公式为 $\beta \equiv \alpha^d \bmod p$，则可以写作：

$$\alpha^{k_E} \bmod p \equiv \alpha^{u_1} \beta^{u_2} \bmod p \;。$$

现在将等式两边同时约去模 q，得到：

$$(\alpha^{k_E} \bmod p) \bmod q \equiv (\alpha^{u_1} \beta^{u_2} \bmod p) \bmod q \;。$$

由于 r 和 v 分别使用 $r \equiv (\alpha^{k_E} \bmod p) \bmod q$ 和 $v \equiv (\alpha^{u_1} \beta^{u_2} \bmod p) \bmod q$ 构建，则得到的表达式与验证签名有效的条件相同，都为：

$$r \equiv v \bmod q \;。$$

□

下面看一个该签名处理较小整数的例子。

示例 10.4 Bob 想发送一个消息 x 给 Alice，此消息使用 DSA 算法进行签名。假设 x 的哈希值为 $h(x) = 26$，则签名和验证过程为：

Alice	**Bob**
	1. 选择 $p = 59$
	2. 选择 $q = 29$
	3. 选择 $\alpha = 3$
	4. 选择私钥 d $= 7$
	5. $\beta = \alpha^d \equiv 4 \bmod 59$

$\xleftarrow{\hspace{2cm}} (p, q, \alpha, \beta)=(59, 29, 3, 4)$

签名：

计算消息 $h(x)=26$ 的哈希值

1. 选择临时密钥 $k_E = 10$

2. $r = (3^{10} \bmod 59) \equiv 20 \bmod 29$

3. $s = (26 + 7 \cdot 20) \cdot 3 \equiv 5 \bmod 29$

$\longleftarrow$ $(x, (r, s)) = (x, (20, 5))$

验证：

1. $w = 5^{-1} \equiv 6 \bmod 29$

2. $u_1 = 6 \cdot 26 \equiv 11 \bmod 29$

3. $u_2 = 6 \cdot 20 \equiv 4 \bmod 29$

4. $v = (3^{11} \cdot 4^4 \bmod 59) \bmod 29 = 20$

5. $v \equiv r \bmod 29 \Rightarrow$ 有效的签名

这个例子中子群的阶为素数 $q = 29$，而大的循环群模 p 拥有 58 个元素；请注意 $58 = 2 \cdot 29$。由于 SHA 哈希函数的输出长度为 160 位，所以可将函数 $SHA(x)$ 替换为 $h(x)$。

◇

10.4.2 计算方面

下面来讨论 DSA 方案中的计算问题。DSA 方案中要求最严格的部分就是密钥生成阶段。然而，该阶段只需在握手阶段执行一次。

1. 密钥生成

密钥生成阶段存在的挑战就是找到长度为 1024 位的一个循环群 $\mathbb{Z}_p^*$，并且此群的素子群在范围 2^{160} 内。如果 $p-1$ 拥有一个长度为 160 位的素因子，则就可满足此条件。生成此类参数的常用方法就是首先找到一个 160 位的素数 q，然后利用 q 构建一个更大的素数 p。下面是素数生成算法。请注意：NIST 指定的方案会稍有不同。

DSA 的素数生成

输入：两个素数 (p, q)，其中 $2^{1023} < p < 2^{1024}$，$2^{159} < q < 2^{160}$，且 $p-1$ 是 q 的倍数。

初始化：$i = 1$

算法：

1   find prime q with $2^{159} < q < 2^{160}$ using the Miller－Rabin algorithm

---

```
2       FOR i=1 TO 4096
2.1       generate random integer M with 2^1023<M<2^1024
2.2       M_r≡M mod 2q
2.3       p-1≡ M- M_r   (note that p-1 is a multiple of 2q.)
          IF p is prime   (use Miller-Rabin primality test)
2.4         RETURN(p,q)
2.5       i=i+1
3       GOTO Step 1
```

步骤 2.3 中模数 $2q$ 的选择保证了步骤 2.3 中得到的素数候选者都是奇数。由于 p-1 可以被 $2q$ 整除，它也能被 q 整除。如果 p 是一个素数，则 $\mathbb{Z}_p^*$ 一定拥有一个阶为 q 的子群。

2. 签名

签名阶段主要计算参数 r 和 s。在计算 r 时，首先使用平方-乘算法计算 $g^{k_E} \bmod p$。尽管这个算术运算的对象都是 1024 位的数字，但由于 k_E 只有 160 位，所以平均需要 1.5×160 = 240 次平方和乘法操作。然后，将得到的长度为 1024 位的结果进行"mod q"操作，将其降低到 160 位，所以计算 s 只涉及 160 位的数字。其中最耗时的步骤就是求 k_E 的逆。

从计算复杂度来说，指数运算是所有这些操作中最耗时的操作。由于参数 r 与消息无关，则可以预计算 r，进而加快实际的签名过程。

3. 验证

计算辅助参数 w、u_1 和 u_2 仅涉及 160 位的操作数，所以相对较快。

10.4.3 安全性

关于 DSA 有趣的一点就是，它必须防止两种不同的离散对数攻击。如果攻击者想要破解 DSA，他将试图通过求解大循环群中的离散对数模 p 计算私钥 d：

$$d = \log_\alpha \beta \bmod p \, 。$$

针对 DSA 最强大的方法就是 index calculus 攻击，而关于 index calculus 攻击的内容可以参阅第 8.3.3 节。为了抵抗这种攻击，p 必须至少为 1024 位。据估计，这个长度可以提供 80 位的安全等级，即攻击者大概需要 2^{80} 次操作(可以参考第 6 章的表 6-1)才能破解此密码。对于更高的安全等级，NIST 允许长度为 2048 和 3072 位的素数。

针对 DSA 的第二个离散对数攻击利用了这样一个事实：α 只生成了一个阶为 q 的小

子群。因此，攻击由 p 形成的大小为 2^{160} 的小子群比包含 2^{1024} 个元素的大循环群看上去更有希望。然而事实证明，如果 Oscar 想利用子群的某些属性，则强大的 index calculus 攻击并不适用。他能采取的最好方法就是实施某种 DLP 攻击，即 baby-step giant-step 方法或 Pollard's rho 方法(比照第 8.3.3 节)。这些也称为平方根攻击，考虑到子群的阶大概为 2^{160}，这些攻击提供的安全等级大概为 $\sqrt{2^{160}} = 2^{80}$。index calculus 攻击与平方根攻击的复杂度相当，这绝非偶然；实际上，参数的大小是精心选择的。如果 p 的大小增加到 2048 位或 3072 位，则就必须小心，因为这仅仅增加了 index calculus 攻击的复杂度；如果子群的大小不变，则小子群攻击的复杂度仍为 2^{80}。正因为这个原因，如果选择了更大的 p 值，则 q 也必须随着增加。表 10-2 显示了 NIST 指定的素数 p 和 q 的长度，以及对应的安全等级。哈希函数的安全等级也必须与离散对数问题的安全等级相匹配。由于哈希函数的密码学强度主要由哈希输出的位长度决定，表中也给出了最小的哈希输出。关于哈希函数安全性的更多内容可阅读第 11 章。

表 10-2　DSA 的标准化参数的位长度和安全等级

p	q	哈希输出(最小的)	安全等级
1024	160	160	80
2048	224	224	112
3072	256	256	128

需要强调的是，离散对数计算的记录是 532 位，所以 1024 位的 DSA 变体目前是安全的，而 2048 位和 3072 位的变体似乎可以提供长期的安全性。

除离散对数攻击外，如果复用临时密钥，DSA 将变得更脆弱。这种攻击与 Elgamal 数字签名的情况完全类似。因此，必须保证每次签名操作中使用的密钥都是新的随机生成的密钥 k_E。

10.5　椭圆曲线数字签名算法

正如第 9 章所述，椭圆曲线比 RSA 和类似 Elgamal 或 DSA 的 DL 方案有很多优势。尤其是，目前不存在针对椭圆密码体制(ECC)的强攻击，位长度在 160～256 之间的椭圆曲线提供的安全性与 1024～3072 位的 RSA 和 DL 方案提供的安全性相当。位长度较短的 ECC 所需要的处理时间也较短，产生的签名也较短。正因为这些原因，美国国家标准局(ANSI)于 1998 年对椭圆曲线数字签名算法(ECDSA)进行了标准化。

10.5.1　ECDSA 算法

ECDSA 标准中的步骤与 DSA 方案中的步骤在概念上联系紧密。然而，ECDSA 中的离散对数问题是在椭圆曲线群中构建起来的。因此，实际计算一个 ECDSA 签名所执行的算术运算与 DSA 中的完全不同。

ECDSA 标准是针对素数域 $\mathbb{Z}_p$ 和伽罗瓦域 $GF(2^m)$ 上的椭圆曲线定义的，而前者在实际中更常用，所以下面将仅对其进行介绍。

1. 密钥生成

ECDSA 密钥的计算方式为：

ECDSA 的密钥生成

1. 使用椭圆曲线 E，其中
  ● 模数为 p
  ● 系数为 a 和 b
  ● 生成素数阶 q 的循环群的点 A
2. 选择一个随机整数 d，且 $0 < d < q$。
3. 计算 $B = dA$。
密钥为：

$$k_{pub} = (p, a, b, q, A, B)$$

$$k_{pr} = (d)$$

注意：我们已经建立了一个离散对数问题，其中整数 d 是私钥，标量乘法的结果点 B 为公钥。与 DSA 一样，循环群的阶为 q；而为了达到更高的安全等级，这个数的长度大小应该大于等于 160 位。

2. 签名与验证

与 DSA 一样，ECDSA 签名由一对整数 (r, s) 组成，其中每个值的位长度都与 q 相同，这也有助于实现十分简洁的签名。使用公钥和私钥计算消息 x 的签名的方式如下：

ECDSA 签名生成

1. 选择一个整数作为随机临时密钥 k_E，且 $0 < k_E < q$。

> 2. 计算 $R = k_E A$。
>
> 3. 设置 $r = x_R$。
>
> 4. 计算 $s \equiv (h(x) + d \cdot r)k_E^{-1} \bmod q$。

在步骤 3 中，点 R 的 x 坐标赋给变量 r。在计算 s 时，必须使用函数 h 对消息 x 进行哈希。哈希函数的输出长度必须至少与 q 一样长。关于哈希函数的更多选择将在第 11 章中介绍，现在，知道哈希函数压缩 x 并计算代表 x 的一个指纹就已经足够。

签名验证过程如下：

> **ECDSA 签名验证**
>
> 1. 计算辅助值 $w \equiv s^{-1} \bmod q$。
>
> 2. 计算辅助值 $u_1 \equiv w \cdot h(x) \bmod q$。
>
> 3. 计算辅助值 $u_2 \equiv w \cdot r \bmod q$。
>
> 4. 计算 $P = u_1 A + u_2 B$。
>
> 5. 验证 $ver_{k_{pub}}(x,(r,s))$ 为：
>
> $$x_P \begin{cases} \equiv r \bmod q \Rightarrow \text{有效的签名} \\ \not\equiv r \bmod q \Rightarrow \text{无效的签名} \end{cases}$$

最后一步中的 x_p 表示点 P 的 x 坐标。只有当 x_p 与签名参数 r 模 q 相等时，验证者才会接受签名 (r,s)；否则，此签名将被看做是无效的。

证明： 我们要证明签名 (r,s) 满足验证条件 $r \equiv x_p \bmod q$。首先看签名参数 s：

$$s \equiv (h(x) + d\ r)k_E^{-1} \bmod q$$

它等价于：

$$k_E \equiv s^{-1}h(x) + d\ s^{-1}r \bmod q。$$

等式右边的值可以用辅助值 u_1 和 u_2 表示：

$$k_E \equiv u_1 + du_2 \bmod q。$$

由于点 A 生成了阶为 q 的循环群，所以可在方程两边同时乘以 A：

$$k_E A \equiv (u_1 + du_2)A。$$

由于群操作具有结合性，则可以写作：

$$k_E A = u_1 A + d u_2 A$$

和

$$k_E A = u_1 A + u_2 B \text{。}$$

从目前来看，如果使用了正确的签名和密钥(消息)，则表达式 $u_1 A + u_2 B$ 等于 $k_E A$。而这个表达式正是验证过程中通过比较 $P = u_1 A + u_2 B$ 的 x 轴与 $R = k_E A$ 来验证的条件。

□

下面使用第 9 章的小椭圆曲线来分析一个简单的 ECDSA 例子。

示例 10.5　Bob 想发送一个消息给 Alice，此消息使用 ECDSA 算法进行加密。签名和验证过程如下：

Alice	Bob
	选择 $p = 17$，$a = 2$，$b = 2$ 的曲线 E 和 $q = 19$ 的点 $A = (5, 1)$
	选择 $d = 7$
$(p, a, b, q, A, B) =$	计算 $B = dA = 7 \cdot (5, 1) = (0, 6)$
$\longleftarrow$	
$(17, 2, 2, 19, (5, 1), (0, 6))$	签名：
	计算消息 $h(x) = 26$ 的哈希值
	选择临时密钥 $k_E = 10$
	$R = 10 \cdot (5, 1) = (7, 11)$
	$r = x_R = 7$
$(x, (r, s)) = (x, (7, 17))$	$s = (26 + 7 \cdot 7) \cdot 2 \equiv 17 \bmod 19$
$\longleftarrow$	

验证：

$w = 17^{-1} \equiv 9 \bmod 19$

$u_1 = 9 \cdot 26 \equiv 6 \bmod 19$

$u_2 = 9 \cdot 7 \equiv 6 \bmod 19$

$P = 6 \cdot (5, 1) + 6 \cdot (0, 6) = (7, 11)$

$x_P \equiv r \bmod 19 \Rightarrow$ 有效的签名

注意：我们选择的椭圆曲线在第 9.2 节中已经讨论过，为

$$E: y^2 \equiv x^3 + 2x + 2 \bmod 17$$

由于此曲线的所有点形成了一个阶为 19(即为素数)的循环群，所以该群没有子群，并且在这种情况下有 $q = \#E = 19$。

◇

10.5.2 计算方面

下面讨论 ECDSA 方案的三个阶段中涉及的计算。

密钥生成　前面已经讨论过，找到一个拥有良好密码学属性的椭圆曲线不是一件容易的事情。实际中人们通常使用 NIST 或 Brainpool 研讨会提议的标准化曲线。密钥生成阶段剩下的计算就是一个点乘，而这个点乘可以用 double-and-add 算法实现。

签名　签名过程首先计算点 R，这个计算过程需要一个点乘，并可以立刻得到 r。在计算参数 s 时，需要使用扩展欧几里得算法求临时密钥的逆。其他的主要操作就是对消息进行哈希和一个约简模数 q。

在绝大多数情况下，点乘操作都是最复杂的算术运算，但是可以通过提前选择临时密钥来预先计算该点乘，即在 CPU 空闲的时候进行预计算。因此，在可以选择预计算的情况中，签名操作会快很多。

验证　计算辅助参数 w，u_1 和 u_2 涉及到最简单的模运算，其主要的计算负载都发生在评估 $Pu_1A + u_2B$ 期间。这个计算可以分成两个单独的点乘完成。但是同步指数运算(从第 9 章可知，点乘与指数运算密切相关)的计算有特定的方法，该方法比两个单独的点乘要快很多。

10.5.3 安全性

如果椭圆曲线的参数选择正确，则针对 ECDSA 的主要分析攻击将试图求解椭圆曲线离散对数问题。如果攻击者可以求解该问题，他就可以计算出私钥 d 和/或临时密钥。然而，最好的已知的 ECC 攻击的复杂度与定义 DL 问题的群的大小的平方根成正比，即与 $\sqrt{q}$ 成正比。ECDSA 的参数长度和对应的安全等级如表 10-3 所示。从前面可知，素数 p 通常只比 q 稍大一点，所以 ECDSA 所有的算术运算所使用的操作数对应的位长度都与 q 差不多。

表 10-3　ECDSA 的位长度和安全等级

q	哈希输出(最小的)	安全等级
192	192	96
224	224	112
256	256	128
384	384	192
512	512	256

哈希函数的安全级别必须与离散对数问题的安全等级相匹配。一个哈希函数的密码学强度主要取决于其输出长度。第 11 章将介绍关于哈希函数安全性的更多内容。

为了与三种不同密钥长度的 AES 提供的安全性相匹配,通常选择的对应的哈希函数的安全等级分别为 128、192 和 256 位。

此外,针对 ECDSA 更精确的攻击也是可能的,例如,为了防止某种攻击,在验证开始时必须检查 $r, s \in \{1, 2, ..., q\}$ 是否正确。此外,还必须防止基于协议的缺陷,比如复用临时密钥。

10.6 讨论及扩展阅读

数字签名算法 数字签名的第一个实际实现在 Rivest、Shamir 和 Adleman 的原始文章[143]中进行了介绍。RSA 数字签名已经被若干机构标准化了很长一段时间,请参阅[95]。对很多应用而言,尤其是 Internet 上的证书,RSA 签名不仅以前是实用的标准,现在仍然还是实用的标准。

Elgamal 数字签名最早于 1985 年在[73]上发布的。历年来,研究学者提出了此方案的很多变体,[120,注解 11.70]中给出了一个大概的摘要。

DSA 算法于 1991 年提出,并在 1994 年成为美国标准。政府将此标准作为 RSA 替代品的可能动机有两个。首先,RSA 在当时是拥有专利的,而对美国工业界而言,一个免费的替代品非常具有吸引力。第二,RSA 数字签名实现也可以用于加密。但这个特征并不是所期望的(从美国政府的角度而言),因此那个时候的美国对密码学的出口要求非常严格。相反,DSA 实现只能用于签名不能用于加密,并且出口只包含签名功能的系统会更容易。注意,DSA 指的是数字签名算法,而对应的标准称为 DSS,即数字签名标准。现在的 DSS 不仅包括 DSA 算法,还包括 ECDSA 和 RSA 数字签名[126]。

除了本章介绍的算法外,还存在其他几种数字签名方案,包括 Rabin 签名[140]、Fiat-Shamir 签名[76]、Pointcheval-Stern 签名[134] 和 Schnorr 签名[150]。

使用数字签名 数字签名的使用使得可信公钥的问题变得严峻:如何保证 Alice 或 Bob 拥有的是对方的正确的公钥?或换一种不同的说法,如何预防 Oscar 注入假的公钥从而发起攻击呢?本书将在第 13 章详细讨论这个问题,并引入了证书的概念。证书基于数字签名,并且是数字签名的主要应用之一。证书将某个实体(比如 Alice 的电子邮件地址)和一个公钥捆绑在一起。

社会和加密学之间非常有趣的一个关联就是数字签名法,它确保了一个密码学的数字签名拥有合法的捆绑意义。例如,一份数字签名的电子合同与传统签订的合同具有相同的法律效力。很多国家在 2000 年左右都引入了相应的法律。因为这个时间也正是 Internet 的"勇敢新世界"在线商业带来了无限商机的时候，而数字签名法律似乎对基于 Internet 的可信商业交易非常重要。数字签名法的例子包括美国的国际与国内商务法案电子签名(ESIGN)[138]或欧洲联盟对应的规章[133]。关于这些法律的更多在线资源就是数字法律调查[167]。尽管当前很多电子商务的实施都没有使用签名法律，但毫无疑问，越来越多的情况都会需要这些法律。

在现实世界中使用数字签名的一个重要问题就是必须保证私钥是严格保密的，尤其是在具有法律意义的场景中。这要求此机密的密钥材料必须使用安全的方法存储，而满足这个要求的一种方法就是使用智能卡，因为智能卡可以看做是密钥的一个安全容器。私钥永远都不会离开智能卡，并且签名的执行也是 CPU 在智能卡内完成的。对于安全性要求非常高的应用而言，所谓的防篡改的智能卡可以抵抗几种不同类型的硬件攻击。文献[141]对非常复杂的智能卡技术的各个方面进行了精彩的介绍。

10.7　要点回顾

- 数字签名提供了消息完整性、消息验证和不可否认性。
- 数字签名的主要应用领域之一就是证书。
- RSA 是目前使用最广泛的数字签名算法，其竞争者包括数字签名标准(DSA)和椭圆曲线数字签名标准(ECDSA)。
- Elgamal 数字方案是 DSA 的基础。反过来，ECDSA 是 DSA 到椭圆曲线的推广。
- 使用短公钥 e 就可以完成 RSA 验证。因此，实际中 RSA 验证通常要比签名快一些。
- DSA 和 ECDSA 比 RSA 有优势的地方在于，它们的签名过程会更短。
- 为了抵抗某些攻击，RSA 应该与填充一起使用。
- DSA 和 RSA 签名方案的模数必须至少为 1024 位长。而从真正的长期安全性而言，应该选择的模数长度为 3072 位。相反，长度在 160～256 位之间的 ECDSA 就能实现相同的安全等级。

10.8　习题

10.1　我们已经在第 10.1.3 节中说明了，发送者(或消息)验证总意味着数据完整性，为什么？反过来是否也成立，即数据完整性是否也意味着发送者验证？请验证你的两个答案。

10.2　在本例中，我们想考虑安全服务的两个基本方面。

(1) 保密是否总可以保证完整性？请证明你的答案。

(2) 确保保密性和完整性的顺序是怎样的(整个消息应该是先加密还是最后加密)？请阐述你答案的基本原理。

10.3　请使用公钥密码学设计一个用于不安全信道的双方通信系统中的安全服务，该服务必须能提供数据完整性、数据保密性和不可否认性。请给出你的解决方法能提供数据完整性、保密性和不可否认性的基本原理(建议：请在你的论据中考虑存在的威胁)。

10.4　有个画家提出了一个新的商业想法：他可以提供根据照片绘画的服务。照片和绘画都通过 Internet 进行传输。这个画家拥有的一个顾虑就是对顾客的判断力，因为他可能收到某些尴尬的照片，比如裸照。因此，照片数据在传输过程中不可以被第三方访问。此外，画家需要若干个星期才能完成绘画的创作，所以他需要确保发送照片给他的人不会冒充他人来欺骗他。他也想保证他做出的绘画肯定会被顾客接收，以及客户不会否认这个订单。

(1) 请选择客户将数字化的照片发送给画家的过程中所需要的安全服务。

(2) 实现这些安全服务需要使用那些密码学元素(比如对称加密)？假设每个照片大概需要传输几 MB 的数据。

10.5　给定一个公钥为$(n = 9797, e = 131)$的 RSA 签名方案。下面哪些是有效的签名？

(1) $(x = 123, sig(x) = 6292)$

(2) $(x = 4333, sig(x) = 4768)$

(3) $(x = 4333, sig(x) = 1424)$

10.6　给定一个公钥为$(n = 9797, e = 131)$的 RSA 签名方案。请使用上面给定的 RSA 数字签名方案的参数，给出 Oscar 发起存在性伪造攻击的步骤。

10.7　在一个 RSA 数字签名方案中，Bob 对消息 x_i 进行签名，并将它和签名 s_i 和公钥一起发送给 Alice。Bob 的公钥为(n, e)对，私钥为 d。

Oscar 可以发起中间人攻击，即他可以在信道上用自己的公钥替换 Bob 的公钥。他的目的是修改消息，并提供 Alice 可以验证通过的数字签名。请说明 Oscar 为了发起一次成功的攻击而需要做的所有步骤。

10.8　给定一个如第 10.2.3 节所示的使用 EMSA-PSS 填充的 RSA 签名方案。请逐步描述接收者验证使用 EMSA-PSS 编码的数字签名的步骤。

10.9　数字签名最重要的一个方面就是(i)对消息签名和(ii)验证签名所需的计算开销。

本题讨论了使用 RSA 算法进行数字签名的计算复杂度。

(1) (i)使用一个通用指数对消息签名和(ii)使用短指数 $e = 2^{16}+1$ 对签名进行验证分别平均需要多少次乘法操作？假设 n 的长度为 $l = \lceil \log_2 n \rceil$ 位，并假设签名和验证过程中都使用的是平方-乘算法。请把 l 当做一个变量，写出对应的通用表达式。

(2) 哪个过程需要的时间更长，签名还是验证？

(3) 下面将估测实际软件实现的速度。乘法操作可以使用此计时模型：计算机处理的数据结构为 32 位，因此每个完整长度的变量都可以表示为 $m = \lceil l/32 \rceil$ 个元素的数组，尤其是 n 和 x(x 为指数运算的基)。假设一个乘法操作或两个这样长度的变量的平方模 n 操作需要 m^2 个时间单元(一个时间单元为时钟周期乘以一个常量，而这个常量取决于实现，但通常大于1)。请注意，不要计算与指数 d 和 e 的乘法；这意味着指数的位长度不会影响单独执行一个模平方或乘法的时间。

如果特定计算机上的时间单元是 100nsel，n 的位数为 512，那么计算签名和验证签名需要多长时间？如果 n 的位数是 1024，需要多长时间？

(4) 智能卡是数字签名应用的一个非常重要的平台。实际中非常普遍的是 8051 微处理内核的智能卡，而 8051 是一个 8 位的处理器。如果 n 分别为(i)512 位和(ii)1024 位，请问如果要在 0.5 秒内生成一个签名则需要的时间单元是多少？由于这些处理器的频率不可能高于 10MHz，请问所需要的时间单元是否切合实际？

10.10 下面考虑 Elgamal 数字签名方案。给定了 Bob 的私钥 $k_{pr} = (d) = (67)$ 和对应的公钥 $k_{pub} = (p, \alpha, \beta) = (97, 23, 15)$。

(1) 请计算下面消息 x 和临时密钥 k_E 的 Elgamal 签名 (r, s)，并计算 Bob 向 Alice 发送的消息对应的验证过程：

    a. $x = 17, k_E = 31$

    b. $x = 17, k_E = 49$

    c. $x = 85, k_E = 77$

(2) 你收到声称来自于 Bob 两个消息 x_1，x_2 和它们对应的签名 (r_i, s_i)。请验证消息 $(x_1, r_1, s_1) = (22, 37, 33)$ 和 $(x_2, r_2, s_2) = (82, 13, 65)$ 是否都真的来自于 Bob？

(3) 请比较 RSA 签名方案和 Elgamal 签名方案。它们的相对优缺点分别是什么？

10.11 给定参数为 $p = 31$，$\alpha = 3$ 和 $\beta = 6$ 的 Elgamal 签名方案。假设你收到消息 $x = 10$ 的两次签名 (r, s)：

$$\text{(i) } (17, 5)$$

$$\text{(ii) } (13, 15)$$

(1) 请问这两个签名是否都是有效签名？

(2) 对每个消息 x 和上面选择的特定参数而言，存在多少个有效的签名？

10.12　给定公钥参数为($p=97$，$\alpha=23$，$\beta=15$)的 Elgamal 签名方案。请说明 Oscar 如何通过提供一个有效签名的例子，成功地发起存在性伪造攻击。

10.13　给定一个 Elgamal 签名方案，其对应的公钥参数为 p，$\alpha\in\mathbb{Z}_p^*$ 和一个未知私钥 d。由于实现上的失误，两个连续的临时密钥之间满足以下关系：

$$k_{E_{i+1}}=k_{E_i}+1。$$

此外，给定了明文 x_1 和 x_2 对应的两个连续的签名为

$$(r_1,s_1)$$
$$和 (r_2,s_2)$$

请说明攻击者如何利用给定的值计算出私钥。

10.14　DSA 的参数为 $p=59$，$q=29$，$\alpha=3$，并且 Bob 的私钥为 $d=23$。请写出使用下面哈希值 $h(x)$ 和临时密钥 k_E 进行签名(Bob)和验证(Alice)的过程：

(1) $h(x)=17$, $k_E=25$

(2) $h(x)=2$, $k_E=13$

(3) $h(x)=21$, $k_E=8$

10.15　如果使用相同的临时密钥对两个不同的消息签名，请说明如何攻击 DSA。

10.16　ECDSA 的参数由曲线 $E:y^2=x^3+2x+2\bmod 17$ 给出，阶 $q=19$ 的点 $A=(5,1)$，Bob 的私钥为 $d=10$。请写出使用下面哈希值 $h(x)$ 和临时密钥 k_E 进行签名(Bob)和验证(Alice)的过程：

(1) $h(x)=12$, $k_E=11$

(2) $h(x)=4$, $k_E=13$

(3) $h(x)=9$, $k_E=8$

第11章

哈 希 函 数

哈希函数是一个非常重要的密码学组件，在协议中广泛使用。哈希函数计算了一个消息的摘要，而这个摘要是一个非常短的、固定长度的位字符串。对某个特定的消息而言，消息摘要(或哈希值)可以看做是该消息的指纹，即消息的唯一表示。与本书到目前为止介绍的其他所有加密算法不同，哈希函数没有密钥。哈希函数在密码学中的应用有很多方面：哈希函数是数字签名方案和消息验证码的核心部分，这部分内容将在第12章介绍。哈希函数在其他密码学应用中也得到广泛使用，比如存储密码的哈希或密钥衍生。

本章主要内容包括

- 数字签名方案中需要哈希函数的原因
- 哈希函数的重要属性
- 哈希函数的安全性分析，包括生日悖论的介绍
- 不同家族的哈希函数的概述
- 主流哈希函数 SHA-1 的工作方式

11.1 动机：对长消息签名

尽管哈希函数在现代密码学中应用广泛，但它们如此出名的原因在于它们在实际中在数字签名方面发挥的重要作用。前一章已经介绍了基于非对称算法 RSA 和离散对数问题的签名方案。所有这些方案中的明文长度都是有限的。例如在 RSA 中，消息的长度不可能比模数长度大，而模数的长度通常在 1024 位～3072 位之间。请记住，这个长度的明文转换

为字节只有 128~384 字节；绝大多数的邮件都比这个长度长。因此，到目前为止我们一直忽略一个事实：实际中的明文 x 通常比这些大小要大很多。此时的问题为：我们如何高效地计算大消息的签名？一个最直观的方法与分组密码中的 ECB 模式相似：将消息 x 分为小于签名算法所允许长度的分组 x_i，然后对每个分组单独签名，如图 11-1 所示。

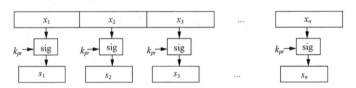

图 11-1　对长消息签名的不安全方法

然而，这种方法会带来三个严重的问题：

问题 1：高计算负载　数字签名基于计算复杂的非对称运算，比如大整数的模指数运算。尽管单个操作花费的时间(和与手机应用程序相关的能量)较少，但是在当前计算机上实现对大消息(比如电子邮件附件或多媒体文件)的签名却要花费很长的时间。此外，除了签名者需要计算签名外，验证者在验证签名时也需要付出与签名者相当的时间和精力。

问题 2：消息开销　显而易见，这种最简单的方法使得消息的开销翻倍了，因为在这种情况下，消息和与消息等长的签名都必须传输。例如，1MB 的文件会产生一个长度为 1MB 的 RSA 签名，所以最后传输的数据总共是 2MB。

问题 3：安全性限制　如果我们将对一个长消息的签名转换为单独对一组消息分组进行签名，则会带来一个最严重的问题。图 11-1 显示的方法立即导致了一个新的攻击，比如 Oscar 可以移除某个单独的消息和对应的签名，或者可将消息和签名进行重新排序，或者使用前面的消息和签名中的片段重新组装新的消息和签名等。尽管攻击者不可能在一个单独的分组里进行操纵，但我们缺少对整个消息的保护机制。

因此，从性能和安全性角度来看，我们更愿意计算任意长度消息的较短签名。这个问题的解决方案就是哈希函数。如果我们拥有一个哈希函数，它可以用某种方式计算出消息 x 的指纹，则我们就能按图 11-2 所示的方式执行签名操作。

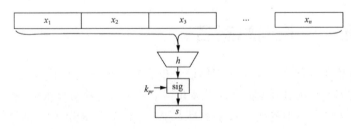

图 11-2　使用哈希函数对长消息进行签名

假设我们已经拥有这样一个哈希函数，现在就可以使用哈希函数描述数字签名方案的一个基本协议。Bob 想发送一个使用数字签名的消息给 Alice。

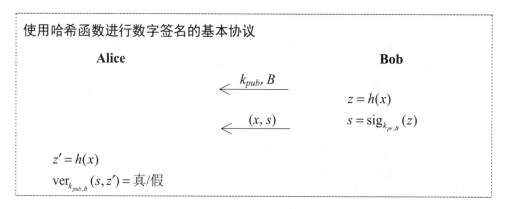

Bob 计算消息 x 的哈希值，并使用他的私钥 $k_{pr,B}$ 对哈希值 z 进行签名。接收方 Alice 计算她收到的消息 x 的哈希值 z'，并使用 Bob 的公钥 $k_{pub,B}$ 验证签名 s。需要注意的是，签名生成和验证都是作用于哈希值 z，而不是消息本身。因此，哈希值代表了消息。哈希有时也称为消息摘要或消息的指纹。

下一节将讨论哈希函数的安全属性，在此之前，我们现在应该对哈希函数期望的输入-输出行为有个大概的了解：要想对任意大小的消息 x 使用哈希函数，函数 h 在计算上必须是高效的。即使我们能够对几百 MB 左右的大消息进行哈希，但这个计算过程必须足够快。哈希函数的另一个很好的属性为，其输出长度是固定的，并且与输入长度无关。实际中哈希函数的输出长度通常在 128～512 位之间。最后，计算的指纹必须对所有输入位都是高度敏感的。这意味着如果输入 x 发生了很小的改变，指纹必须看上去非常不同。这种行为与分组密码的行为非常类似。图 11-3 中的符号表示以上描述的所有属性。

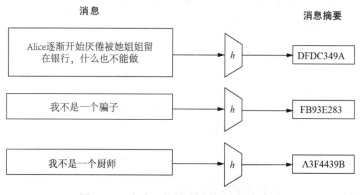

图 11-3　哈希函数的理论输入-输出行为

11.2 哈希函数的安全性要求

正如引言中提到的，与目前提到的所有其他加密算法不同，哈希函数没有密钥。现在的问题是，为了保证安全性，哈希函数是否应该拥有某些特别的属性？实际上我们需要自问一下，哈希函数对应用程序的安全性是否有任何影响，因为它们根本没有加密消息，也没有密钥。与密码学的其他情况一样，事情总是很复杂，利用哈希函数缺陷的攻击也是存在的。事实证明，为了保证安全性，哈希函数需要拥有以下三个核心属性：

(1) 抗第一原像性(或单向性)

(2) 抗第二原像性(或弱抗冲突性)

(3) 抗冲突性(或强抗冲突性)

图 11-4 直观地展示了这三个属性，它们之间的关系为：

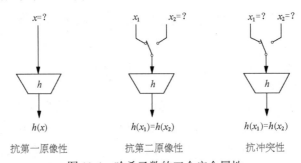

图 11-4 哈希函数的三个安全属性

11.2.1 抗第一原像性或单向性

哈希函数必须具有单向性，即给定一个哈希输出 z，找到满足 $z = h(x)$ 的输入消息 x 在计算上必须是不可行的。换句话说，给定一个指纹，我们不可能找到对应的消息。下面将使用一个虚构的协议解释抗第一原像性非常重要的原因。在此虚构的协议中，Bob 只加密消息，而不加密签名，即他传输的对为：

$$(e_k(x), \mathrm{sig}_{k_{pr,B}}(z)) \, 。$$

这里的 $e_k()$ 是一个对称密码，比如 AES，此对称密码包含 Alice 和 Bob 共享的对称密钥。假设 Bob 使用 RSA 数字签名，此签名的计算方式为：

$$s = \mathrm{sig}_{k_{pr,B}}(z) \equiv z^d \bmod n$$

攻击者 Oscar 则可以使用 Bob 的公钥计算

$$s^e \equiv z \bmod n \, 。$$

如果哈希函数不是单向的，Oscar 就可利用 $h^{-1}(z) = x$ 计算出消息 x。因此，x 的对称加密是通过签名来规避的，而签名也可能泄露明文。正因为这个原因，$h(x)$ 必须是单向函数。

在很多其他使用哈希函数的应用中，具有抗第一原像性至关重要，比如密钥衍生。

11.2.2　抗第二原像性或弱抗冲突性

对使用哈希的数字签名而言，确保两个不同的消息不会映射到相同的值是非常重要的。这意味着使用相同的哈希值 $z_1 = h(x_1) = h(x_2) = z_2$ 创建两个不同的消息 $x_1 \neq x_2$ 在计算上是不可行的。本书将这样的冲突分为两类。第一种情况是，给定了 x_1 试图找到 x_2，这也称为抗第二原像性或弱抗冲突性。在第二种情况中，攻击者可以自由地选择 x_1 和 x_2。这也称为强抗冲突性，并将在后面进行介绍。

很容易就可以看出来，抗第二原像性对上文介绍的使用哈希方案的基本签名非常重要。假设 Bob 对消息 x_1 进行了哈希和签名，如果 Oscar 能够找到另一个消息 x_2 满足 $h(x_1) = h(x_2)$，则他就可以发起替换攻击。

Alice	**Oscar**	**Bob**
		$\xleftarrow{\quad k_{pub,B} \quad}$
		$z = h(x_1)$
		$s = \mathrm{sig}_{k_{pr,B}}(z)$
$\xleftarrow{\quad (x_2,s) \quad}$	⟲替换 $\xleftarrow{\quad (x_1,s) \quad}$	
$z = h(x_2)$		
$\mathrm{ver}_{k_{pur,B}}(s, z) = \text{true}$		

从上面可以看出，Alice 会将 x_2 作为正确的消息接收，因为验证过程得到的语句为真。这是怎么回事呢？从更抽象的角度来说，这个攻击是可能的，因为签名过程(由 Bob 执行)和验证过程(由 Alice 执行)操作的都不是实际消息本身，而是它对应的哈希版本。因此，如果攻击者可以成功找到拥有相同指纹(即哈希输出)的另一个消息，则此消息的签名过程和验证过程都与第一个消息完全相同。

现在的问题是我们如何防止 Oscar 找到 x_2？理论上说，我们希望找到一个不存在弱冲突的哈希函数；不幸的是，鸽巢原理或狄利克雷年代抽屉原理告诉我们这是不可能的。鸽巢原理对以下情况使用了计数原理：如果你拥有 100 只鸽子，却只有 99 个鸽笼环，则至少有一个鸽笼会装两个鸽子。由于每个哈希函数拥有固定长度的输出，比如 n 位，所以可能的输出值只有 2^n 个。此外，由于哈希函数输入的数目没有限制，所以一定会存在多个输入哈希到相同输出值的情况。实际上，任意随机输入映射到每个哈希输出值都是等概率的，因此所以输出值都存在弱冲突。

由于弱冲突理论上是存在的，所以我们可以做的最好的事情就是保证它们在实际中不被发现。一个强壮的哈希函数应该设计为：给定 x_1 和 $h(x_1)$，构建满足 $h(x_1) = h(x_2)$ 的 x_2 是不可能的。这意味着分析攻击是不存在的。然而，Oscar 总是可以随机选择一个 x_2，计算它对应的哈希值，并检查其是否等于 $h(x_1)$。这与对称密码中的穷尽密钥搜索类似。考虑到当前的计算机技术，为了防止此类攻击，$n = 80$ 位的输出长度已经足够。然而，在下一节中将看到，存在一些更强大的攻击，这也迫使我们使用更长的输出位长度。

11.2.3 抗冲突性与生日攻击

只有当找到满足 $h(x_1) = h(x_2)$ 的两个不同的输入 $x_1 \neq x_2$ 在计算上是不可行时，我们才称这个哈希函数是抗冲突的或具有强抗冲突性。这个属性比弱抗冲突性更难获得，因为攻击者具有两方面的自由：可以更改两个消息，获得相似的哈希值。下面将描述 Oscar 如何将寻找冲突转换为攻击。首先假设他拥有下面两个消息：

```
x₁ = Transfer $10 into Oscar's account
x₂ = Transfer $10,000 into Oscar's account
```

现在，他在某些不可见的位置修改 x_1 和 x_2，比如将空格替换为制表符，在消息结束处增加空格或回车符号等。这种方式并没有改变消息的语义(比如空格)，但是每种修改对应的消息的哈希值却各不相同。Oscar 不停地重复这个过程，直到满足条件 $h(x_1) = h(x_2)$ 为止。注意，假如攻击者可以选择更改的位置有 64 个，则同一个消息可以得到 2^{64} 个不同的版本，对应有 2^{64} 个不同的哈希值。他可以使用任意两个消息发起以下攻击：

Alice	Oscar	Bob
	$\xleftarrow{\quad k_{pub,B} \quad}$	
	$\xrightarrow{\quad x_1 \quad}$	
		$z = h(x_1)$
		$s = sig_{k_{pr,B}}(z)$
	$\xleftarrow{(x_2, s)} \quad \text{替换} \quad \xleftarrow{(x_1, s)}$	
$z = h(x_2)$		
$ver_{k_{pur,B}}(s, z) = \text{true}$		

此攻击假设了 Oscar 可以诱使 Bob 对消息 x_1 签名；当然，这种情况是不可能的，但是我们可以假想这样一个场景：Oscar 伪装成一个无害的机构，比如 Internet 上的一个电子商务提供商，x_1 为 Oscar 生成的一个购买订单。

从前面可知，由于鸽笼原理冲突始终存在；现在的问题是，找到冲突的难度有多大？我们的第一个猜想可能是与找到第二原像一样困难，即如果哈希函数的输出为 80 位，则需

要检查 2^{80} 个消息。然而事实证明，攻击者只需要检查 2^{40} 个消息！这个结果非常令人惊讶，这主要是因为生日攻击。这个攻击是基于生日悖论，它是密码分析学中经常使用的一个非常强大的工具。

事实证明，下面这个现实社会的问题与找到哈希函数的冲突是紧密相关的：至少需要多少人的聚会，才能使得至少两个人拥有相同生日的概率足够高？这里的生日指的是一年中的 365 天。直觉可能会告诉我们需要大概 183 个人(即应该为一年所拥有天数的一半)才会出现冲突。然而事实证明，我们需要的人数远远小于这个数目。解决这个问题的一个分段方法就是，首先计算两个人不是同一天生日的概率，即他们的生日没有冲突的概率。对一个人而言，不冲突的概率是 1，这个问题非常简单，因为单个生日不可能与任何其他人的生日冲突。对第二个人而言，不冲突的概率为 364/365，因为他只会与第一个人的生日出现冲突，即

$$P(2 \text{ 个人不冲突}) = \left(1 - \frac{1}{365}\right)$$

如果第三个人加入这个聚会，他/她可能与前两个人已经在那里的人出现冲突，因此：

$$P(3 \text{ 个人不冲突}) = \left(1 - \frac{1}{365}\right) \cdot \left(1 - \frac{2}{365}\right)$$

所以，t 个人之间生日不冲突的概率为：

$$P(t \text{ 个人不冲突}) = \left(1 - \frac{1}{365}\right) \cdot \left(1 - \frac{2}{365}\right) \cdots \left(1 - \frac{t-1}{365}\right)$$

当 $t = 366$ 个人时，冲突的概率为 1，因为一年只有 365 天。现在回归到我们最初的问题：总共需要多少人才能使两个冲突生日的概率达到 50%？令人惊讶的是，从上面的等式可以得到，仅需 23 个人就能使出现生日冲突的概率达到 0.5，因为：

$$P(\text{至少一个冲突}) = 1 - P(\text{没有冲突})$$
$$= 1 - \left(1 - \frac{1}{365}\right) \cdots \left(1 - \frac{23-1}{365}\right)$$
$$= 0.507 \approx 50\%.$$

注意：如果聚会有 40 个人参加，则出现生日冲突概率大概为 90%。由于这个思想实验的结果令人匪夷所思，所以它通常也叫生日悖论。

搜索哈希函数 $h()$ 的冲突与在聚会参与者中寻找生日冲突的问题完全相同。在哈希函数中，每个元素对应的可能值不是 365 个，而是 2^n 个，其中 n 为 $h()$ 的输出宽度。实际上，n 是哈希函数最重要的安全参数。问题是，对于选定的 x_i 和 x_j 而言，Oscar 需要对多少个

消息$(x_1, x_2, ..., x_t)$进行哈希才能使得$h(x_i) = h(x_j)$的概率足够大？t个哈希值之间不存在冲突的概率为：

$$P(\text{没有冲突}) = \left(1 - \frac{1}{2^n}\right)\left(1 - \frac{2}{2^n}\right)\cdots\left(1 - \frac{t-1}{2^n}\right)$$

$$= \prod_{i=1}^{t-1}\left(1 - \frac{i}{2^n}\right)$$

从微积分课程可知，以下近似值成立

$$e^{-x} \approx 1 - x ,$$

因为[1]$i/2^n \ll 1$。所以这个概率可以近似为：

$$P(\text{没有冲突}) \approx \prod_{i=1}^{t-1} e^{-\frac{i}{2^n}}$$

$$\approx e^{-\frac{1+2+3+\cdots+t-1}{2^n}}$$

指数上的算术序列

$$1+2+\cdots+t-1 = t(t-1)/2 ,$$

所以概率的近似值可以写作

$$P(\text{没有冲突}) \approx e^{-\frac{t(t-1)}{2\cdot 2^n}} 。$$

回顾一下，我们的目标是确定找到一个冲突所需的消息个数$(x_1, x_2, ..., x_t)$，因此现在要做的就是求解等式中的t。如果将至少存在一个冲突的概率表示为$\lambda = 1 - P(\text{没有冲突})$，则

$$\lambda \approx 1 - e^{-\frac{t(t-1)}{2^{n+1}}}$$

$$\ln(1-\lambda) \approx -\frac{t(t-1)}{2^{n+1}}$$

$$t(t-1) \approx 2^{n+1}\ln\left(\frac{1}{1-\lambda}\right) 。$$

由于实际中$t \gg 1$，则$t^2 \approx t(t-1)$始终成立，因此，

---

1. 这个结论来自于指数函数的 Taylor 级数表示：$e^{-x} = 1 - x + x^2/2! - x^3/3! + \cdots$ for $x \ll 1$。

$$t \approx \sqrt{2^{n+1} \ln(\frac{1}{1-\lambda})}$$

$$t \approx 2^{(n+1)/2} \sqrt{\ln(\frac{1}{1-\lambda})} \text{ 。} \tag{11.1}$$

等式(11.1)非常重要：它将寻找一个冲突所需要哈希的消息 t 的数目表示为哈希输出长度 n 和冲突概率 λ 的函数。生日攻击最重要的结论就是：找到一个冲突所需要哈希的消息的数目大概等于可能输出值个数的平方根，即大概为 $\sqrt{2^n} = 2^{n/2}$。因此，为了实现 x 位的安全等级(参见 6.2.4 一节)，哈希函数的输出长度必须为 $2x$ 位。例如，假设我们想找到输出长度为 80 位的一个哈希函数(此函数是假设的)的冲突。为了使成功的概率达到 50%，我们需要对

$$t = 2^{81/2} \sqrt{\ln(1/(1-0.5))} \approx 2^{40.2}$$

个输入值进行哈希。使用当前的计算机完成 2^{40} 个左右哈希值的计算并检查冲突是可能的！为了抵抗基于生日悖论的冲突攻击，哈希函数的输出长度必须为输出长度的两倍；而这个长度仅仅可以抵抗第二原像攻击。正因为这个原因，所有哈希函数的输出长度必须至少为 128 位，而大多数现代哈希函数的输出长度会更长。表 11-1 显示了对于当前已有的哈希函数对应的输出长度，生日悖论冲突需要计算的哈希值的数目。有趣的是，出现冲突的理想概率并没有很大程度上影响攻击复杂度，这一点从成功概率 $\lambda = 0.5$ 和 $\lambda = 0.9$ 之间的微小差异就可以看出来。需要强调的是，生日攻击是一种通用攻击，这意味着它对任何哈希函数都是适用的。此外，对一个给定的哈希函数而言，并不能保证生日攻击是可用的最强大的攻击。我们将在下一节中看到，对某些主流的哈希函数而言，尤其是 MD5 和 SHA-1，存在比生日攻击更快的攻击，那就是数学冲突攻击。

表 11-1　不同哈希函数输出长度和两个不同冲突概率所需的哈希值个数

λ	哈希输出长度				
	128 位	160 位	256 位	384 位	512 位
0.5	2^{65}	2^{81}	2^{129}	2^{193}	2^{257}
0.9	2^{67}	2^{82}	2^{130}	2^{194}	2^{258}

需要强调的是，很多哈希函数的应用仅需要抗第一原像性，比如密码的存储。因此，拥有相对较短输出(比如 80 位)的哈希函数已经足够，因为在这些情况下，冲突攻击没有造成威胁。

在本节的结尾处，我们总结了哈希函数 $h(x)$ 的所有重要属性。注意，前三个属性是实用性要求，而后面三个属性则与哈希函数的安全性相关。

哈希函数的属性

1. **任意的消息大小** $h(x)$对任何大小的消息 x 都适用。
2. **固定的输出长度** $h(x)$生成的哈希值 z 的长度是固定的。
3. **有效性** $h(x)$的计算相对简单。
4. **抗第一原像性** 给定一个输出 z，找到满足 $h(x) = z$ 的输入 x 是不可能的，即 $h(x)$具有单向性。
5. **抗第二原像性** 给定 x_1 和 $h(x_1)$，找到满足 $h(x_1) = h(x_2)$ 的 x_2 在计算上是不可能的。
6. **抗冲突性** 找到满足 $h(x_1) = h(x_2)$ 的一对 $x_1 \neq x_2$ 在计算上是不可行的。

11.3 哈希函数概述

到目前为止，我们只是讨论了哈希函数的要求，下面将介绍如何实际构建哈希函数。哈希函数有两种通用类型：

1. **专用的哈希函数** 主要是一些为哈希函数而专门设计的算法。

2. **基于分组密码的哈希函数** 使用诸如 AES 的分析密码来构建哈希函数也是可能的。

从前一节介绍的内容可以了解到，哈希函数可以处理任何长度的消息，并产生固定长度的输出。实际中，这主要是通过将输入分割成一系列大小相同的分组实现的。哈希函数的核心是压缩功能，它可以顺序地处理这些分组，这种迭代的设计也称为 Merkle-Damgård 结构。所以，输入消息的哈希值可以定义为上一轮压缩函数的输出(如图 11-5 所示)。

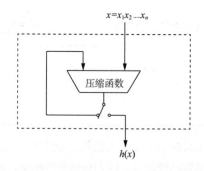

图 11-5 Merkle-Damgård 哈希函数的结构

11.3.1 专用的哈希函数：MD4 家族

专用的哈希函数指的是一些量身定制的算法。在过去二十几年中，人们提出了大量的此类结构。而实际上到目前为止，其中最流行的哈希函数就是所谓的 MD4 家族。MD5、SHA 家族和 RIPEMD 均基于 MD4 的基本原理。MD4 是 Ronald Rivest 提出的一种消息摘要算法。MD4 是一个极具创新意义的想法，因为它是专门为了高效的软件实现而设计的。MD4 使用的是 32 位的变量，并且所有的操作都是按位的布尔函数，比如逻辑与、逻辑或、逻辑异或和逻辑否。MD4 家族中所有后续的哈希函数都基于相同的软件友好基本原理。

MD4 的一个加强版叫 MD5，它是 Rivest 于 1991 年提出的。MD4 和 MD5 这两种哈希函数的输出都是 128 位，即它们拥有的抗冲突性约为 2^{64}。MD5 广泛用于 Internet 安全协议中，它主要用来计算文件的校验和或存储密码的哈希值。然而，这些潜在的缺陷很早已经暴露了，于是美国 NIST 在 1993 年公布了一个新的消息摘要标准，这就是后来的安全哈希算法(SHA)。安全哈希算法是 SHA 家族的第一个成员，它也被正式命名为 SHA；但是现在，它主要指的是 SHA-0。1995 年，SHA-0 被修订为 SHA-1。SHA-0 算法与 SHA-1 算法的差别在于为了提到密码学安全性而对压缩函数所做的调度；但这两种算法的输出长度都是 160 位。1996 年，Han Dobbertin 提出了一个针对 MD5 的局部攻击，这也导致越来越多的专家推荐将广泛使用的 MD5 算法替换为 SHA-1。从那时起，SHA-1 在各种产品和标准中都得到了广泛应用。

在分析攻击尚未出现时，SHA-0 和 SHA-1 最大的抗冲突性大概为 2^{80}；如果某些协议使用了这样的哈希函数与诸如 AES(安全等级为 128～256 位)的算法，则无法获得很好的安全性。同样，绝大多数公钥方案都可以提供更高的安全等级，比如，如果使用 256 位的曲线，则椭圆曲线可以提供的安全等级为 128 位。因此，NIST 于 2001 年引入了 SHA-1 的三个变体：SHA-256、SHA-384 和 SHA-512；它们对应的消息摘要的长度分别为 256、384 和 512 位。为了达到 3DES 的安全等级，NIST 与 2004 年引入了一个新的修订版本 SHA-224。这四种哈希函数通常称为 SHA-2。

2004 年，王小云发布了针对 MD5 和 SHA-0 的冲突查找攻击。一年后，人们发现此攻击对 SHA-1 也有效，而且对应的冲突搜索需要 2^{63} 步，这与生日攻击需要的 2^{80} 步相比要少很多。表 11-2 给出了 MD4 家族中主要参数的概况。

表 11-2　MD4 家族中主要参数的概况

算法	输出 [位]	输入 [位]	轮数	是否找到冲突
MD5	128	512	64	是
SHA-1	160	512	80	尚未找到

(续表)

算法		输出 [位]	输入 [位]	轮数	是否找到 冲突
SHA-2	SHA-224	224	512	64	否
	SHA-256	256	512	64	否
	SHA-384	384	1024	80	否
	SHA-512	512	1024	80	否

我们将在第 11.4 节中学习 SHA-1 的内部函数。尽管存在某些潜在的缺陷，但 SHA-1 仍然是目前使用最广泛的哈希函数。

这里需要注意的是，找到一个哈希函数的冲突并不意味着这个哈希函数在任何情况下都是不安全的。哈希函数的很多应用只要求抗第一原像性和抗第二原像性，比如密钥衍生或密码存储。对这样的应用而言，MD5 仍然是足够安全的。

11.3.2　从分组密码构建的哈希函数

我们也可以使用分组密码链技术来构建哈希函数。与类似 SHA-1 的专用哈希函数一样，我们将消息 x 分为固定长度的分组 x_i，图 11-6 显示了这种哈希函数的结构：使用分组大小为 b 的分组密码 e 对每个消息分组 x_i 进行加密。由于密码的密钥输入为 m 位，我们可以使用一个映射 g 将前一个输出 H_{i-1} 映射为 m 位——这是一个 b 位到 m 位的映射。如果 $b = m$，比如使用密钥长度为 128 位的 AES，则函数 g 就是一个恒等映射。加密完消息分组 x_i 后，将得到的结果与原始消息分组进行异或计算，最后得到的输出值就是整个消息 x_1, x_2，…，x_n 的哈希值，即 $H_n = h(x)$。

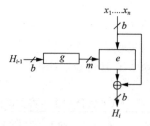

图 11-6　从分组密码构建的 Matyas-Meyer-Oseas 哈希函数

这个函数可以表示为：

$$H_i = e_{g(H_{i-1})}(x_i) \oplus x_i$$

这个结构是以发明者的名字命名，称为 Matyas-Meyer-Oseas 哈希函数。

基于分组密码实现的分组密码还存在其他几种变体，其中最主流的两个变体如图 11-7 所示。

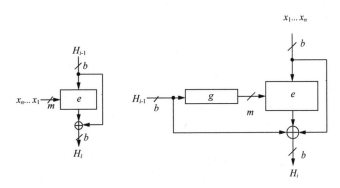

图 11-7　从分组密码构建的 Davies-Meyer(左)和 Miyaguchi-Preneel 哈希函数的结构

这两个哈希函数的表达式为：

$$H_i = H_{i-1} \oplus e_{x_i}(H_{i-1}) \qquad \text{(Davies-Meyer)}$$

$$H_i = H_{i-1} \oplus x_i \oplus e_{g(H_{i-1})}(x_i) \qquad \text{(Miyaguchi-Preneel)}$$

这三个哈希函数都需要给 H_0 赋上初始值，而这个初始值可以是公开的值，比如全零向量。这些方案的一个共性就是，哈希输出的位大小都等于所使用密码的分组宽度。在只需要抗第一原像性和第二原像性的情况中，可以使用类似分组宽度为 128 位的 AES 的分组密码，因为这种密码可以提供 128 位的安全等级。而对于需要抗冲突性的应用而言，绝大多数现代分组密码提供的 128 位长度的安全等级已经不够。生日攻击将这个安全等级降低到仅仅 64 位，而这个长度的计算复杂度在 PC 集群的计算能力范围内；对拥有大量预算的攻击者而言也是可行的。

这个问题的一个解决方案就是使用分组宽度为 192 位或 256 位的 Rijndael。而这两个位长度提供的针对生日攻击的安全等级分别为 96 位和 128 位，对绝大多数应用而言这个长度绰绰有余。回顾第 4.1 节可知，Eijndael 是 AES 的前身，它允许的分组大小有 128 位、192 位和 256 位。

获得较大消息摘要的另一种方法就是使用由多种分组密码示例组成的结构，结构得到分组长度 b 的宽度的两倍。图 11-8 显示了这种构建方法，其中使用的密码为 e，且 e 的密钥长度是分组长度的两倍。密钥长度为 256 位的 AES 正符合这种情况，其消息摘要输出为 $2b$ 位（$H_{n,L} \parallel H_{n,R}$）。如果使用 AES，则输出的长度为 $2b = 256$ 位；而这个长度能提供对冲突攻击的更高安全等级。从图中可以看到，左边密码 $H_{i-1,L}$ 的前一个输出将作为输入反馈到两个分组密码中。右边密码 $H_{i-1,R}$ 的前一个输出与下一个消息分组 x_i 连接在一起就形成了两个密码的密钥。出于安全性原因，右边分组密码的输入需要与一个常量 c 进行异或。c 可以为除了全零向量外的任何值。与前面描述的其他三种结构一样，必须为第一个哈希值（$H_{0,L}$ 和 $H_{0,R}$）赋予初始值。

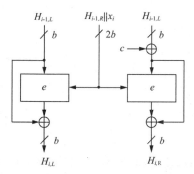

图 11-8　为分组两倍宽的哈希函数的 Hirose 结构

这里介绍的 Hirose 结构针对的是密钥长度是分组宽度两倍的情况。除了 AES 外，还有很多其他的密码都满足这个条件，比如分组密码 Blowfish、Mars、RC6 和 Serpent。在为一个资源有限的应用选择合适的哈希函数时，可以考虑轻量级的分组密码 PRESENT（比照 3.7 节），因为它的硬件实现非常紧凑。对于密钥大小为 128 位且分组大小为 64 位的结构而言，对应的哈希输出为 128 位。这个消息摘要大小可以抵抗第一原像和第二原像攻击，但对生日攻击只提供了边界安全。

11.4　安全哈希算法 SHA-1

安全哈希算法(SHA-1)是 MD4 家族中使用最广泛的消息摘要函数。尽管人们已经提出了针对此算法的新攻击，但是仔细学习此算法的详细内容仍是非常有帮助的，因为 SHA-2 家族中更强版本的内部结构都与它类似。SHA-1 基于 Merkle-Damgård 结构，可以从图 11-9 中看出来。

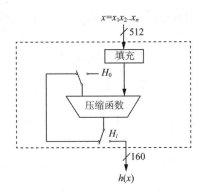

图 11-9　SHA-1 的高层框图

对 SHA-1 算法的一个非常有趣的解释就是，压缩函数的工作方式与分组密码相同：输入都是前一个哈希值 H_{i-1}，而密钥则由消息分组 x_i 组成。下面我们将看到，SHA-1 的实际轮数与 Feistel 分组密码非常相似。

SHA-1 输入允许的最大消息长度是 $2^{64}-1$ 位，产生的输出长度为 160 位。在哈希计算之前，此算法需要先对消息进行预处理。在实际计算期间，压缩函数将消息分成 512 位的分组进行处理。压缩函数总共有 80 轮，而这 80 轮可以分成四个分别由 20 轮组成的阶段。

11.4.1　预处理

在哈希计算之前，消息 x 必须先进行填充，直到其大小为 512 位的倍数。为了便于内部处理，填充后的消息必须分成组；同时，初始值 H_0 也需要设置为一个预定义的常量。

填充　假设有一个长度为 l 位的消息 x。为了使整个消息的大小为 512 位的整数倍，我们将一个 1、k 个 0 和 l 的二进制表示的 64 位追加到消息后面。最后，所需要零的个数 k 可以表示为

$$k \equiv 512 - 64 - 1 - l$$
$$= 448 - (l+1) \bmod 512 \text{ 。}$$

图 11-10 说明了对消息 x 的填充。

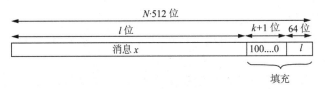

图 11-10　SHA-1 中对消息的填充

示例 11.1　给定一个由三个 8 位 ASCII 字符组成的消息 "abc"，其总长度为 $l = 24$ 位：

$$\underbrace{01100001}_{a} \qquad \underbrace{01100010}_{b} \qquad \underbrace{01100011}_{c}.$$

我们将一个"1"和 $k = 423$ 个 0 追加到消息后面，其中 k 可以使用以下方法确定：

$$k \equiv 448 - (l+1) = 448 - 25 = 423 \bmod 512 \, 。$$

最后，将包含长度 $l = 24_{10} = 11000_2$ 的二进制表示的 64 位值追加到最后。填充后的消息可以表示为：

$$\underbrace{01100001}_{a} \qquad \underbrace{01100010}_{b} \qquad \underbrace{01100011}_{c} \qquad 1 \qquad \underbrace{00...0}_{423\text{个零}} \qquad \underbrace{00...011000}_{l=24}.$$

◇

分割填充后的消息　在使用压缩函数之前，我们需要将消息分割为长度为 512 位的分组 x_1，x_2，…，x_n。每个 512 位的分组又可以分割为 16 个大小为 32 位的单词。例如，消息 x 的第 i 个分组可以分割为：

$$x_i = (x_i^{(0)} x_i^{(1)} ... x_i^{(15)})$$

其中，$x_i^{(k)}$ 表示大小为 32 位的单词。

初始值 H_0　一个 160 位的缓冲区用来存放第一轮迭代需要的初始哈希值。这五个 32 位的单词是固定的，它们对应的十六进制表示为：

$$A = H_0^{(0)} = \texttt{67452301}$$
$$B = H_0^{(1)} = \texttt{EFCDAB89}$$
$$C = H_0^{(2)} = \texttt{98BADCFE}$$
$$D = H_0^{(3)} = \texttt{10325476}$$
$$E = H_0^{(4)} = \texttt{C3D2E1F0}$$

11.4.2　哈希计算

如图 11-11 所示，对每个消息分组 x_i 的处理分为四个阶段，其中每个阶段都包含 20 轮。此算法使用：

- 消息调度，总共有 80 轮，每轮都计算一个 32 位的单词 $W_0, W_1, ..., W_{79}$。单词 W_j 是从 512 位的消息分组中得到的：

$$W_j = \begin{cases} x_i^{(j)} & 0 \le j \le 15 \\ (W_{j-16} \oplus W_{j-14} \oplus W_{j-8} \oplus W_{j-3})_{\lll 1} & 16 \le j \le 79 \end{cases}$$

- 其中 $X_{\lll 1}$ 表示将单词 X 循环左移 n 位。
- 五个大小为 32 位的工作寄存器 A，B，C，D，E
- 由五个 32 位长的单词 $H_i^{(0)}$，$H_i^{(1)}$，$H_i^{(2)}$，$H_i^{(3)}$，$H_i^{(4)}$ 组成的哈希值 H_i。开始时，哈希值为初始值 H_0；而在每次处理完单个消息分组后，此哈希值将被得到的新哈希值替换。最后一个哈希值 H_n 等于 SHA-1 的输出 $h(x)$。

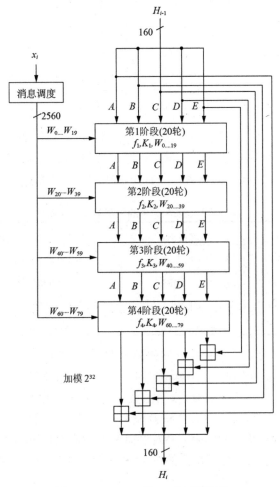

图 11-11　SHA-1 的 80 轮压缩函数

这四个 SHA-1 阶段结构相似，只是使用的内部函数 f_t 和常量 K_t 不同，其中 $1 \le t \le 4$。

每个阶段包含 20 轮，在每轮中，函数 f_t 和某个与阶段无关的常量 K_t 一起处理一部分消息分组。第 80 轮之后的输出与输入值 H_{i-1} 模 2^{32} 进行按位相加。

第 t 阶段的第 j 轮内的操作如图 11-12 所示，可以表示为

$$A，B，C，D，E = (E + f_t(B,C,D) + (A)_{<<<5} + W_j + K_t), A, (B)_{<<<30}, C, D。$$

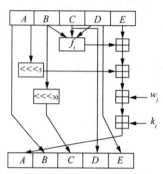

图 11-12　SHA-1 阶段 t 的第 j 轮

内部函数 f_t 和常量 K_t 的改变取决于表 11-3 中的阶段，即每 20 轮使用一个新的函数和新的变量。内部函数仅使用按位的布尔操作，即逻辑与($\wedge$)，逻辑或($\vee$)，逻辑否($\bar{}$)和异或。这些操作的对象都是 32 位的变量，并且在现代 PC 上的实现都非常快。

表 11-3　SHA 轮中的轮函数和轮常量

阶段 t	第 j 轮	常量 K_t	函数 f_t
1	0…19	$K_1 = 5A827999$	$f_1(B,C,D) = (B \wedge C) \vee (\bar{B} \wedge D)$
2	20…39	$K_2 = 6ED9EBA1$	$f_2(B,C,D) = B \oplus C \oplus D$
3	40…59	$K_3 = 8F1BBCDC$	$f_3(B,C,D) = (B \wedge C) \vee (B \wedge D) \vee (C \wedge D)$
4	60…79	$K_4 = CA62C1D6$	$f_4(B,C,D) = B \oplus C \oplus D$

图 11-12 显示的 SHA-1 轮与 Feistel 网络的轮有一些相似之处，这种结构有时也称为推广的 Feistel 网络。Feistel 网络的一个典型特征就是：输入的第一部分被直接复制到输出，输入的第二部分则使用经过某个函数处理后的第一部分进行加密，比如 DES 中使用的是 f 函数。在第 SHA-1 轮中，输入 A，B，C 和 D 没有任何修改(A, C, D)或只用了少量修改(对 B 进行循环移动)就传递给输出。然而，输入单词 E 的加密是通过与来自其他四个输入单词的值进行相加实现的。从消息中得到的值 W_i 和轮常量扮演的是子密钥的角色。

11.4.3　实现

SHA-1 是专门为了良好的软件实现而设计的，它每轮中只需要使用 32 位的寄存器进

行按位布尔操作。而与这个效果相反的就是数目很多的轮数。然而，优化的 SHA-1 实现在现代 64 位的微处理器上可以达到 1Gb/s 甚至更高的吞吐量。这通常指的是高度优化的汇编代码软件，因为绝大多数的普通实现都是相当慢的。一般而言，SHA-1 和其他 MD4 家族算法的一个缺点就是，它们都很难并行化实现，即在一轮中并行地执行多个布尔操作是非常困难的。

在硬件上，SHA-1 肯定不能算一个真正的大算法，但是若干因素导致它比人们想象的要大很多。SHA-1 在传统 FPGA 上最新的硬件实现可以达到几 Gb/s。与基于 PC 的实现相比，这个速率并不具有开创性，原因之一就是函数 f_t 依赖于阶段数 t。另一个原因就是，此算法需要大量寄存器来存放 512 位的中间结果。因此，类似 AES 的分组密码在硬件上通常会更小更快。而且对某些应用而言，使用 11.3.2 节介绍的利用分组密码构建的哈希函数在硬件实现上有时更具优势。

11.5 讨论及扩展阅读

MD4 家族和总结 深入了解 MD4 家族的攻击历史有助于我们的学习。MD4 的先驱就是 Rivest MD2 哈希函数，但这个算法似乎并没有广泛应用。算法可以经得起当前攻击的观点令人怀疑。Boer 和 Bosselaers 于 1992 年提出了针对 MD4 简化版本(没有第一轮或最后一轮)的第一个攻击。1995 年，Dobbertin 展示了如何在一分钟之内在传统 PC 上构建完整 MD4 冲突的方法[61]。之后，Dobbertin 证明了 MD4 的一个变体(有一轮没有执行)不具有单向性。1994 年，Boer 和 Bosselaer 找到了 MD5 中的冲突[54]。1995 年，Dobbertin 可以找到 MD5 压缩函数中的冲突[62]。为了构建主流 SHA-1 算法的冲突，大概需要执行 2^{63} 次计算，这仍然是一个非常艰巨的任务。2007 年，Rechberger 在澳大利亚的格拉兹技术大学组建了一个基于 Internet 的分布式哈希冲突搜索。在撰写本书时，该搜索的研究已经进行了两年，但是没有发现任何冲突。

RIPEMD-160 在哈希函数的 MD4 家族里扮演的角色有点特别。与所有 SHA-1 和 SHA-2 算法不同，RIPEMD-160 是唯一一个不是 NIST 和 NSA 设计的算法，它是由欧洲一组研究学者提出的。尽管没有任何迹象表明 SHA 算法被人为削弱或存在后门(这个术语是美国政府引入的)，但对哪些严重不相信政府的人而言，RIPEMD-160 正合乎他们的心意。目前，还没有已知的可以破解哈希函数的攻击。另一方面，由于其相当有限的使用，科学界对 RIPEMD-160 的仔细审查会少很多。

需要指出的是，历年来，除 MD4 家族外，人们还提出了许多其他的算法，比如与 AES 相关的 Whirlpool[12]。然而，这些算法中的绝大多数都没有得到广泛应用。与 MD4

家族完全不同的是基于代数结构的哈希函数，比如 MASH-1 和 MASH-2[96]。但这些算法中的大多数都是不安全的。

SHA-3　由于针对 SHA-1 的攻击都非常严重，NIST 主持了两个公开研讨会对 SHA 的状态进行评估，并向公众征集密码学哈希函数的政策和标准。最后，NIST 决定通过公开竞争提出另一种哈希函数，并命名为 SHA-3。这个方法与 AES 的筛选过程非常类似。在 2008 年秋，　NIST 收到的算法总共有 64 个。在撰写本书时，这些算法中还有 33 个在竞争；估计到 2012 年才会有最后的结果。同时，由于当时还没发现针对 SHA-2 算法的攻击，所以在选择哈希函数时 SHA-2 似乎是最安全的选择。

来自分组密码的哈希函数　本章介绍的四种基于哈希函数的分组密码都是可证明安全的。这意味着，最好的可能的第一原像和第二原像攻击的复杂度都为 2^b，其中 b 为消息摘要的长度；而最好的可能的冲突攻击需要 $2^{b/2}$ 步。只有将分组密码当做黑盒时，即(可能)没有发现此密码的特定缺陷时，这个安全性证明才成立。除了本章介绍的利用分组密码构建哈希函数的四种方法外，还存在其他几种构建方法[136]。习题 11.3 中将详细介绍 12 种变体。

Hirose 构建方法较新[92]，它也是使用 AES 实现的，且密钥为 192 位、消息分组 x_i 长度为 64 位。但这种方法的效率仅为本章介绍的构建方法(消息分组为 128 位的 AES256)的一半。还存在其他很多方法可以用来构建输出长度是所使用分组密码长度两倍的哈希函数的方法，最突出的一个方法就是 MDC-2。它原本是为 DES 而设计的，但是现在它可以和任何分组密码一起使用[137]。MDC-2 在 ISO/IEC 10118-2 中进行了标准化。

11.6　要点回顾

- 哈希函数是没有密钥的。哈希函数两个最主要的应用就是数字签名和消息验证码(比如 HMAC)。
- 哈希函数的三个安全性要求为单向性、抗第二原像性和抗冲突性。
- 为了抵抗冲突攻击，哈希函数的输出长度至少为 160 位；对长期安全性而言，最好使用 256 位或更多的哈希函数。
- MD5 的使用非常广泛，但却是不安全的。人们发现了 SHA-1 中存在的严重安全漏洞，这样的哈希函数应该被逐步淘汰。SHA-2 算法看上去是安全的。
- 正在进行的 SHA-3 竞争将在几年后产生新的标准化的哈希函数。

11.7　习题

11.1　请计算 SHA-1 阶段 1 中第一轮的输出，其中 512 位的输入分组为

(1) $x = \{0\ldots00\}$

(2) $x = \{0\ldots01\}$(即第 512 位是 1)。

请忽略这个问题的初始哈希值 H_0(即 $A_0 = B_0 = \ldots = 00000000_{hex}$)。

11.2　密码学哈希函数早期的应用之一就是存储计算机系统中的用户验证密码。在这种方法中，密码在输入后进行哈希，然后与存储的(哈希后的)引用密码进行比较。人们早就意识到仅存储密码的哈希版本已经足够。

(1) 假设你是一名黑客，并可以访问哈希后的密码列表。为了假扮某个用户，你需要从列表中恢复密码。请讨论以下三种攻击中的哪一种允许这种做法，并详细描述每种攻击的后果：

● 攻击 A：你可以破解 h 的单向属性。

● 攻击 B：你可以找到 h 的第二原像。

● 攻击 C：你可以找到 h 的冲突。

(2) 为什么这种存储哈希后密码的技术通常可以使用所谓的 salt 进行扩展(salt 是哈希之前追加到密码后的一个随机值。salt 值与哈希值都存储在哈希后密码的列表里)？这种技术是否影响以上攻击？

(3) 输出长度为 80 位的哈希函数对此应用而言是否足够？

11.3　请画出以下从分组密码 $e()$构建的哈希函数对应的框图：

(1) $e(H_{i-1}, x_i) \oplus x_i$

(2) $e(H_{i-1}, x_i \oplus H_{i-1}) \oplus x_i \oplus H_{i-1}$

(3) $e(H_{i-1}, x_i) \oplus x_i \oplus H_{i-1}$

(4) $e(H_{i-1}, x_i \oplus H_{i-1}) \oplus x_i$

(5) $e(x_i, H_{i-1}) \oplus H_{i-1}$

(6) $e(x_i, x_i \oplus H_{i-1}) \oplus x_i \oplus H_{i-1}$

(7) $e(x_i, H_{i-1}) \oplus x_i \oplus H_{i-1}$

(8) $e(x_i, x_i \oplus H_{i-1}) \oplus H_{i-1}$

(9) $e(x_i \oplus H_{i-1}, x_i) \oplus x_i$

(10) $e(x_i \oplus H_{i-1}, H_{i-1}) \oplus H_{i-1}$

(11) $e(x_i \oplus H_{i-1}, x_i) \oplus H_{i-1}$

(12) $e(x_i \oplus H_{i-1}, H_{i-1}) \oplus x_i$

11.4 基于分组密码的哈希函数的速率定义为：如果一个基于分组密码的哈希函数每次处理 u 个输入位、产生 v 个输出位，并且每个输入分组执行 w 次分组密码加密，则它的速率为：

$$v/(u \cdot w)。$$

请问第 11.3.2 节中介绍的四种分组密码构建方法的速率分别为多少？

11.5 下面考虑输出长度分别为 64、128 和 160 位的三种不同的哈希函数。我们要随机选择多少个随机输入才能使找到一个冲突的概率为 $\varepsilon = 0.5$？要随机选择多少个随机输入才能使找到一个冲突的概率为 $\varepsilon = 0.1$？

11.6 对一个给定的哈希函数 h，请详细描述找到满足 $h(x_1) = h(x_2)$ 的一对 x_1 和 x_2 的冲突搜索过程。如果哈希函数的输出长度为 n 位，请问这种类型的搜索需要占用多大的内存？

11.7 假设 Hirose 哈希函数构建中使用分组密码 PRESENT(分组长度为 64 位，密钥为 128 位)。某个计算机系统使用该算法来存储密码的哈希值。对密码为 PW_i 的用户 i，系统存储的内容为：

$$h(PW_i) = y_i$$

其中密码可以为任意长度。实际上，计算机系统只使用值 y_i 来确定用户及其访问权限。

但是，包含所有哈希值的密码文件落到你手中，并且你是一个非常危险的黑客。这本身不会带来任何问题，因为哈希函数的单向性，要从哈希值恢复密码是不可能的。然而，你发现了软件实现中一个微小但重大的实现：哈希方案中的常量 c 的初始值为 $c = 0$。假设你也知道初始值($H_{0,L}$ 和 $H_{0,R}$)。

(1) 每一项 y_i 的大小是多少？

(2) 假设你想以用户 U 的身份登录(你可能是该组织的 CEO)。请写出

$$PW_{\text{hack}} = y_U$$

仅需要 2^{64} 步就能找到值 PW_{hack} 的详细描述。

(3) 你执行的是针对哈希函数的三种通过攻击中的哪一种？

(4) 如果 $c \neq 0$，为什么这种攻击是不可能的？

11.8　这个问题将讨论对错误修正码适用的技术为什么不适用于密码学哈希函数？我们讨论将使用下面方程计算 8 位哈希值的哈希函数：

$$C_i = b_{i1} \oplus b_{i2} \oplus b_{i3} \oplus b_{i4} \oplus b_{i5} \oplus b_{i6} \oplus b_{i7} \oplus b_{i8} \tag{11.2}$$

8 位的每个分组构成了一个 ASCII 编码的字符。

(1) 请将字符串 CRYPTO 编码为对应的二进制或十六进制表示。

(2) 请使用前面定义的方程计算字符串的(长度为 6 位)哈希值。

(3) 请通过指出找到产生相同哈希值的(有意义的)字符串的可能性来破解此哈希函数。请列举一个合适的例子。

(4) 这个例子中缺少了哈希函数的哪个重要属性？

第**12**章

消息验证码

消息验证码(MAC)也称为密码学校验和或密钥的哈希函数，它在实际中得到广泛使用。在安全功能方面，MAC 与数字签名共享一些属性，因为它们都提供消息完整性和消息验证。然而与数字签名不同的是，MAC 是对称密钥方案，并且它也不提供不可否认性。MAC 的一个优势就是它们的速度比数字签名要快很多，因为它们要么基于分组密码，要么基于哈希函数。

本章主要内容包括

- MAC 的基本原理
- 可以使用 MAC 获得的安全属性
- 使用哈希函数和分组密码实现 MAC 的方法

12.1 消息验证码的基本原理

与数字签名一样，MAC 也是将验证标签附加到消息后面。而 MAC 与数字签名最大的差别就是，MAC 在生成和确认验证标签的过程中使用的都是对称密钥 k。MAC 是对称密码 k 和消息 x 的函数，可以将其表示为：

$$m = \mathrm{MAC}_k(x)$$

后面章节也使用这种方式表示。MAC 计算和验证的基本原理如图 12-1 所示。

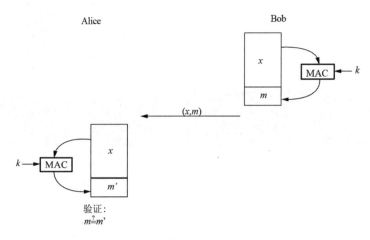

图 12-1　消息验证码(MAC)的基本原理

使用 MAC 的动机通常为：Alice 和 Bob 想确保他们能检测到传输过程中对消息 x 的任何修改。为此，Bob 计算的 MAC 是消息和共享私钥 k 的函数，并将消息和验证标签 m 一起发送给 Alice。Alice 在接收到消息和 m 时将对这两者进行验证。由于这是一个对称的 set-up，Alice 在发送消息时所执行的操作与 Bob 完全相同：她只需使用收到的消息和对称密钥重新计算认证标签即可。

此系统的底层假设为：如果消息 x 在传输过程中被修改了，则 MAC 计算会得到一个错误结果，进而提供了消息完整性的安全服务。此外，Alice 现在可以确定 Bob 就是消息的发起人，因为只有拥有相同私钥 k 的双方才有可能计算 MAC。如果对手 Oscar 在传输过程中修改了消息，他不可能计算出有效的 MAC，因为他没有密钥。任何恶意或无意(比如由于传输错误而造成的)地伪造消息的行为都可以被接收者检测到，因为这种情况下 MAC 会验证失败。从 Alice 的角度而言，这意味着 Bob 一定生成了 MAC。从安全服务来说，这也提供了消息验证安全服务。

实际中的消息 x 通常比对应的 MAC 要大很多。因此，与哈希函数一样，MAC 计算的输出也是一个固定长度的、与输入长度无关的验证标签。

将前文讨论的 MAC 的特征与这里讨论的特征放在一起，就可以归纳出 MAC 所有的重要属性：

消息验证码的属性

　1. 密码学校验和　给定一个消息，MAC 可以生成一个密码学安全的验证

　　标签。

2. **对称性**　MAC 基于秘密对称密钥,签名方和验证方必须共享一个密钥。

3. **任意的消息大小**　MAC 可以接受任意长度的消息。

4. **固定的输出长度**　MAC 生成固定长度的验证标签。

5. **消息完整性**　MAC 提供了消息完整性:在传输过程中对消息的任何修改都能被接收者检测到。

6. **消息验证**　接收方可以确定消息的来源。

7. **不具有不可否认性**　由于 MAC 是基于对称原理的,所以它不提供不可否认性。

　　最后一点非常重要,需要铭记在心:MAC 不提供任何不可否认性。由于两个通信方共享一个相同的密钥,所以无法向中立的第三方(比如法官)证明某个消息与其 MAC 最初来自于 Alice 还是 Bob。因此,如果 Alice 或 Bob 中有一个不诚实(比如 10.1.1 节中描述的汽车购买示例),MAC 是不能提供任何保护的。由于这种情况下一个对称密钥并不是与一个人绑定,而是与两方相关,因此在出现分歧的情况下,法官无法区分 Alice 和 Bob 中的哪一个撒谎了。

　　实际上,我们可以使用分组密码或哈希函数两种完全不同的方法来构建消息验证码。本章后面将介绍这两种实现 MAC 的方法。

12.2　来自哈希函数的 MAC:HMAC

　　实现 MAC 的一个选择就是使用密码学哈希函数作为基本块,比如 SHA-1。在过去十几年中,有种构建在实际中非常流行,那就是 HMAC。HMAC 在传输层安全(TLS)协议(Web 浏览器中小锁符号所表示的)和 IPsec 协议集中都有使用。HMAC 构建应用如此广泛的一个原因就是,在某些假设下,它是可证明安全的。

　　所有基于哈希的消息验证码的基本思想就是,将密钥和消息一起进行哈希。显然,有两种可能的构建方法,第一个是:

$$m = \text{MAC}_k(x) = h(k \parallel x)$$

它称为密钥前缀 MAC;第二个是:

$$m = \mathrm{MAC}_k(x) = h(x \parallel k)$$

它称为密钥后缀 MAC。符号"$\parallel$"表示连接。从直观角度而言，由于现代哈希函数的单向性和良好的"混乱属性"，这两种方法都应该可以生成很强的密码学校验和。然而，与密码学的通常情况一样，评估某个方案的安全性通常比第一眼看上去更复杂。下面将说明这两种构建方法的缺点。

1. 针对密钥前缀 MAC 的攻击

考虑实现方式为 $m = h(k \parallel x)$ 的 MAC。为了便于攻击，假设密码学校验和 m 是利用图 11-5 显示的哈希结构计算得到的。当前绝大多数的哈希函数都使用这种迭代方法。Bob 想签名的消息 x 是分组 x 的序列 $x = (x_1, x_2, \ldots, x_n)$，其中，分组长度必须与哈希函数的输入宽度相匹配。Bob 计算验证标签的公式为：

$$m = \mathrm{MAC}_K(x) = h(k \parallel x_1, x_2, \ldots, x_n)$$

现在的问题是，即使在不知道私钥的情况下也可以从 m 中构建消息 $x = (x_1, x_2, \ldots, x_n, x_{n+1})$ 的 MAC，其中 x_{n+1} 是一个任意的额外分组。下面协议显示了这种攻击。

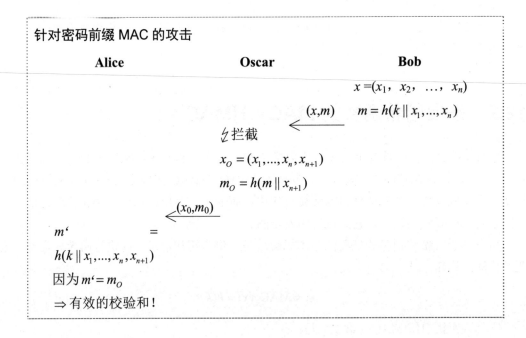

针对密码前缀 MAC 的攻击

Alice	Oscar	Bob
		$x = (x_1, x_2, \ldots, x_n)$
	(x,m)	$m = h(k \parallel x_1, \ldots, x_n)$

⚡拦截

$x_O = (x_1, \ldots, x_n, x_{n+1})$

$m_O = h(m \parallel x_{n+1})$

$\xleftarrow{\ (x_0, m_0)\ }$

$m' \qquad\qquad =$

$h(k \parallel x_1, \ldots, x_n, x_{n+1})$

因为 $m' = m_O$

$\Rightarrow$ 有效的校验和！

请注意，尽管 Bob 仅验证了 $(x_1,...,x_n)$，但 Alice 会认为消息 $(x_1,...,x_n,x_{n+1})$ 是有效的，并接受它。如果最后一个分组 x_{n+1} 为某个电子合同的附件，则会带来严重的后果。

这种攻击成为可能的原因在于，计算额外消息分组对应的 MAC 所需的输入为前一个哈希输出和 x_{n+1}，而不需要密钥 k；而前一个哈希输出等于 Bob 的 m。

2. 针对秘密后缀 MAC 的攻击

在学习完上面的攻击后，其他基本构建方法即 $m = h(x \| k)$ 看上去会是安全的。然而，这里出现了一个不同的缺陷。假设 Oscar 能够构建哈希函数内的冲突，即他可以找到满足以下条件的 x 和 x_O：

$$h(x) = h(x_O)$$

如果这两个消息 x 和 x_O 是一个合同的两个版本，而这两个版本在某些关键的地方存在差异，比如约定支付。如果 Bob 使用如下消息验证码对消息 x 进行签名

$$m = h(x \| k)$$

m 也是 x_O 的一个有效的校验和，即

$$m = h(x \| k) = h(x_O \| k)$$

这个结论同样也是由于 MAC 计算的迭代特性。

这种攻击对 Oscar 是否有优势取决于构建过程中使用的参数。下面考虑一个秘密后缀 MAC 的实际例子，它使用输出为 160 位，密钥为 128 位的 SHA-1 作为哈希函数。人们希望这个哈希能够提供 128 位的安全等级，即攻击者只能通过蛮力攻击整个密钥空间才能伪造一个消息。然而，如果攻击者利用生日悖论(比照 11.2.3 节)，他使用大约 $\sqrt{2^{160}} = 2^{80}$ 次计算就可以伪造一个签名。这些迹象表明使用更少的步骤就能构建 SHA-1 冲突，所以一个实际的攻击会更容易。总之，MAC 结构提供的某些安全性是秘密后缀方法无法提供的。

3. HMAC

不具有上述安全缺点的一种基于哈希的消息验证码就是 HMAC 结构，它是 Mihir Bellare、Ran Canetti 和 Hugo Krawczyk 于 1996 年提出的。HMAC 方案由一个内部哈希和一个外部哈希组成，如图 12-2 所示。

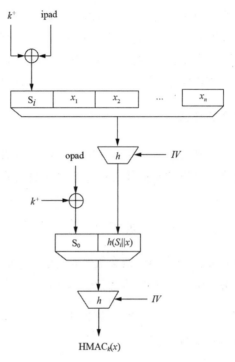

图 12-2　HMAC 结构

　　MAC 计算首先使用 0 在对称密钥 k 的左边进行填充，直到得到的 k^+ 的长度为 b 位，其中 b 是哈希函数输入分组的宽度。扩展后的密钥然后与内部填充进行异或操作，直到达到长度 b，其中内部填充是由下位模式的重复组成的：

$$\text{ipad} = 0011\ 0110，0011\ 0110，\ldots，0011\ 0110$$

　　异或操作的输出形成了哈希函数的第一个输入分组。后续的输入分组为消息分组 $(x_1, x_2, \ldots, x_n)$。

　　使用填充后的密钥与第一个哈希的输出一起计算出第二个外部哈希。这里的密钥也需要使用 0 进行填充，并与外部填充进行异或操作：

$$\text{opad} = 0101\ 1100,0101\ 1100，\ldots，0101\ 1100。$$

　　异或操作的结果形成了外部哈希的第一个输入分组，其他输入分组为内部哈希的输出。计算完外部哈希得到的输出就是 x 的消息验证码。HMAC 结构可以表示为：

$$\text{HMAC}_k(x) = h[(k^+ \oplus \text{opad}) \| h[(k^+ \oplus \text{ipad}) \| x]]。$$

哈希输出长度 l 实际上比输入分组的宽度 b 要短。例如，SHA-1 的输出长度为 $l = 160$ 位，但是接受的输入长度为 $b = 512$ 位。内部哈希函数的输出与外部哈希的输入大小不匹配并不会出现问题，因为哈希函数拥有预处理步骤，可以将输入字符串与分组宽度进行匹配。第 11.4.1 节描述的 SHA-1 预处理就是一个例子。

计算效率方面需要注意的是，非常长的消息 x 在内部哈希函数中仅被哈希一次。外部哈希仅仅由两个分组组成，即填充的密钥和内部哈希输出。因此，通过 HMAC 结构引入的计算开销非常低。

除了计算效率外，HMAC 结构最大的一个优点就是存在安全性证明。对所有可证明安全的方案而言，HMAC 本身并不安全，但它的安全性与其他一些构建分组的安全性相关。如果使用 HMAC 结构就会发现，如果攻击者 Oscar 可以破解 HMAC，他就能破解方案中所使用的哈希函数。破解 HMAC 意味着尽管 Oscar 不知道密钥，但他也可以构建消息的有效验证标签。破解哈希函数意味着即使 Oscar 不知道初始值 IV(SHA-1 情况中的初始值 IV 就是值 H_0)，但他要么可以找到冲突，要么可以计算出哈希函数输出。

12.3　来自分组密码的 MAC：CBC-MAC

从前一节可以看到，哈希函数可以用来实现 MAC。另一种方法就是使用分组密码构建 MAC。实际中最常用的方法就是使用密码分组链(CBC)模式中的分组密码，比如 AES，这部分内容可以参阅 5.1.2 节。

图 12-3 描述了基于 CBC 模式中分组密码的 MAC 应用的完整设置。左边显示的是发送者的行为，右边显示的是接收者的行为。这个方案也称为 CBC-MAC。

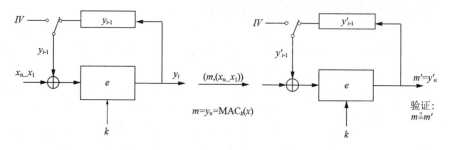

图 12-3　使用 CBC 模式中的分组密码构建的 MAC

1. MAC 生成

生成 MAC 要求将消息 x 分割为分组 x_i，其中 $i = 1, \ldots, n$。使用私钥 k 和初始值 IV，

我们就可以计算 MAC 算法的第一个迭代，即：

$$y_1 = e_k(x_1 \oplus IV),$$

其中，IV 可以是一个公开的随机值。后续消息分组则是将分组 x_i 与前一个输出 y_{i-1} 进行异或操作的结果作为加密算法的输入：

$$y_i = e_k(x_i \oplus y_{i-1})。$$

最后，消息 $x = x_1x_2x_3…x_n$ 的 MAC 就是最后一轮的输出 y_n：

$$m = \text{MAC}_k(x) = y_n$$

与 CBC 加密相反，值 $y_1, y_2, y_3, …, y_{n-1}$ 并没有被传输；它们只是用来计算最终 MAC 值 $m = y_n$ 的中间值。

2. MAC 验证

对每个 MAC 而言，验证仅仅是生成 MAC 操作的重复。在实际验证时，我们需要将计算得到的 MAC m' 与接收到的 MAC 值 m 进行比较。如果 $m' = m$，则说明此消息是正确的。如果 $m' \neq m$，则说明消息或/与 MAC 值 m 在传输过程中被修改了。需要注意的是，MAC 验证与 CBC 解密是不同的，CBC 解密是加密的逆操作。

MAC 的输出长度是由所使用密码的分组大小决定的。回顾历史发现，DES 广泛用于银行应用。现在 AES 也经常使用，它产生 MAC 的长度为 128 位。

12.4　伽罗瓦计数器消息验证码

伽罗瓦消息计数器消息验证码(GMAC)是 5.1.6 节中介绍的伽罗瓦计数器模式的一个变体。GMAC 在[160]中进行了描述，它也是底层对称密钥分组密码的操作模式。与 GCM 模式相反，GMAC 并没有加密数据，而只是计算了消息验证码。GMAC 很容易实现并行化，这对高速应用而言是非常具有吸引力的。RFC 4543[119]给出了 GMAC 在 IPsec Encapsulating Security Payload(ESP)和验证头部(AH)中使用的描述。RFC 描述了在 IPsec ESP 和 AH 内使用 GMAC 中的 AES 提供数据来源验证的方式。使用硬件实现 GMAC 会非常高效，并可以到达 10Gb/s 甚至更高的速度。

12.5 讨论及扩展阅读

基于分组密码的 MAC 从历史可以看出，基于分组密码的 MAC 一直是构建消息验证码的主流方法。早在 1977 年，即在数据加密标准(DES)公布之后的几年，专家就建议使用 DES 来计算密码学校验和[39]。在接下来的几年，基于分组密码的 MAC 在美国标准化，并因为保证了金融交易的完整性而变得流行，可以参照 ANSI X9.17 标准[3]。最近，NIST 推荐描述了基于对称密钥分组密码的消息验证码算法(CMAC)，它与 CBC-MAC 类似。RFC 4493[159]对 AES-CMAC 算法进行了描述。

本章介绍了 CBC-MAC；除 CBC-MAC 外，还有 OMAC 和 PMAC，这两者都是使用分组密码构建的。CBC-MAC 计数器模式是一种验证加密模式，根据定义它应该与 128 位的分组密码一起使用[173]。关于 CBC-MAC 计数器模式的详细描述可以参照 NIST 推荐[64]。GMAC 结构在 IPSec[119]和分组密码模式操作的 NIST 推荐中进行了标准化。

基于哈希函数的 MAC HMAC 结构最初是在 Crypto 1996 年的会议上提出的。此方案最通俗易懂的描述可以在[15]中找到。之后，HMAC 成为一个 Internet RFC，并迅速在很多 Internet 安全协议中广泛应用，包括 TLS 和 IPsec。在这两种情况中，HMAC 都保护了消息在传输过程中的完整性。HMAC 经常与哈希函数 SHA-1 和 MD5 一起使用，关于它与 RIPEMD 一起使用的方法也总是被讨论。看上去，使用更高级的哈希函数，比如 SHA-2 和 SHA-3，将产生更多的 HMAC 结构。

其他 MAC 结构 另一种消息验证码基于 universal hashing，称为 UMAC。UMAC 是由正式安全分析支持的，唯一的内部密码学组件就是用于生成伪随机 pad 和内部密钥材料的分组密码。Universal 哈希函数长用来生成固定长度的短哈希值。然后将这个哈希值与来自密钥的伪随机 pad 进行异或操作。Universal 哈希函数是为了快速软件实现而专门设计的(即与在当代处理器上每个字节一个周期一样慢)，并且主要基于 32 位和 64 位数字的加法，和 32 位数字之间的乘法。基于 Wegman 和 Carter 提出的初始想法，人们提出了大量的方案，比如方案 Multilinear-Modular-Hashing(MMH)和 UMAC[89，23]。

12.6 要点回顾

- MAC 使用对称技术，并提供了消息完整性和消息验证两种安全服务。MAC 在协议中也得到广泛使用。
- 数字签名也提供了这两种安全服务，但是 MAC 会更快。
- MAC 不提供不可否认性。

- 实际中的 MAC 要么基于分组密码，要么基于哈希函数。
- HMAC 是一种非常主流的 MAC，它应用于许多实际协议，比如 TLS 中。

12.7 习题

12.1 我们已经看到 MAC 可以用于验证消息。我们想利用这个问题讨论这两个协议之间的差别——一个使用 MAC；另一个使用数字签名。在这两个协议中，发送方都执行以下操作：

(1) 协议 A：

$$y = e_{k_1}[x \,\|\, h(k_2 \,\|\, x)]$$

其中 x 是消息，$h()$ 是诸如 SHA-1 的哈希函数，e 为私钥加密算法，"$\|$"表示简单的字符串连接，k_1 和 k_2 是只有发送方和接收方知道的密钥。

(2) 协议 B：

$$y = e_k[x \,\|\, sig_{k_{pr}}(h(x))]$$

请写出接收方在收到 y 时执行的每个步骤(可逐条列出)。也可以根据需要画出接收方执行过程的框图。

12.2 为了抵抗基于生日悖论的攻击，哈希函数拥有足够多的输出位(比如 160 位)至关重要。为什么对 MAC 而言，诸如 80 位的较短输出长度对已足够？

在回答这个问题时，可以假设信道上传输的是消息明文 x 和它对应的 MAC：$(x, MAC_k(x))$。请详细说明 Oscar 攻击这个系统需要怎样做？

12.3 本题将研究使用加密实现完整性保护的两种方法。

(1) 假设我们使用一种综合加密和完整性保护的技术，其中密文 x 的计算方法为：

$$c = e_k(x \,\|\, h(x))$$

其中 $h()$ 是一个哈希函数。如果攻击者知道整个明文 x，则这种技术并不适合与序列密码一起进行加密。请详细解释，一个主动攻击者如何使用他/她任意选的值 x' 来替换 x，并计算使接收者正确验证消息的 c'。假设 x 和 x' 长度相同。如果加密算法使用一次一密加密，请问这种攻击是否仍然可行？

(2) 如果使用密钥化哈希函数(比如 MAC)计算校验和，请问这种攻击是否仍然可行？

$$c = e_{k_1}(x \parallel MAC_{k_2}(x))$$

假设 $e()$ 是如上的序列密码。

12.4　下面将讨论在构建一个有效 MAC 过程中的一些问题。

(1) 待验证的消息 X 由 z 个独立的分组构成，满足 $X = x_1 \parallel x_2 \parallel \ldots \parallel x_z$，其中每个 x_i 都由 $|x_i| = 8$ 位构成。输入分组将顺序地输入压缩函数中

$$c_i = h(c_{i-1}, x_i) = c_{i-1} \oplus x_i$$

最后，计算 MAC 值

$$MAC_k(X) = c_z + k \bmod 2^8$$

其中，k 为 64 位长的共享密钥。请详细描述仅使用一个已知消息 X 计算密钥 k(或密钥 k 的有效部分)的步骤。

(2) 使用下面的参数执行这种攻击，并确定密码 k：

$$X = \text{HELLO ALICE!}$$
$$c_0 = 11111111_2$$
$$MAC_k(X) = 10011101_2$$

(3) k 的有效密钥长度是多少？

(4) 尽管这个 MAC 使用了两个不同的操作 ($[\oplus, 2^8]$ 和 $[+, 2^8]$)，但这种基于 MAC 的签名仍然具有非常大的缺点。这种设计属性归咎于什么原因？在构建密码学系统时，需要注意的是什么？这个核心属性也适用于分组密码和哈希函数！

12.5　理论上说，MAC 也容易受冲突攻击。下面来讨论一下这个问题。

(1) 假设 Oscar 找到两个消息之间的冲突，即

$$MAC_k(x_1) = MAC_k(x_2)$$

请写出一个容易受到基于冲突攻击的简单协议。

(2) 尽管生日悖论仍然可以用来构建冲突,为什么实际情况中构建 MAC 的生日悖论比构建哈希函数的 MAC 要更复杂？因为事实如此：与输出为 80 位的哈希函数相比，输出为 80 位的 MAC 提供的安全性是怎样的？

第 **13** 章

密钥建立

运用我们目前已学习的密码学机制，尤其是对称加密和非对称加密、数字签名和消息验证码(MAC)，理解基本的安全服务会较为简单(比照 10.1.3 节):

 本章主要内容包括

- 保密性(使用加密算法)
- 完整性(使用 MAC 或数字签名)
- 消息验证(使用 MAC 或数字签名)
- 不可否认性(使用数字签名)

同样，使用基于标准密码学基元的协议也可以实现身份标识。

然而到目前为止，我们介绍的所有密码学机制都假设参与方(比如 Alice 和 Bob)之间可以合理地进行密钥分配。实际上，密钥建立任务才是安全系统中最重要也是最困难的部分。本书已经介绍了几种分配密钥的方法，尤其是 Diffie-Hellman 密钥交换。而本章将介绍更多在远程双方之间建立密钥的方法。本章主要探讨以下几个重要问题:

- 使用对称密码体制建立密钥的方法
- 使用公钥密码体制建立密钥的方法
- 公钥技术在密钥分配上仍然具有缺点的原因
- 什么是证书以及如何使用证书
- 公钥基础结构的作用

13.1　引言

本节将介绍一些术语、密钥刷新的一些想法和一个非常基础的密钥分配方案。后者对本章后面将要介绍的更高级方法具有很大的启发作用。

13.1.1　一些术语

大致来讲，密钥建立所做的就是在两个或多个参与方之间建立一个共享密钥。密钥建立方法可以分为密钥传输和密钥协商两种，如图 13-1 所示。密钥传输协议指的是一方将保密值安全地传输给其他方的一种技术。在密钥协商协议中，双方(或多方)得到的密码是所有参与方一起协商得到的。理想情况下，没有任何一个参与方可以控制最后得到的联合值。

图 13-1　密钥建立方案的分类

密钥建立本身就与身份标识紧密相连。比如在未授权用户的攻击中，未授权的用户想伪装成 Alice 或 Bob 加入密钥建立协议中，企图与其他参与方一起建立一个私钥。为了防止这种攻击，每个参与方都必须确认其他实体的身份。所有的这些问题都将在本章中进行阐述。

13.1.2　密钥刷新和密钥衍生

在大多数(但不是全部)安全系统中，有时也需要使用仅在有限时间内(比如在一个 Internet 连接内)有效的密码学密码。这样的密码也称为会话密钥或临时密钥。限制密码学密钥的使用时长具有几个优势，其中最主要的一个优势就是，如果密码泄露了，引发的危害也比较小。同时，攻击者得到的使用该密钥生成的可用密文会更少，这也使得密码学攻击变得更困难。此外，如果攻击者对解密更多明文感兴趣，他就不得不恢复若干个密钥。现实社会中需要频繁生成会话密钥的例子包括 GSM 手机中的语音加密和付费 TV 卫星系统中的视频加密。在这两个情况中，几分钟甚至几秒钟内就会生成新的密钥。

密钥刷新的安全优势非常明显。但现在的问题是，如何实现密钥更新？第一个方法就是简单地使用本章已经介绍多遍的密钥建立协议。但是，下面将看到密钥建立总需要一些开销，尤其是额外的通信连接和计算。尤其在计算非常复杂的公钥算法中，后者也成立。

密钥更新的第二个方法就是使用已经建立的联合私钥衍生出新的会话密钥。这个方法的理论思想就是使用图 13-2 中所示的密钥衍生函数(KDF)。这个方法的典型特征就是，用户 Alice 与 Bob 之间的联合密钥 k_{AB} 和非密参数 r 是一起处理的。

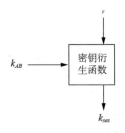

图 13-2　密钥衍生的基本原理

密钥衍生的一个重要特征就是它必须是单向函数。如果会话密钥中的任何一个泄露了，攻击者就能计算出所有其他的会话密钥，而单向属性可以防止攻击者推断出 k_{AB}。

实现密钥衍生函数的一个可能方法就是其中一方发送一个 nonce(即仅使用一次的数值)给其他方。双方使用共享的对称密钥(比如 AES)和共享密钥 k_{AB} 对 nonce 进行加密。对应的协议显示如下：

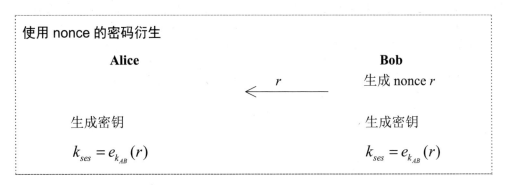

另一种加密 nonce 的方法就是将它与 k_{AB} 一起进行哈希，而实现这种哈希的一个方法就是双方都将 nonce 作为"消息"执行 HMAC 计算：

$$k_{ses} = HMAC_{k_{AB}}(r)$$

除发送 nonce 外，Alice 和 Bob 也可以定期加密一个计数器 cnt，得到的密文又一次形成了会话密钥：

$$k_{ses} = e_{k_{AB}}(cnt)$$

或计算计数器的 HMAC：

$$k_{ses} = HMAC_{k_{AB}}(cnt)$$

使用计数器可以为 Alice 和 Bob 节省一个通信会话，因为与基于 nonce 的密钥衍生情况不同，这种情况不需要传输值。然而，这个结论只有在双方都知道下一次密钥衍生发生时间的情况下才成立；否则，需要一个计数器同步消息。

13.1.3　n^2 密钥分配问题

到目前为止，我们一直假设对称算法所需的密钥都是通过"安全信道"进行分配的，正如本书的图 1-5 所示。这种分配密钥的方式有时也称为密钥预分配或带外传输，因为它通常包含一个不同的通信模式(或通信带)，比如通过电话线或信函传输密钥。尽管这种方式看上去有些笨拙，但在某些特殊的情况中，这种方式非常有用，在通信参与方不是很多时尤其如此。然而，即使一个网络中的实体数目只是中等大小，密钥预分配也很快就会达到其极限，这就是著名的 n^2 密钥分配问题。

假设一个网络中拥有 n 个用户，并且每个用户都可以以一种安全的方式彼此进行通信，即如果 Alice 想与 Bob 进行通信，他们就共享一个密钥 k_{AB}，而则个密钥是只有 Alice 和 Bob 知道，其他 n-2 个参与方都不知道。图 13-3 显示了网络中拥有 $n = 4$ 个参与者的情况。

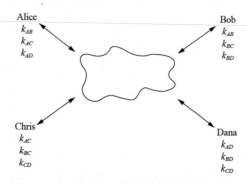

图 13-3　拥有 $n = 4$ 个用户的网络中的密钥

我们可以把这个简单方案中的几个特征延伸到拥有 n 个用户的网络中：
- 每个用户需要存储 $n - 1$ 个密钥。
- 网络中总共有 $n(n-1) \approx n^2$ 个密钥。

- 网络中总共有 $n(n-1)/2 = \binom{n}{2}$ 个对称密码对。

- 如果一个新用户加入到这个网络中，为了上传新密钥，此用户需要与其他每个用户都建立一个安全信道。

如果网络中用户数量增加了，这些观察后果就难如人意。第一个缺点就是系统中密码的数量大概为 n^2。即使对中等大小的网络而言，这个数目都会变得非常大。所有这些密钥都必须在同一个地方安全地生成，这通常是某种可信授权机构。另一个缺点在实际中通常表现得更加严重，就是系统中每增加一个新的用户时，所有已存在的用户都需要更新密钥。因为每次更新都需要一个安全信道，而这是非常累赘的。

示例 13.1 一个拥有 750 名员工的中等规模的公司想利用对称密钥建立一个安全的电子邮件通信。为此，必须生成 $750 \times 749/2 = 280\,875$ 个对称密码对，而且需要使用安全信道分配 $750 \times 749 = 561\,750$ 个密码。此外，如果第 751 个员工加入此公司，所有其他的 750 名员工都必须接收到一个密码更新。这意味着需要建立 751 个安全信道(750 名已存在的员工和新来的一个员工)。

◇

显然，这个方法对大型网络并不适用。然而，实际中也有很多情况是(i)用户的数目很小，并且(ii)用户不会频繁更改。其中一个示例就是拥有比较少办事处的公司，而且办事处之间都需要安全的通信。此外，此公司不会频繁地增加新办事处，并且如果真的需要增加新办事处，向所有已存在的办事处上传新的密钥也是可以容忍的。

13.2 使用对称密钥技术的密钥建立

对称密码可以用来建立保密的(会话)密钥。这个结论有点令人惊讶，因为本书大部分都假设对称密码本身都需要使用安全的信道建立密钥。然而，事实证明：在很多情况下当一个新用户加入网络时，一个安全信道已经足够。实际中的计算机网络通常很容易实现这一点，因为握手阶段不管怎样都需要(可信的)系统管理员亲自手动地去安装私钥。在类似手机的嵌入式设备中，安全信道通常是在制造过程中就给出了，即设备在工厂"加工"时就已经加载了私钥。

下面将介绍的所有协议都执行密钥传输，而不执行密钥协商。

13.2.1 使用密钥分配中心的密钥建立

下面提出的协议都依赖于密钥分配中心(KDC)。KDC 是一个服务器，它与每个用户都共享一个密钥，并且所有用户都完全信任它。这个密钥也称为密钥加密密钥(KEK)，它用来将会话密钥安全地传输给其他用户。

1. 基本协议

一个必要的先决条件就是，每个用户 U 与密钥分配中心共享一个唯一的密钥 KEK k_U，而 k_U 是通过安全信道预分配的。如果一个通信方向 KDC 申请一个安全会话，比如 Alice 想与 Bob 进行通信，将会发生什么？这个方法的有趣之处在于，KDC 加密的是 Alice 和 Bob 最终使用的会话密钥。在基本协议中，KDC 为 Alice 和 Bob 分别生成了两个消息 y_A 和 y_B：

$$y_A = e_{k_A}(k_{ses})$$

$$y_B = e_{k_B}(k_{ses})$$

每个消息都包含使用两个密钥之一进行加密的会话密钥。此协议的形式为：

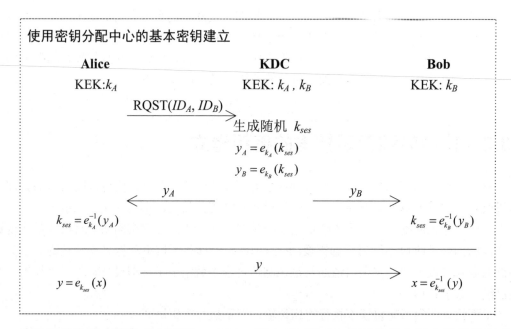

使用密钥分配中心的基本密钥建立

此协议首先请求消息 RQST(ID_A, ID_B)，其中 ID_A 和 ID_B 表示的是会话中涉及的用户。

实际的密钥建立协议是按照图中的上面所示部分按顺序执行的。例如，实线下面的部分显示了 Alice 和 Bob 使用会话密钥彼此安全地进行通信的方式。

需要注意的是，这个协议包含了两种类型的密钥。KEK k_A 和 k_B 为不会更改的长期密钥。会话密钥 k_{ses} 是一个频繁更改的临时密钥，理想情况下，此密钥在每次通信会话时都会改变。为了更直观地理解这个协议，你可以把预分配的 KEK 看做是在 KDC 与每个用户之间形成了一个秘密信道。这种解释方式使得协议会更直观：KDC 只是通过两条单独的秘密信道将会话密钥发送给 Alice 和 Bob。

由于 KEK 是长期密钥，而会话密钥的生命周期通常很短；实际中这两个密钥通常会与不同的加密算法一起使用。现在考虑下面这个例子。付费电视系统通常将 AES 和长期的 KEK k_U 一起使用，进行会话密钥 k_{ses} 分配。会话密钥的生命周期可能只有一分钟。会话密码和快速序列密码一起可以用来加密实际明文(在本例中指的是数字 TV 信号)。为了保证实时解密，通常需要使用序列密码。这种安排的优势在于，即使会话密钥泄露了，攻击者也只能解密价值一分钟的多媒体数据。因此，与会话密钥一起使用的密码没有必要与用于会话密码分配的算法拥有相同密码学强度。换句话说，如果 KEK 的其中之一泄露了，窃听者就可以解密所有之前的和将来的流量。

可以对上面的协议进行修改，使它们可以节省一个通信会话。这个修改为：

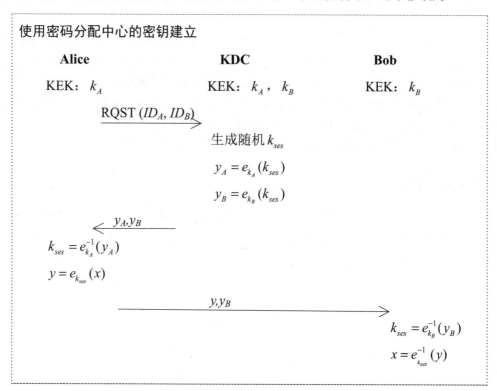

使用密码分配中心的密钥建立

Alice	**KDC**	**Bob**
KEK：k_A	KEK：k_A，k_B	KEK：k_B

$\xrightarrow{\text{RQST }(ID_A, ID_B)}$

生成随机 k_{ses}

$y_A = e_{k_A}(k_{ses})$

$y_B = e_{k_B}(k_{ses})$

$\xleftarrow{\quad y_A, y_B \quad}$

$k_{ses} = e_{k_A}^{-1}(y_A)$

$y = e_{k_{ses}}(x)$

$\xrightarrow{\qquad\qquad y, y_B \qquad\qquad}$

$k_{ses} = e_{k_B}^{-1}(y_B)$

$x = e_{k_{ses}}^{-1}(y)$

Alice 收到的会话密钥是使用 KEK，k_A 和 k_B 一起加密的。Alice 可以从 y_A 中计算会话密钥 k_{ses}，然后用此密钥来加密她想发送给 Bob 的实际消息。此协议的有趣之处在于，Bob 接收到了加密后的消息 y 和 y_B。为了恢复计算 x 所需的会话密钥，他需要解密 y_B。

这两种基于 KDC 的协议都拥有的优势在于：这种系统中仅拥有 n 个长期对称密钥对，这与前面遇到的大概需要 $n^2/2$ 个密钥对的简单方案不同。KDC 仅需要存储 n 个长期 KEK，而每个用户只用存储他/她自己的 KEK。最重要的是，当新用户 Noah 加入网络时，只需在 KDC 和 Noah 之间建立一次安全信道来分配 KEK k_N 即可。

2. 安全性

尽管这两种协议都可以抵抗消极攻击者，即攻击者只窃听不篡改消息，但却无法防御攻击者主动操纵消息并创建伪造消息的攻击。

重演攻击　这个协议的一个缺点就是可能会有重演攻击。这种攻击利用的事实是：Alice 和 Bob 都无法确定他们收到的加密后的会话密钥是不是一个新的密钥。如果重复使用旧密钥，则违反了密钥刷新原理，因为旧的会话密钥一旦泄露会带来非常严重的后果。如果旧密钥通过黑客泄露了，或因为密码分析技术的进步导致旧密钥使用的加密算法变得不再安全，这种情况就会发生。

如果 Oscar 得到了前一个会话密钥，他就可以伪装成 KDC 分别向 Alice 和 Bob 重新发送旧消息 y_A 和 y_B。由于 Oscar 知道会话密钥，他可以解密 Alice 或 Bob 加密的密文。

密钥确认攻击　以上协议的另一个缺点就是，Alice 无法确保她收到的来自 KDC 的密钥材料真的是用于她和 Bob 之间的会话。这个攻击假设 Oscar 也是一个合法的(但心怀恶意的)用户。Oscar 可以通过更改会话-请求消息欺骗 KDC 和 Alice，在他自己和 Alice 之间建立会话，而不是在 Alice 和 Bob 之间建立会话。攻击方式如下：

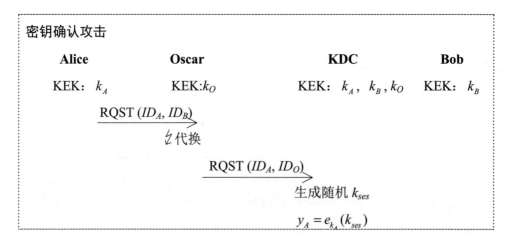

$$y_O = e_{k_O}(k_{ses})$$

$$\xleftarrow{\quad y_A, y_O \quad}$$

$$k_{ses} = e_{k_A}^{-1}(y_A)$$

$$y = e_{k_{ses}}(x)$$

$$\xrightarrow{\quad y, y_O \quad}$$

截获

$$k_{ses} = e_{k_O}^{-1}(y_O)$$

$$x = e_{k_{ses}}^{-1}(y)$$

这个攻击的要点在于：KDC 认为 Alice 请求的是她自己和 Oscar 之间的会话密钥，而她实际上是想与 Bob 进行通信。Alice 认为被加密的密钥"y_O"是"y_B"，即会话密钥是使用 Bob 的 KEK k_B 进行加密的(注意，如果 KDC 将头部 ID_O 放在 y_O 前面，而 y_O 与 Oscar 相关联，那么 Oscar 就可以很容易地将该头部更改为 ID_B。)换言之，Alice 无法知道 KDC 已经为她和 Oscar 准备了会话；相反，她仍然认为她正在与 Bob 建立会话。Alice 会继续使用这个协议，并将她的实际消息加密为 y。如果 Oscar 截获了 y，则他就可以对其解密。

这种攻击的根本问题就是未确认密钥。如果提供了密钥确认机制，则 Alice 就可以确保只有 Bob 知道这个会话密钥，而其他人都不知道。

13.2.2 Kerberos

可以抵抗重演攻击和密钥确认攻击的一种更高级协议就是 Kerberos。实际上，Kerberos 不仅是一个密钥分配协议；它的主要目的是在计算机系统中提供用户验证。Kerberos 于 1993 年标准化为 RFC 1510，并被广泛使用。Kerberos 也基于 KDC，在 Kerberos 术语中，它称为"验证服务器"。首先来看此协议的一个简化版本。

使用 Kerberos 简化版本的密钥建立

Alice	KDC	Bob
KEK：k_A	KEK：k_A，k_B	KEK：k_B
生成 nonce r_A		

$$\xrightarrow{\quad RQST(ID_A, ID_B, r_A) \quad}$$

生成随机
生成生存期 T

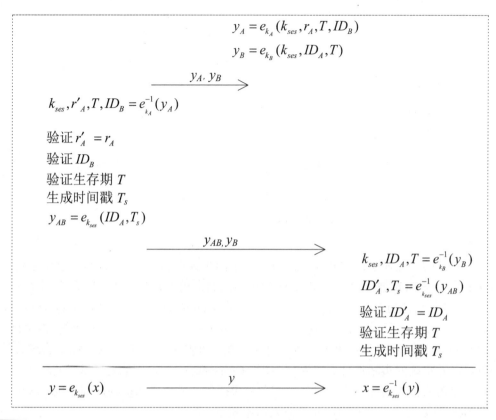

$$y_A = e_{k_A}(k_{ses}, r_A, T, ID_B)$$
$$y_B = e_{k_B}(k_{ses}, ID_A, T)$$

$\xrightarrow{\quad y_A, y_B \quad}$

$$k_{ses}, r'_A, T, ID_B = e_{k_A}^{-1}(y_A)$$

验证 $r'_A = r_A$

验证 ID_B

验证生存期 T

生成时间戳 T_s

$$y_{AB} = e_{k_{ses}}(ID_A, T_s)$$

$\xrightarrow{\quad y_{AB}, y_B \quad}$

$$k_{ses}, ID_A, T = e_{k_B}^{-1}(y_B)$$
$$ID'_A, T_s = e_{k_{ses}}^{-1}(y_{AB})$$

验证 $ID'_A = ID_A$

验证生存期 T

生成时间戳 T_s

$y = e_{k_{ses}}(x)$ $\xrightarrow{\quad y \quad}$ $x = e_{k_{ses}}^{-1}(y)$

Kerberos 使用两种措施来确保协议的时效性。首先，KDC 指明了会话密钥的生存期 T，并且使用两个会话密钥对生存期进行加密，即生存期包含在 y_A 和 y_B 中。因此，Alice 和 Bob 都知道会话密钥可供使用的周期。其次，Alice 使用了时间戳 T_s，Bob 利用这个时间戳就可确定 Alice 的消息是最新的，而不是重演攻击的结果。而要实现这个目的，Alice 和 Bob 的系统时钟必须同步，但不用非常高的精确度。一般的精度是在几分钟的范围内。生存期参数 T 和时间戳 T_s 的使用可以防止 Oscar 的重演攻击。

同样重要的是 Kerberos 提供了密钥确认和用户验证机制。初始阶段 Alice 向 KDC 发送一个随机 nonce r_A。这个过程可以看做是一个质询，因为她对 KDC 使用联合 KEK k_A 对其进行加密表示质询。如果返回的质询值 r'_A 与发送的匹配，则 Alice 就可以确认消息 y_A 的确是 KDC 发送的。这种验证用户的方法质询-应答协议，并被广泛用于智能卡的验证等。

通过在 y_A 中包含 Bob 的身份 ID_B，Alice 就可确认此会话密钥的确是她自己与 Bob 之间的会话密钥。而在 y_B 和 y_{AB} 中包含 Alice 的身份 ID_A，Bob 就可验证(i)KDC 包含了他与 Alice 之间连接的会话密钥；(ii)他目前的确正在与 Alice 进行会话。

13.2.3 使用对称密钥分配的其他问题

尽管 Kerberos 可以很好地保证使用的密钥是正确的，而且用户是经过验证的，但从目前的讨论来看，这个协议仍然存在一些缺点。下面将介绍基于 KDC 方案存在的其他常见问题。

通信要求 实际中存在的一个问题就是，网络中任何两方想要发起一个新的安全会话时，都需要与 KDC 进行通信。尽管这是一个性能问题而不是安全问题，但对拥有大量用户的系统而言，这会是一个严重障碍。在 Kerberos 中，人们可以通过增加密钥的生存期 T 缓解这个潜在的问题。实际上，Kerberos 可以处理几万个用户的情况；但将这种方法按比例扩充到"所有"Internet 用户将会是个问题。

初始化时的安全信道 如前所述，每当一个新用户加入网络时，所有基于 KDC 的协议都需要一个安全信道来传输用户的密钥加密密钥。

单故障点 所有基于 KDC 的协议(包括 Kerberos)都具有单点故障的安全缺陷，即包含密钥加密密钥(KEK)的数据库。如果 KDC 泄露了，整个系统中所有的 KEK 都会失效，并且需要使用 KDC 与每个用户之间的安全信道重新建立。

没有完美前向保密性 如果任何一个 KEK 泄露了，比如通过黑客或运行在用户计算机上的木马软件泄露，后果都非常严重。首先，所有未来的通信都可以被窃听的攻击者解密。例如，如果 Oscar 得到了 Alice 的 KEK k_A，他就可以从 KDC 发送的所有消息 y_A 中恢复出会话密钥。更严重的是，如果 Oscar 存储了旧的消息 y_A 和 y，他就可以解密过去所有的通信。尽管 Alice 可以立即意识到她的 KEK 已经泄露了，也可以立即停止使用这个 KEK，但她不能阻止 Oscar 解密她以前的通信。在长期密钥已泄露的情况下一个系统是否脆弱是安全系统非常重要的一个特征，并且有一个专门术语对其进行描述：

定义 13.1 如果长期密钥的泄露不会允许攻击者获得之前的会话密钥，则说明这个密码学协议拥有完美前向安全性(PFS)。

前面提到的 Kerberos 和简单协议都不提供 PFS。确保 PFS 的主要机制就是使用公钥技术，这将在下面予以介绍。

13.3 使用非对称密钥技术的密钥建立

公钥算法非常适合于密钥建立协议，因为大多数对称密钥方法具有的缺点它都不具有。实际上，密钥建立是公钥方案的另一个主要应用领域，仅次于数字签名。密钥建立协议既可以用来实现密钥传输，也可以用来实现密钥协商。对后者而言，经常使用的是 Diffie-Hellman 密钥交换、椭圆曲线 Diffie-Hellman 或相关协议。对密钥传输而言，任何一种公钥加密方案都可以，比如 RSA 或 Elgamal。回顾前面的内容可知，公钥基元的计算相当慢，正因为这个原因，在使用非对称技术建立起密钥后，实际数据加密通常是使用诸如 AES 或 3DES 的对称基元完成的。

此时看上去公钥方案似乎解决了所有密钥建立问题。然而事实证明，公钥的分配都需要所谓的已验证信道。本章剩余部分将重点解决已验证的公钥分配问题。

13.3.1 中间人攻击

中间人攻击是针对公钥算法的一个严重攻击[1]。此攻击的基本思想就是，对手 Oscar 将其他参与者发送出来的公钥替换为他自己的公钥。在没有公钥验证时，这种方法是可能的。中间人攻击(MIM)对非对称密码学有深远的影响。本文将以针对 Diffie-Hellman 密钥交换 (DHKE)的 MIM 攻击为例进行阐述。然而尤其需要牢记于心的是，除非公钥使用类似证书的机制进行了保护，否则中间人攻击对任何非对称方案都是可行的。关于证书的内容将在第 13.3.2 节进行讨论。

回顾一下，DHKE 允许从未见面的两方通过在一个不安全信道上交换消息达成一个共享密钥。为了方便起见，这里将重新回顾 DHKE 协议：

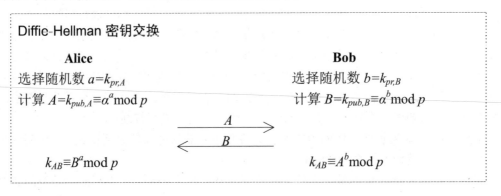

正如 8.4 节所述，如果仔细地选择参数，尤其是素数 p 的长度大于等于 1024 位，则 DHKE 可以抵抗窃听，即消极攻击。下面考虑对手不仅仅在信道上窃听的情况，而是 Oscar 也可以通过拦截、更改和生成消息等主动地参与到消息交换中。MIM 攻击背后的思想就是 Oscar 用自己的密钥替换了 Alice 和 Bob 的公钥。此攻击的过程为：

---

1. 请不要将"中间人攻击"与"中间相遇攻击"混为一谈。尽管它们发音类似，但"中间相遇攻击"完全不同，它指的是针对分组密码的攻击，在第 5.3.1 节中已介绍。

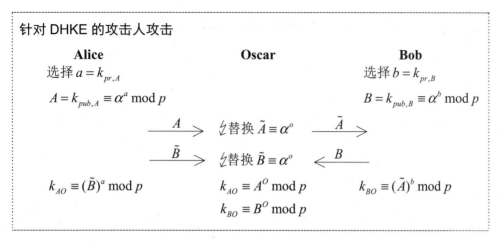

下面来看一下三个参与者 Alice、Bob 和 Oscar 计算的密钥。Alice 计算的密钥为：

$$k_{AO} = (\tilde{B})^a \equiv (\alpha^o)^a \equiv \alpha^{oa} \bmod p$$

这与 Oscar 计算的密钥 $k_{AO} = A^o \equiv (\alpha^a)^o \equiv \alpha^{ao} \bmod p$ 相同。同时，Bob 计算的密钥为：

$$k_{BO} = (\tilde{A})^b \equiv (\alpha^o)^b \equiv \alpha^{ob} \bmod p$$

它与 Oscar 的密钥 $k_{BO} = B^o \equiv (\alpha^b)^o \equiv \alpha^{bo} \bmod p$ 也相同。请注意，Oscar 发出去的两个恶意密码 $\tilde{A}$ 和 $\tilde{B}$ 实际上是相同的。这里使用不同的名字仅仅是为了强调这个事实：Alice 和 Bob 认为他们收到了对方的公钥。这个攻击实际上是两个同时执行的 DHKE，一个是在 Alice 与 Oscar 之间，另外一个是在 Bob 与 Oscar 之间。结果，Oscar 与 Alice 建立了一个联合密钥，表示为 k_{AO}；同时与 Bob 建立了另一个联合密钥，表示为 k_{BO}。然而，Alice 和 Bob 都不知道与他们共享密钥的不是对方，而是 Oscar！但是他们都认为自己已经计算出了联合密钥 k_{AB}。

从这里开始，Oscar 可以控制 Alice 与 Bob 之间的加密通信。下面这个例子显示了 Oscar 在 Alice 和 Bob 不知情的情况下读取加密消息的方式：

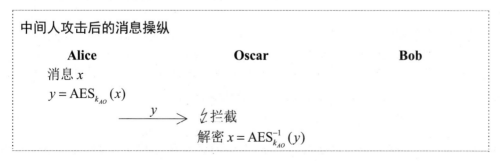

$$\text{重新加密 } y' = \text{AES}_{k_{BO}}(x)$$

$$\xrightarrow{\quad y' \quad}$$

$$\text{解密 } x = \text{AES}_{k_{BO}}^{-1}(y')$$

为便于说明，假设使用的加密算法是 AES。当然，也可使用其他任意对称密码。请注意，Oscar 现在不仅可以读取密文 x，还能在使用 k_{BO} 对消息重新加密前对其进行修改。如果消息 x 是一份金融交易，这将带来非常严重的后果。

13.3.2 证书

中间人攻击的根本问题是没有对公钥进行验证。回顾第 10.1.3 节可知，消息验证可以确保消息的发送者是可信的。然而，在这个例子中 Bob 收到的公钥应该是 Alice 的，但是他无法确认此公钥是不是真的是 Alice 的。为了清楚说明这个问题，我们需要查看一下实际用户 Alice 的密钥形式：

$$k_A = (k_{pub,A}, ID_A),$$

其中，ID_A 是身份信息，比如 Alice 的 IP 地址或她的名字与出生日期。然而，真正的公钥 $k_{pub,A}$ 仅仅是一个长度为比如 2048 位的二进制字符串。如果 Oscar 发起 MIM 攻击，他可将密钥改为：

$$k_A = (k_{pub,O}, ID_A) 。$$

由于除了匿名实际位串外，其他什么都没有改变，所以接收者无法检测到这个消息实际上来自于 Oscar。这个关注点有着深远的意义，可以描述为：

尽管公钥方案不需要安全信道，但它们需要使用验证的信道进行公钥分配。

同样，这里需要强调的是，MIM 攻击不局限于 DHKE，而是对任何非对称加密方案都适用。MIM 攻击的方式都是一样的：Oscar 拦截发出的公钥，并用自己的公钥将其替换。

公钥的可靠分配问题是现代公钥密码学的核心。解决密钥验证问题的方法有若干种，其中最主要机制就是使用证书。而使用证书的思想非常简单：由于主动攻击者破坏了消息 $(k_{pub,A}, ID_A)$ 的真实性，我们可以使用提供身份验证的密码学机制[2]。更确切地讲，我们使用了数字签名。因此，用户 Alice 的证书对应的最基本的形式为：

---

2. MAC 也提供验证，理论上是可以用来验证公钥的。然而，由于 MAC 本身就是对称算法，所以，MAC 密钥的分配就需要安全信道，进而拥有了相关的缺点。

$$\text{Cert}_A = [(k_{pub,A}, ID_A), \text{sig}_{k_{pr}}(k_{pub,A}, ID_A)]$$

证书的思想为：证书的接收者在使用公钥前可以对签名进行验证。从第 10 章可知，签名可以防止被签名的消息——在本例中为结构 $(k_{pub,A}, ID_A)$——被篡改。如果 Oscar 试图将 $k_{pub,A}$ 替换为 $k_{pub,O}$，则会被检测到。因此可以说，证书将某个用户的身份标识与他们的公钥进行了绑定。

证书要求接收者拥有正确的验证密钥，这个验证密钥就是公钥。如果我们想使用 Alice 的公钥，也将面临与目前试图解决的相同问题。相反，证书的签名是由可信的第三方发行提供的。这个第三方也称为证书颁发机构，简称为 CA。CA 的任务就是为系统中的所有用户生成和颁发证书。在生成证书时需要区分两种主要情况。在第一种情况中，用户计算她自己的非对称密钥对，并仅需要 CA 对公钥进行签名，如下面简单协议中名叫 Alice 的用户的行为：

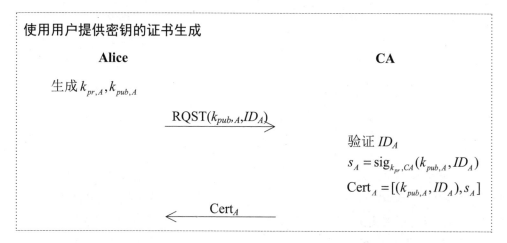

从安全角度来看，第一个事务至关重要，必须保证 Alice 的消息 $(k_{pub,A}, ID_A)$ 是通过一个已验证的信道传输的。否则 Oscar 就可以按 Alice 的名义申请证书。

实际上，这通常具有优势，CA 不仅对公钥进行签名，还生成每个用户的公钥-私钥对。这种情况下的基本协议为：

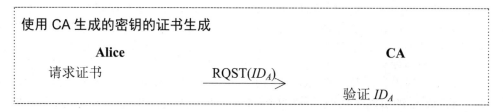

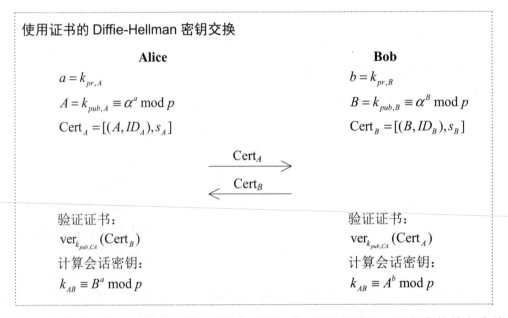

$$\text{生成 } k_{pr,A}, \quad k_{pub,A}$$

$$s_A = \text{sig}_{k_{pr,CA}}(k_{pub,A}, ID_A)$$

$$\text{Cert}_A = [(k_{pub,A}, ID_A), s_A]$$

$$\xleftarrow{\text{Cert}_A, k_{pr,A}}$$

第一次传输需要一个已验证的信道。换句话说，CA 必须确保发出该证书请求的确是 Alice，而不是以 Alice 的名义发出请求的 Oscar。包含 ($\text{Cert}_A, k_{pr,A}$) 的第二次传输更敏感，因为发送私钥时需要的是已验证且安全的信道。实际上，可能是通过 CD-ROM 邮件寄的证书。

在进一步详细讨论 CA 前，我们首先来看一下使用证书保护的 DHKE：

使用证书的 Diffie-Hellman 密钥交换

Alice	**Bob**
$a = k_{pr,A}$	$b = k_{pr,B}$
$A = k_{pub,A} \equiv \alpha^a \bmod p$	$B = k_{pub,B} \equiv \alpha^B \bmod p$
$\text{Cert}_A = [(A, ID_A), s_A]$	$\text{Cert}_B = [(B, ID_B), s_B]$

$$\xrightarrow{\text{Cert}_A}$$

$$\xleftarrow{\text{Cert}_B}$$

验证证书：	验证证书：
$\text{ver}_{k_{pub,CA}}(\text{Cert}_B)$	$\text{ver}_{k_{pub,CA}}(\text{Cert}_A)$
计算会话密钥：	计算会话密钥：
$k_{AB} \equiv B^a \bmod p$	$k_{AB} \equiv A^b \bmod p$

这里非常重要的一点就是证书的验证。显然，如果没有验证，证书内的签名也将一无是处。从这个协议可以看出，验证过程需要 CA 的公钥，并且这个密钥必须通过已验证的信道传输，否则，Oscar 就可以发起 MIM 攻击。看上去证书的引入并没有为我们带来任何好处，因为这种情况下同样也需要一个已验证的信道！然而，与前一种情况完全不同之处在于，已验证的信道只在握手阶段需要一次。例如，公钥验证密钥当前已经包含在 PC 的软件中，比如 Web 浏览器或微软软件产品。原始软件安装时就已经提供了已验证信道，并确保该信道没有被操纵。从更抽象的角度看，这个事情非常有趣，称为信任转移。从前面没有证书的 DHKE 的例子中可以看到，Alice 和 Bob 必须直接相信双方的公钥。随着证书的引入，他们只需要相信 CA 的公钥 $k_{pub,CA}$ 即可。如果 CA 对其他公钥

进行了签名，则 Alice 和 Bob 都知道他们可以信任这些被签名的公钥，这称为信任链。

13.3.3　PKI 和 CA

CA 形成的整个实体系统与所需的支持机制一起形成了公钥基础结构，通常也称为 PKI。正如大多人所想，在现实世界中建立和运行一个 PKI 是一项非常复杂的任务。有很多问题必须解决，比如确定颁布证书的用户和 CA 密钥的可信分配等。此外，还存在不少其他现实问题，而其中最复杂的就是许多不同 CA 的存在性问题和证书的撤销问题。下面将讨论实际中使用证书系统面临的一些问题。

1. X.509 证书

实际上，证书不仅包括用户的 ID 和公钥，还包括其他很多额外的域，对应的结构非常复杂。下面来看 X.509 证书，如图 13-4 所示。X.509 证书是网络验证服务中一个非常重要的标准，它对应的证书广泛应用于 Internet 通信，比如 S/MIME、IPsec 和 SSL/TLS。

图 13-4　X.509 证书的详明结构

讨论 X.509 证书中定义的域有助于我们更好的理解现实世界中 PKI 的很多方面。下面将讨论最相关的部分：

(1) **证书算法**：证书算法指明了使用的签名算法，比如使用 SHA-1 的 RSA 或使用

SHA-2 的 ECDSA，还指明了参数(比如位长度)。

(2) **颁发者**：有很多公司和机构都可以颁发证书，这个域指明了当前证书的颁发者。

(3) **有效期**：在绝大多数情况下，公钥并不是永久证书，而只在一段时间内是证书，比如一两年内。这样做的一个原因就是，证书包含的私钥可能会泄露。

通过限制证书的有效期，攻击者可以恶意使用私钥的时间段会变得很短。限制生存期的另一个原因就是某个用户可能不存在了，尤其是公司的证书。如果证书和对应的公钥只在有限的时期内有效，将可以控制损失。

(4) **主题**：这个域包含的内容就是前面例子中的 ID_A 或 ID_B。它包含了身份信息，比如某个人或机构的名字。注意，实际的人和类似公司的实体都可以获得证书。

(5) **主题的公钥**：这里的公钥指需要证书进行保护的公钥。除二进制字符串形式的公钥外，存储的内容还包含算法(比如 Diffie-Hellman)和算法参数(比如模数 p 和本原元 α)。

(6) **签名**：此签名覆盖了证书所有其他的域。

需要注意，每个签名都包含两个公钥算法：其中一个算法的公钥受证书保护；另一个算法被证书用来签名。这两个算法和参数设置可以完全不同。例如，证书可以使用 2048 位的 RSA 算法进行签名，而证书内的公钥可以是 160 位的椭圆曲线方案。

2. 证书授权链(Chain of CA)

在理想世界中，可以只有一个 CA 为地球上的所有 Internet 用户颁发证书；但事实并不如此，在现实世界里有很多不同的实体都扮演着 CA 的角色。首先，每个国家都有他们自己的"官方"CA，主要是政府事务相关的应用所使用的证书。其次，目前有超过 50 个主要商业实体可以颁发网站使用的证书(绝大多数 Web 浏览器都预先安装了这些 CA 的公钥)。第三，许多公司会向他们自己的员工以及与其有业务往来的外部实体颁发证书。某个用户绝不可能拥有所有不同 CA 的公钥，所以另一种做法是让 CA 之间互相认证。

下面来看一个例子，其中 Alice 的证书由 CA_1 颁发，而 Bob 的证书由 CA_2 颁发。此时，Alice 只拥有她的 CA_1 的公钥，而 Bob 只有 $k_{pub,CA2}$。如果 Bob 想将他的证书发送给 Alice，Alice 无法验证 Bob 的公钥。这个场景如下：

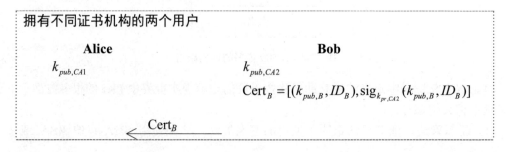

拥有不同证书机构的两个用户

Alice	**Bob**
$k_{pub,CA1}$	$k_{pub,CA2}$
	$\text{Cert}_B = [(k_{pub,B}, ID_B), \text{sig}_{k_{pr,CA2}}(k_{pub,B}, ID_B)]$

$\xleftarrow{\quad \text{Cert}_B \quad}$

现在 Alice 可以请求 CA$_2$ 的公钥，这个公钥本身就被包含在使用 Alice 的 CA$_1$ 签名的证书中：

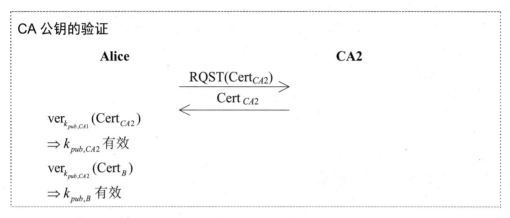

Cert$_{CA2}$ 结构包含使用 CA1 签名的 CA2 的公钥，其形式为：

$$\text{Cert}_{CA2} = [(k_{pub,CA2}, ID_{CA2}), \text{sig}_{k_{pr,CA1}}(k_{pub,CA2}, ID_{CA2})]$$

此过程最重要的结果就是 Alice 现在可以验证 Bob 的密钥。

这里发生的一系列事情就是建立了证书链。CA1 信任了使用 CA1 表示的 CA2，并用 CA1 对公钥 $k_{pub,CA2}$ 签名。现在，Alice 可以相信 Bob 的公钥，因为该公钥是使用 CA$_1$ 签名的。这种情况也称为信任链，或称为信任是可以委托的。

实际上 CA 可以是分层组织的，其中每个 CA 都可以对其下面一级的证书机构的公钥进行签名。相反，没有严格分层关系的 CA 之间可以交叉认证。

3. 证书吊销列表

实际中最主要的一个问题就是证书必须可以吊销，而最简单的原因就是存放证书的智能卡可能丢失了。另一个原因就是，如果某个人离开了某个组织，我们必须确保她不再使用颁发给她的公钥。针对这些情况的解决方案看上去很简单：只需公布一份目前无效的所有证书的列表。这个列表也叫证书吊销列表，或 CRL。通常使用证书的序列号来确定被吊销的证书。当然，CRL 也必须使用 CA 签名，否则容易受到攻击。

CLR 面临的问题就是如何将它们传输给用户。最简单的方式就是，每个用户在接收到其他用户的证书时，都去联系颁发此证书的 CA。这种方法最大的缺点就是每个会话的握手阶段都需要 CA 的涉足。这也是基于 KDC(即对称密钥)方法的最大一个缺点。基于证书的通信可以保证不需要与中央授权机构进行在线联系。

另一种替代方法就是周期性地发送 CRL。这种方法的问题就是，总存在这样一个周期，在这个周期内证书是无效的但是用户却不知道。例如，如果每天早上的 3:00(这个时间的网络拥塞程度相对较轻)发出 CRL，则不诚实的人最多拥有一天的时间，在这个时间内已被吊销的证书仍然是有效的。为了防止这种情况，可将 CRL 的更新周期缩短为比如一个小时。但是，这对网络带宽而言将是非常大的负担。这是在网络流量开销与安全性之间权衡的一个典型例子。实际中，我们必须找到一个合理的折中办法。

为将 CRL 保持在合理的大小范围，通常只会发送最后一次 CRL 广播之后的改变。这些仅更新修改的 CRL 通常也称为 delta CRL。

13.4 讨论及扩展阅读

密钥建立协议　在绝大多数现代网络安全协议中，建立密钥最常用的方法就是公钥方法。本书简要介绍了 Diffie-Hellman 密钥交换，并在第 6 章中描述了基本密钥传输协议(比照图 6-5)。实际中通常会使用相对更高级的非对称协议。然而，绝大多数非对称协议要么基于 Diffie-Hellman 协议，要么基于密钥传输协议。关于这个领域的综合概述在[33]中给出。

现在我们将列举几个通用密码学协议的例子，这些协议比基本的 Diffie-Hellman 密钥交换更受欢迎。MTI(Matsumoto-Takashima-Imai)协议是验证的 Diffie-Hellman 密钥交换的综合，并早在 1986 年就已发布。关于 MTI 的详细描述可以阅读[33]和[120]。另一个非常流行的 Diffie-Hellman 扩展就是 station-to-station 协议。它使用了证书，并提供用户验证和密钥验证。关于 STS 变体的讨论可以在[60]中找到。用于验证 Diffie-Hellman 的最新协议就是 MQV，[108]对其进行了讨论，它通常与椭圆曲线一起使用。

密钥建立协议的一个突出示例就是 Internet 密钥交换(IKE)协议。IKE 为 IPsec 提供了密钥材料，这也是 Internet 流量的"正式"安全机制。IKE 非常复杂，并提供了许多选项。然而，它的核心是 Diffie-Hellman 密钥协议与验证。验证可以使用证书或预共享密钥实现。关于 IPsec 和 IKE 的更多基础内容就是 RFC[128]，而最容易获得的资料为[161，第 16 章]。

证书和替代品　在 20 世纪 90 年代后半部分时间里，人们认为只有每个 Internet 用户都拥有一个证书才能进行安全通信，比如进行电子商务交易。那时，"PKI"是一个流行词，成立了很多提供证书和 PKI 服务的公司。然而事实证明，实现包含所有或大多数 Internet 用户的 PKI 面临着巨大的技术和实践障碍。现在的实际情况则与此相反——许多服务器使用证书进行验证，比如 Internet 零售商，而绝大多数的单个用户都没有使用证书验证。所需要的 CA 验证密钥通常都预先安装在用户的 Web 浏览器中。这种非对称的握手阶段——

服务器进行了验证，而用户没有——是可接受的，因为通常用户就是提供重要信息(比如他的信用卡账号)的人。关于 PKI 和证书方面的综合介绍在书[2]中给出了详细的介绍。[74]有趣地探讨了关于 PKI 的所谓的缺点，而对应的反驳可以在在线资源[107]中找到。

我们已经介绍了证书和公钥基础结构是验证公钥的主要方法。尽管这种分层组织的证书是应用最广泛的一种方式，但却只是可能方法中的一种。另一个概念就是可信 Web，它完全取决于参与方之间的信任关系。可信 Web 的基本思想为：如果 Alice 信任 Bob，则她应该信任 Bob 信任的所有人。这意味着在信任 Web 中的每个参与方都默认地信任自己不认识的(或者是之前也没见过的)任何一方。这样的系统最突出的例子就是 Pretty Good Privacy(PGP)和 Gnu Privacy Guard(GPG)，这两者都广泛地用于邮件签名和加密。

13.5　要点回顾

- 密钥传输协议将一个私钥安全地传输给其他参与方。
- 在密钥协商协议中，两方或多方一起协商一个共同的私钥。
- 在绝大多数常用的对称协议中，密钥交换是通过一个可信的第三方协商的。仅在握手阶段才需要第三方与每个用户之间的安全信道。
- 对称密钥建立协议不能很好地应用到拥有大量用户的网络中，而且它们也不提供完美前向保密性。
- 使用最广泛的非对称密钥建立协议就是 Diffie-Hellman 密钥交换。
- 所有非对称协议都要求公钥是经过验证的，比如使用证书。否则，中间人攻击就可能成功。

13.6　习题

13.1　在这个练习中，我们想分析密钥衍生的若干变体。在实际中，masterkey k_{MK} 通过安全的方式(比如基于证书的 DHKE)在参与方之间进行交换。之后，通常使用密钥衍生定期更新会话密钥。为此，有三种方法可供选择：

(1) $k_0 = k_{MK}$；$k_{i+1} = k_i + 1$

(2) $k_0 = h(k_{MK})$；$k_{i+1} = h(k_i)$

(3) $k_0 = h(k_{MK})$；$k_{i+1} = h(k_{MK} \| i \| k_i)$

其中 $h()$ 表示一个(安全的)哈希函数，k_i 表示第 i 个会话密钥。

(1) 这三种方法的主要区别是什么？

(2) 哪种方法提供了完美的前向保密？

(3) 假设 Oscar 获得了第 n 个会话密钥(比如，通过蛮力攻击)，他现在可以解密哪个会话(取决于所选的方法)？

(4) 如果 masterkey k_{MK} 泄露了，哪种方法仍然是安全的？请给出合理的解释。

13.2　假设在一个点到点的网络中，有 1000 个用户想在不使用中心可信第三方(TTP)的情况下，以一种可验证且保密的方式进行通信。

(1) 如果使用对称算法，总共需要多少个密钥？

(2) 如果我们引入一个中心实例(密钥分配中心，KDC)，则这些数字改变了多少？

(3) 与不使用 KDC 相比，使用 KDC 的主要优势是什么？

(4) 如果使用非对称算法，则需要多少密钥？

请区分每个用户存储的密钥与总共需要的密钥。

13.3　你需要为 KDC 选择加密算法，有两种不同的加密类型：

- $e_{k_{U,KDC}}()$，其中 U 表示任意网络代码(用户)；

- 两个用户之间用于通信的 $e_{k_{ses}}()$

你可以选择两个不同算法，即 DES 和 3DES(三重 DES)；建议对这两个加密类型使用不同的算法。对每类加密类型使用的是哪种算法？请说明自己的答案为什么是合理的，包括安全性方面和速率方面。

13.4　本题考虑的是借助 KDC 进行密钥建立的安全性。假设黑客在时间点 t_x 时，成功发起了针对 KDC 的攻击，并取得成功，即所有密钥都泄露了。并且该攻击被检测到了。

(1) 为了防止网络节点之间将来的通信被解密，需要采取哪些(实际)措施？

(2) 为了解密数据传输，攻击者在攻击前($t < t_x$)需要做哪些？这样的 KDC 系统是否提供了完美的前向保密(PFS)？

13.5　现在分析改善的 KDC 系统。与前面的问题不同，现在所有密钥 $e_{k_{U,KDC}}()$ 都在一个较短时间间隔内刷新：

- KDC 生成了一个新的(随机)密钥：$k_{U,KDC}^{(i+1)}$

- KDC 将新的密钥发送给用户 U，该密钥是用旧密钥加密的：$e_{k_{U,KDC}^{(i)}}(k_{U,KDC}^{(i+1)})$

然而，如果 KDC 的一个工作人员是腐败分子，并将 KDC 所有最近的密钥 $k_{U,KDC}^{(i)}$ 在时

间点 t_x 卖出去了，请问哪种解密仍然是可能的？我们假设，这个情况直到时间点 t_y(比如一年以后)时才被检测到。

13.6 请显示针对第 13.2.1 节中介绍的基本 KDC 协议的密钥确认攻击。请描述攻击的每一步。你画的图应该与针对第二个(修改后的)基于 KDC 的协议的密钥确认攻击相似。

13.7 请证明简化的 Kerberos 协议实际上并未提供 PFS。请说明在以下两种情况中，Oscar 如何解密过去的通信和将来的通信：
(1) Alice 的 KEK k_A 泄露了
(2) Bob 的 KEK k_B 泄露了

13.8 请将 Kerberos 协议扩展为 Alice 和 Bob 之间可以进行互相验证的协议。请解释一下为什么你的解决方法是安全的。

13.9 你的新同事对你读完本书印象深刻。你的第一个工作任务就是使用加密设计一个能够防止各种搭线盗窃攻击的数字付费 TV 系统。在密钥交换协议的选择上，可以使用模数为比如 2048 位的强壮 Diffie-Hellman 协议。然而，由于你所在的公司希望使用廉价的遗留硬件，所以数据加密算法只能选择 DES。你决定使用以下的密钥生成方法：

$$K^{(i)} = f(K_{AB} \parallel i) 。 \tag{13.1}$$

其中 f 是一个不可约多项式。
(1) 首先我们需要确定攻击者是否能以一个合理的代价(尤其指的是成本)存储整部电影。假设 TV 链路的数据率为 1Mb/s，并且我们想要保护的电影的最大长度为 2 个小时。对一个时长为 2 小时的电影而言，需要存储多少 GB($1M = 10^6$，并且 $1G = 10^9$) 的数据？这个结果可行么？
(2) 假设有个攻击者可以使用蛮力攻击在 10 分钟内找到 DES 密钥。请注意，从攻击者的角度而言这个假设太过乐观；但我们想通过考虑未来可能出现的更快速的密钥搜索来提供中期安全性。

如果我们想防止攻击者在 30 天内实现对时长为 2 小时的电影的脱机解密，请问密钥生成的频率应该为多少？

13.10 假设这样一个系统，其密钥 k_{AB} 使用 Diffie-Hellman 密钥交换协议建立，且加密密钥 $K^{(i)}$ 通过以下表达式计算得到：

$$K^{(i)} = h(K_{AB} \parallel i) \tag{13.2}$$

其中 i 只是一个整数计数器，并用 32 位的变量表示。i 的值是公开的(例如，加密方总在每个密文分组前的头部中指出所使用的 i 值)。对称算法将用得到的密钥实现实际的数据加密。在通信会话中，每 60 秒就会生成新的密钥。

(1) 假设 Diffie-Hellman 密钥交换使用的是 512 位的素数，并且加密算法为 AES。上面描述的密钥生成协议为什么不是密码学安全的？请描述 Oscar 可以发起的需要最少计算代价的攻击。

(2) 现在假设 Diffie-Hellman 密钥交换使用的是 2048 位的素数，并且加密算法为 AES。请详细描述与在 DES 中仅使用 Diffie-Hellman 密钥的系统相比，这种密钥生成方案的优势是什么？

13.11 这个问题考虑的是 Diffie-Hellman 密钥交换协议。现在假设 Oscar 针对第 13.3.1 节中介绍的密钥交换发起主动的中间人攻击。在 Diffie-Hellman 密钥交换协议中，Alice 和 Bob 分别使用的参数为 $p = 467$，$\alpha = 2$ 和 $a = 228$，$b = 57$。Oscar 使用的值为 $o = 16$。 请按照以下两种方式计算 k_{AO} 和 k_{BO} 密钥对：(i)Oscar 的计算方式；(ii)Alice 和 Bob 的计算方式。

13.12 现在考虑带证书的 Diffie-Hellman 密钥交换方案。假设有个系统拥有三个用户，即 Alice、Bob 和 Charley。Diffie-Hellman 密钥交换算法使用的参数为 $p = 61$ 和 $\alpha = 18$。三个密钥分别是 $a = 11$、$b = 22$ 和 $c = 33$；这三个 ID 分别为 ID(A)= 1，ID(B)= 2 和 ID(C)= 3。

签名生成使用的是 Elgamal 签名方案。我们申请的系统参数为 p′ = 467、d′ = 127、$\alpha′ = 2$ 和 β。CA 对 Alice、Bob 和 Charley 的签名使用的临时密钥分别为 $k_E = 213$、215 和 217(在实际中，CA 应该使用更好的伪随机数生成器得到 k_E 的值)。

为了得到证书，CA 计算 $x_i = 4 \times b_i + $ ID(i)，并将得到的结果作为签名算法的输入(给定 x_i，ID(i) 的值为 ID$(i) \equiv x_i \bmod 4$。)

(1) 计算三个证书 $Cert_A$、$Cert_B$ 和 $Cert_C$。
(2) 验证这三个证书。
(3) 计算 k_{AB}、k_{AC} 和 k_{BC} 这三个会话密钥。

13.13 假设 Oscar 试图使用以下方式，对带证书的 Diffie-Hellman 密钥交换发起主动(替换)攻击：

(1) Alice 想与 Bob 进行通信。当 Alice 接受来自 Bob 的 C(B)时，Oscar 会把这个值替换为(有效的)C(O)。如何检测这种伪造？

(2) 与第一问的场景相同：Oscar 现在只是试图将 Bob 的公钥 b_B 替换成他自己的公钥 b_O。请问如何检测这种伪造？

13.14 现在考虑使用 CA 生成的密钥生成证书。假设(Cert$_A$，$k_{pr,A}$)的第二次传输发生在一个已经验证但不安全的信道上，即 Oscar 可以读到这个消息。

(1) 请说明 Oscar 如何解密使用 Alice 和 Bob 生成的 Diffie-Hellman 密钥加密的流量。

(2) 请问 Oscar 如何在 Bob 不知情的情况下，假扮 Alice 与 Bob 一起计算 DH 密钥？

13.15　给定用户可以共享 Diffie-Hellman 参数 α 和 p 的一个用户域。每个用户的公开 Diffie-Hellman 密钥都经过 CA 进行认证。用户之间首先执行 Diffie-Hellman 密钥交换，然后使用类似 AES 的对称算法加密/解密消息，从而实现安全通信。

假设 Oscar 可以得到用于生成证书的 CA 签名算法(尤其是它的私钥)。请问 Oscar 现在能否解密在破解 CA 签名算法前他自己存储的两个用户之间交换的旧密文？请解释你的答案。

13.16　证书系统的另一个问题就是证书验证中所需的 CA 公钥的可验证分配。假设 Oscar 能完全控制 Bob 的通信，即他能修改所有来自于 Bob 或从 Bob 发出的消息。现在 Oscar 可以用他自己的公钥替换 CA 的公钥(请注意：Bob 无法验证他收到的密钥，所以他认为他收到的就是 CA 的公钥)。

(1) (证书颁发)Bob 通过发送一个包含(1)他自己的 ID $ID(B)$ 和(2)他自己的公钥 B 的请求，向 CA 申请一个证书。请准确描述 Oscar 应该怎么做，才能让 Bob 无法知道他收到的是错误的公开 CA 密钥。

(2) (协议执行)请描述 Oscar 如何使用已验证的 Diffie-Hellman 密钥交换与 Bob 建立一个会话密钥，使得 Bob 认为他仍与 Alice 一起执行协议。

13.17　请画出第 6.1 节中图 6-5 所示的密钥传输协议对应的框图，其中使用的是 RSA 加密。

13.18　请考虑一种带证书的 RSA 加密，其中 Bob 拥有 RSA 密钥。Oscar 能够向 Alice 发送一个验证密钥 $k_{pr,CA}$，而这个密钥实际上是 Oscar 的密钥。请给出 Oscar 可以解密 Alice 发送给 Bob 的加密消息的一种主动攻击。Oscar 应该发起 MIM 攻击还是仅在他自己与 Alice 之间建立一个会话呢？

13.19　PGP 是一种广泛使用的电子邮件安全方案，它能提供验证和保密性。PGP 也不要求使用证书颁发机构。请描述 PGP 的信任模型以及公钥管理实际的工作原理。

参 考 文 献

1. Michel Abdalla, Mihir Bellare, and Phillip Rogaway. DHAES: An encryption scheme based on the Diffie-Hellman problem. Available at `citeseer.ist.psu.edu/abdalla99dhaes.html`, 1999.

2. Carlisle Adams and Steve Lloyd. *Understanding PKI: Concepts, Standards, and Deployment Considerations*. Addison-Wesley Longman Publishing, Boston, MA, USA, 2002.

3. ANSI X9.17-1985. American National Standard X9.17: Financial Institution Key Management, 1985.

4. ANSI X9.31-1998.American National Standard X9.31,Appendix A.2.4: Public Key Cryptography Using Reversible Algorithms for the Financial Services Industry (rDSA). Technical report, Accredited Standards Committee X9, Available at `http: //www.x9. org`, 2001.

5. ANSI X9.42-2003. Public Key Cryptography for the Financial Services Industry: Agreement of Symmetric Keys Using Discrete Logarithm Cryptography. Technical report, American Bankers Association, 2003.

6. ANSI X9.62-1999. The Elliptic Curve Digital Signature Algorithm (ECDSA). Technical report, American Bankers Association, 1999.

7. ANSI X9.62-2001. Elliptic Curve Key Agreement and Key Transport Protocols. Technical report, American Bankers Association, 2001.

8. Frederik Armknecht. *Algebraic attacks on certain stream ciphers*. PhD thesis, Department of Mathematics, University of Mannheim, Germany, December 2006. `http: //madoc.bib. uni-mannheim.de/madoc/volltexte/2006/1352/`.

9. Standards for Efficient Cryptography—SEC 1: Elliptic Curve Cryptography, September 2000. Version 1.0.

10. Daniel V. Bailey and Christof Paar. Efficient arithmetic in finite field extensions with application in elliptic curve cryptography. *Journal of Cryptology*, 14, 2001.

11. Elad Barkan, Eli Biham, and Nathan Keller. Instant Ciphertext-Only Cryptanalysis of GSM Encrypted Communication. *Journal of Cryptology*, 21(3):392-429, 2008.

12. P. S. L. M. Barreto and V. Rijmen. The whirlpool hashing function, September 2000. (revised

May 2003), `http://paginas.terra.com.br/ in formatica/ paulobarreto/ WhirlpoolPage.html`.

13. F.L.Bauer.*Decrypted Secrets:Methods and Maxims of Cryptology.* Springer, 4th edition,2007.

14. Mihir Bellare, Ran Canetti, and Hugo Krawczyk. Keying Hash Functions for Message Authentication. In *CRYPTO '96: Proceedings of the 16th Annual International Cryptology Conference, Advances in Cryptology*, pages l-15. Springer, 1996.

15. Mihir Bellare, Ran Canetti, and Hugo Krawczyk. Message Authentication using Hash Functions—The HMAC Construction. *CRYPTOBYTES*, 2, 1996.

16. C.H. Bennett, E. Bernstein, G. Brassard, and U. Vazirani. The strengths and weaknesses of quantum computation. *SIAM Journal on Computing*, 26:1510-1523, 1997.

17. Daniel J. Bernstein. Multidigit multiplication for mathematicians. URL: `http://cr.yp.to/ papers.html`.

18. Daniel J. Bernstein, Johannes Buchmann, and Erik Dahmen. *Post-Quantum Cryptography.* Springer, 2009.

19. N. Biggs. *Discrete Mathematics.* Oxford University Press, New York, 2nd edition, 2002.

20. E. Biham. A fast new DES implementation in software. In *Fourth International Workshop on Fast Software Encryption*, volume 1267 of *LNCS*, pages 260-272. Springer, 1997.

21. Eli Biham and Adi Shamir. *Differential Cryptanalysis of the Data Encryption Standard.* Springer, 1993.

22. Alex Biryukov, Adi Shamir, and David Wagner. Real time cryptanalysis of A5/1 on a PC. In *FSE: Fast Software Encryption*, pages l-18. Springer, 2000.

23. J. Black, S. Halevi, H. Krawczyk, T. Krovetz, and P. Rogaway. UMAC: Fast and secure message authentication. In *CRYPTO '99: Proceedings of the 19th Annual International Cryptology Conference, Advances in Cryptology,* volume 99, pages 216-233. Springer, 1999.

24. I. Blake, G.Seroussi,N.Smart,and J.W. S. Cassels. Advances in Elliptic Curve *Cryptography (London Mathematical Society Lecture Note Series).* Cambridge University Press, New York, NY, USA, 2005.

25. Ian F. Blake, G. Seroussi, and N. P. Smart. *Elliptic Curves in Cryptography*. Cambridge University Press, New York, NY, USA, 1999.

26. Daniel Bleichenbacher, Wieb Bosma, and Arjen K. Lenstra. Some remarks on Lucas-based cryptosystems. In *CRYPTO '95: Proceedings of the 15th Annual International Cryptology Conference, Advances in Cryptology*, pages 386-396. Springer, 1995.

27. L Blum, M Blum, and M Shub. A simple unpredictable pseudorandom number generator.

SIAM J. Comput., 15(2):364-383, 1986.

28. Manuel Blum and Shafi Goldwasser. An efficient probabilistic public-key encryption scheme which hides all partial information. In *CRYPTO '84: Proceedings of the 4th Annual International Cryptology Conference, Advances in Cryptology,* pages 289-302, 1984.

29. Andrey Bogdanov, Gregor Leander, Lars R. Knudsen, Christof Paar, Axel Poschmann, Matthew J.B. Robshaw, Yannick Seurin, and Charlotte Vikkelsoe. PRESENT — An UltraLightweight Block Cipher. In *CHES '07: Proceedings of the 9th International Workshop on Cryptographic Hardware and Embedded Systems,* number 4727 in LNCS, pages 450-466. Springer, 2007.

30. Dan Boneh and Matthew Franklin. Identity-based encryption from the Weil pairing. *SIAM J. Comput.*, 32(3):586-615, 2003.

31. Dan Boneh and Richard J. Lipton. Algorithms for black-box fields and their application to cryptography (extended abstract). In *CRYPTO '96: Proceedings of the 16th Annual International Cryptology Conference, Advances in Cryptology*, pages 283-297. Springer, 1996.

32. Dan Boneh, Ron Rivest, Adi Shamir, and Len Adleman. Twenty Years of Attacks on the RSA Cryptosystem. *Notices of the AMS*, 46:203-213, 1999.

33. Colin A. Boyd and Anish Mathuria. *Protocols for Key Establishment and Authentication.* Springer, 2003.

34. ECC Brainpool. ECC Brainpool Standard Curves and Curve Generation, 2005. `http://www.ecc-brainpool. org/ecc-standard.htm.`

35. Johannes Buchmann and Jintai Ding,editors. *Post-Quantum Cryptography, Second International Workshop, PQCrypto 2008, Proceedings,* volume 5299 of LNCS. Springer, 2008.

36. Johannes Buchmann and Jintai Ding, editors. *PQCrypto 2006: International Workshop on Post-Quantum Cryptography,* LNCS. Springer, 2008.

37. German Federal Office for Information Security (BSI). `http://www.bsi.de/ english/ publications/ bsi_standards/ index. htm.`

38. Mike Burmester and Yvo Desmedt. A secure and efficient conference key distribution system (extended abstract). In *Advances in Cryptology—EUROCRYPT'94,* pages 275-286, 1994.

39. C. M. Campbell. Design and specification of cryptographic capabilities. *NBS Special Publication 500-27: Computer Security and the Data Encryption Standard, U.S. Department of Commerce, National Bureau of Standards,* pages 54-66, 1977.

40. J.L. Carter and M.N. Wegman. New hash functions and their use in authentication and set equality. *Journal of Computer and System Sciences*, 22(3):265-277, 1981.

41. Çetin Kaya Koç, Tolga Acar, and Burton S. Kaliski. Analyzing and comparing Montgomery multiplication algorithms. *IEEE Micro*, 16(3):26-33, 1996.

42. P. Chodowiec and K. Gaj. Very compact FPGA implementation of the AES algorithm. In C. D. Walter, Ç. K. Koç, and C. Paar, editors, *CHES '03: Proceedings of the 5th International Workshop on Cryptographic Hardware and Embedded Systems*, volume 2779 of *LNCS*, pages 319-333. Springer, 2003.

43. C. Cid, S. Murphy, and M. Robshaw. *Algebraic Aspects of the Advanced Encryption Standard*. Springer, 2006.

44. H. Cohen, G. Frey, and R. Avanzi. *Handbook of Elliptic and Hyperelliptic Curve Cryptography*. Discrete Mathematics and Its Applications. Chapman and Hall/CRC, September 2005.

45. T. Collins, D. Hopkins, S. Langford, and M. Sabin. Public key cryptographic apparatus and method, 1997. United States Patent US 5,848,159. Jan. 1997.

46. Common Criteria for Information Technology Security Evaluation. http://www.commoncriteriaportal.org/.

47. COPACOBANA—A Cost-Optimized Parallel Code Breaker. http://www.copacobana.org/.

48. Sony Corporation. Clefia - new block cipher algorithm based on state-of-the-art design technologies, 2007. http://www.sony.net/SonyInfo/News/Press/200703/07-028E/index.html.

49. Ronald Cramer and Victor Shoup. A practical public key cryptosystem provably secure against adaptive chosen ciphertext attack. *CRYPTO '98: Proceedings of the 18th Annual International Cryptology Conference, Advances in Cryptology*, 1462:13-25, 1998.

50. Cryptool— Educational Tool for Cryptography and Cryptanalysis. https://www.cryptool.org/.

51. J. Daemen and V. Rijmen. AES Proposal: Rijndael. In *First Advanced Encryption Standard (AES) Conference*, Ventura, California, USA, 1998.

52. Joan Daemen and Vincent Rijmen. *The Design of Rijndael*. Springer, 2002.

53. B. den Boer and A. Bosselaers. An attack on the last two rounds of MD4. In *CRYPTO '91: Proceedings of the 11th Annual International Cryptology Conference, Advances in Cryptology*, LNCS, pages 194-203. Springer, 1992.

54. B. den Boer and A. Bosselaers. Collisions for the compression function of MD5. In *Advances in Cryptology - EUROCRYPT'93,* LNCS, pages 293-304. Springer, 1994.

55. Alexander W. Dent. A brief history of provably-secure public-key encryption. Cryptology ePrint Archive, Report 2009/090, 2009. `http://eprint.iacr.org/`.

56. Diehard Battery of Tests of Randomness CD, 1995. `http://i.cs.hku.hk/~diehard/`.

57. W. Diffie. The first ten years of public-key cryptography. *Innovations in Internetworking,* pages 510-527, 1988.

58. W. Diffie and M. E. Hellman. New directions in cryptography. *IEEE Transactions on Information Theory*, IT-22:644-654, 1976.

59. W. Diffie and M. E. Hellman. Exhaustive cryptanalysis of the NBS Data Encryption Standard. *COMPUTER*, 10(6):74-84, June 1977.

60. Whitfield Diffie, Paul C. Van Oorschot, and Michael J. Wiener. Authentication and authenticated key exchanges. *Des. Codes Cryptography*, 2(2):107-125, 1992.

61. Hans Dobbertin. Alf swindles Ann. *CRYPTOBYTES*, 3(1), 1995.

62. Hans Dobbertin. The status of MD5 after a recent attack. *CRYPTOBYTES*, 2(2), 1996.

63. Saar Drimer, Tim Güneysu, and Christof Paar. DSPs, BRAMs and a Pinch of Logic: New Recipes for AES on FPGAs. *IEEE Symposium on Field-Programmable Custom Computing Machines (FCCM)*, 0:99-108, 2008.

64. Morris Dworkin. Recommendation for Block Cipher Modes of Operation: The CCM Mode for Authentication and Confidentiality, May 2004. `http://csrc.nist.gov/publications/nistpubs/800-38C/SP800-38C_updated-July20_2007.pdf`.

65. Morris Dworkin. Recommendation for Block Cipher Modes of Operation: The CMAC Mode for Authentication, NIST Special Publication 800-38D, May 2005. `http://csrc.nist.gov/publications/nistpubs/800-38D/SP-800-38D.pdf`.

66. Morris Dworkin. Recommendation for Block Cipher Modes of Operation: Galois Counter Mode (GCM) and GMAC, NIST Special Publication 800-38D, November 2007. `http://csrc.nist-gov/publications/nistpubs/800-38D/SP-800-38D.pdf`.

67. H. Eberle and C.P. Thacker. A 1 GBIT/second GaAs DES chip. In *Custom Integrated Circuits Conference*, pages 19.7/1-4. IEEE, 1992.

68. AES Lounge, 2007. `http://www.iaik.tu-graz.ac.at/research/krypto/AES/`.

69. eSTREAM—The ECRYPT Stream Cipher Project, 2007. `http://www.ecrypt.eu.org/stream/`.

70. The Side Channel Cryptanalysis Lounge, 2007. `http://www.crypto.ruhr-uni-bochum.de/en_sclounge.html`.

71. Thomas Eisenbarth, Sandeep Kumar, Christof Paar, Axel Poschmann, and Leif Uhsadel. A Survey of Lightweight Cryptography Implementations. *IEEE Design & Test of Computers-Special Issue on Secure ICs for Secure Embedded Computing,* 24(6):522-533, November/December 2007.

72. S. E. Eldridge and C. D. Walter. Hardware implementation of Montgomery's modular multiplication algorithm. *IEEE Transactions on Computers*, 42(6):693-699, July 1993.

73. T. ElGamal. A public-key cryptosystem and a signature scheme based on discrete logarithms. *IEEE Transactions on Information Theory,* IT-31(4):469-472, 1985.

74. C. Ellison and B. Schneier. Ten risks of PKI: What you're not being told about public key infrastructure. *Computer Security Journal*, 16(1):1-7, 2000. See also `http://www.counterpane.com/pki-risks.html`.

75. M. Feldhofer, J. Wolkerstorfer, and V. Rijmen. AES implementation on a grain of sand. *Information Security, IEE Proceedings*, 152(1):13-20, 2005.

76. Amos Fiat and Adi Shamir. How to prove yourself: practical solutions to identification and signature problems. In *CRYPTO '86: Proceedings of the 6th Annual International Cryptology Conference, Advances in Cryptology*, pages 186-194. Springer, 1987.

77. Federal Information Processing Standards Publications—FIPS PUBS. `http://www.itl.nist.gov/fipspubs/index.htm`.

78. Electronic Frontier Foundation. Frequently Asked Questions (FAQ) About the Electronic Frontier Foundation's DES Cracker Machine, 1998. `http://w2.eff.org/Privacy/Crypto/Crypto_misc/DESCracker/HTML/19980716_eff_des_faq.html`.

79. J. Franke, T. Kleinjung, C. Paar, J. Pelzl, C. Priplata, and C. Stahlke. SHARK - A Realizable Special Hardware Sieving Device for Factoring 1024-bit Integers. In Josyula R. Rao and Berk Sunar, editors, *CHES'05: Proceedings of the 7th International Workshop on Cryptographic Hardware and Embedded Systems,* volume 3659 of *LNCS*, pages 119-130. Springer, August 2005.

80. Bundesamt für Sicherheit in der Informationstechnik. Anwendungshinweise und Interpretationen zum Schema (AIS). Funktionalitätsklassen und Evaluationsmethodologie für physikalische Zufallszahlengeneratoren. AIS 31, Version 1, 2001. `http://www.bsi`.

bund. de/zertifiz/zert/interpr/ais31.pdf.

81. Oded Goldreich. *Foundations of Cryptography: Basic Tools.* Cambridge University Press, New York, NY, USA, 2000.

82. Oded Goldreich. Zero-Knowledge: A tutorial by Oded Goldreich, 2001. http://www. wisdom.weizmann.ac.il/~oded/zk-tut02.html.

83. Oded Goldreich. *Foundations of Cryptography: Volume 2, Basic Applications.* Cambridge University Press, New York, NY, USA, 2004.

84. Oded Goldreich. On post-modern cryptography. Cryptology ePrint Archive, Report 2006/461, 2006. http://eprint. iacr. org/.

85. Jovan Dj. Golic. On the security of shift register based keystream generators. In *Fast Software Encryption, Cambridge Security Workshop,* pages 90-100. Springer, 1994.

86. Tim Good and Mohammed Benaissa. AES on FPGA from the fastest to the smallest. *CHES '05: Proceedings of the 7th International Workshop on Cryptographic Hardware and Embedded Systems,* pages 427-440, 2005.

87. L. Grover. A fast quantum-mechanical algorithm for database search. In *Proceedings of the Twenty-eighth Annual ACM Symposium on Theory of Computing,* pages 212-219. ACM, 1996.

88. Tim Güneysu, Timo Kasper, Martin Novotny, Christof Paar, and Andy Rupp. Cryptanalysis with COPACOBANA. *IEEE Transactions on Computers,* 57(11):1498-1513, 2008.

89. S. Halevi and H. Krawczyk. MMH: message authentication in software in the Gbit/second rates. In *Proceedings of the 4th Workshop on Fast Software Encryption,* volume 1267, pages 172-189. Springer, 1997.

90. D. R. Hankerson, A. J. Menezes, and S. A. Vanstone. *Guide to Elliptic Curve Cryptography.* Springer, 2004.

91. M. Hellman. A cryptanalytic time-memory tradeoff. *IEEE Transactions on Information Theory,* 26(4):401-406, 1980.

92. Shoichi Hirose. Some plausible constructions of double-block-length hash functions. In *FSE: Fast Sofrware Encryption, volume 4047 of LNCS*, pages 210-225. Springer, 2006.

93. Deukjo Hong, Jaechul Sung, and Seokhie Hong et al. Hight: A new block cipher suitable for low-resource device. In *CHES '06: Proceedings of the 8th International Workshop on Cryptographic Hardware and Embedded Systems*, pages 46-59. Springer, 2006.

94. International Organization for Standardization (ISO). ISO/IEC 15408, 15443-1, 15446, 19790, 19791, 19792, 21827.

95. International Organization for Standardization (ISO). ISO/IEC 9796-1:1991, 9796-2:2000, 9796-3:2002, 1991-2002.

96. International Organization for Standardization (ISO). ISO/IEC 10118-4, Information technology—Security techniques—Hash-functions—Part 4: Hash-functions using modular arithmetic, 1998. http: //www.iso.org/iso/.

97. D.Kahn. *The Codebreakers. The Story of Secret Writing.* Macmillan,1967.

98. Jens-Peter Kaps, Gunnar Gaubatz, and Berk Sunar. Cryptography on a speck of dust. *Computer*, 40(2):38-44, 2007.

99. A. Karatsuba and Y. Ofman. Multiplication of multidigit numbers on automata. *Soviet Physics Doklady (English translation)*, 7(7):595-596, 1963.

100. Ann Hibner Koblitz, Neal Koblitz, and Alfred Menezes. Elliptic curve cryptography: The serpentine course of a paradigm shift. Cryptology ePrint Archive, Report 2008/390, 2008. http: //eprint.iacr.org/cgi-bin/cite.pl? entry=2008/390.

101. Neal Koblitz. *Introduction to Elliptic Curves and Modular Forms.* Springer, 1993.

102. Neal Koblitz. The uneasy relationship between mathematics and cryptography. *Notices of the AMS*, pages 973-979, September 2007.

103. Neal Koblitz, Alfred Menezes, and Scott Vanstone. The state of elliptic curve cryptography. *Des. Codes Cryptography*, 19(2-3):173-193, 2000.

104. Çetin Kaya Koç. *Cryptographic Engineering.* Springer, 2008.

105. S. Kumar, C. Paar, J.Pelzl, G. Pfeiffer, and M. Schimmler. Breaking ciphers with COPACOBANA—A cost-optimized parallel code breaker. In *CHES '06: Proceedings of the 8th International Workshop on Cryptographic Hardware and Embedded Systems,* LNCS. Springer, October 2006.

106. Matthew Kwan. Reducing the Gate Count of Bitslice DES, 1999. http://www.darkside.com.au/bitslice/bitslice.ps.

107. Ben Laurie. Seven and a Half Non-risks of PKI: What You Shouldn't Be Told about Public Key Infrastructure. http://www. apache-ssl.org/7.5 things.txt.

108. Laurie Law, Alfred Menezes, Minghua Qu, Jerry Solinas, and Scott Vanstone. An efficient protocol for authenticated key agreement. *Des. Codes Cryptography*, 28(2):119-134, 2003.

109. Arjen K. Lenstra and Eric R. Verheul. The XTR public key system. In *CRYPTO '00: Proceedings of the 20th Annual International Cryptology Conference, Advances in Cryptology,* pages 1-19. Springer, 2000.

110. Rudolf Lidl and Harald Niederreiter. *Introduction to Finite Fields and Their Applications.*

Cambridge University Press, 2nd edition, 1994.

111. Chae Hoon Lim and Tymur Korkishko. mCrypton-A lightweight block cipher for security of low-cost RFID tags and Sensors. In *Information Security Applications,* volume 3786, pages 243-258. Springer, 2006.

112. Yehuda Lindell. *Composition of Secure Multi-Party Protocols: A Comprehensive Study.* Springer, 2003.

113. Stefan Mangard, Elisabeth Oswald, and Thomas Popp. *Power Analysis Attacks: Revealing the Secrets of Smart Cards (Advances in Information Security).* Springer, 2007.

114. Mitsuru Matsui. Linear cryptanalysis method for DES cipher.In *Advances in Cryptology-EUROCRYPT '93*, 1993.

115. Mitsuru Matsui. How far can we go on the x64 processors? In *FSE: Fast Software Encryption, volume 4047 of LNCS,* pages 341-358. Springer, 2006.

116. Mitsuru Matsui and S. Fukuda. How to maximize software performance of symmetric primitives on Pentium III and 4 processors. In *FSE: Fast Software Encryption,* volume 3557 of *LNCS,* pages 398-412. Springer, 2005.

117. Mitsuru Matsui and Junko Nakajima. On the power of bitslice implementation on Intel Core2 processor. In *CHES '07: Proceedings of the 9th International Workshop on Cryptographic Hardware and Embedded Systems,* pages 121-134. Springer, 2007.

118. Ueli M. Maurer and Stefan Wolf. The relationship between breaking the Diffie-Hellman protocol and computing discrete logarithms. *SIAM Journal on Computing*, 28(5):1689-1721, 1999.

119. D. McGrew and J. Viega. RFC 4543: The Use of Galois Message Authentication Code (GMAC) in IPsec ESP and AH. Technical report, Corporation for National Research Initiatives, Internet Engineering Task Force, Network Working Group, May 2006. Available at http://rfc.net/rfc4543.html.

120. A. J. Menezes, P. C. van Oorschot, and S. A. Vanstone. *Handbook of Applied Cryptography.* CRC Press, Boca Raton, Florida, USA, 1997.

121. Ralph C. Merkle. Secure communications over insecure channels. *Commun. ACM,* 21(4):294-299, 1978.

122. Sean Murphy and Matthew J. B. Robshaw. Essential algebraic structure within the AES. In *CRYPTO '02: Proceedings of the 22nd Annual International Cryptology Conference, Advances in Cryptology,* pages 1-16. Springer, 2002.

123. David Naccache and David M'Rahi. Cryptographic smart cards. *IEEE Micro,* 16(3):14-24,

1996.

124. Block Cipher Modes Workshops.`http://csrc.nist. gov/groups/ST/toolkit/ BCM/workshops.html`.

125. NIST test suite for random numbers. `http: //csrc.nist.gov/rng/`.

126. National Institute of Standards and Technology (NIST). Digital Signature Standards (DSS), FIPS186-3. Technical report, Federal Information Processing Standards Publication (FIPS), June 2009.Available at `http: //csrc.nist.gov/ publications/ fips/fips186-3/ fips_186-3.pdf`.

127. J. Nechvatal. Public key cryptography. In Gustavus J. Simmons, editor, *Contemporary Cryptology: The Science of Information Integrity*, pages 177-288. IEEE Press, Piscataway, NJ. USA, 1994.

128. Security Architecture for the Internet Protocol. `http: //www. rfc-editor. org/ rfc/rfc4301.txt`.

129. I. Niven, H.S. Zuckerman, and H.L. Montgomery. *An Introduction to the Theory of Numbers (5th Edition)*. Wiley, 1991.

130. NSA Suite B Cryptography. `http://www.nsa.gov/ia/programs/suiteb_cryptography/ index. shtml`.

131. Philippe Oechslin. Making a Faster Cryptanalytic Time-Memory Trade-Off.In *CRYPTO '03: Proceedings of the 23rd Annual International Cryptology Conference, Advances in Cryptology,* volume 2729 of LNCS, pages 617-630, 2003.

132. The OpenSSL Project, 2009. `http: //www-openssl. org/`.

133. European Parliament. Directive 1999/93/EC of the European Parliament and of the Council of 13 December 1999 on a Community framework for electronic signatures, 1999. `http://europa.eu/eur-lex/pri/en/oj/dat/2000/1_013/1_013200001 19en00120020.pdf`.

134. D. Pointcheval and J. Stern. Security proofs for signature schemes. In U. Maurer, editor, *Advances in Cryptology —EUROCRYPT'96,* volume 1070 of *LNCS,* pages 387-398. Springer, 1996.

135. Axel Poschmann. *Lightweight Cryptography - Cryptographic Engineering for a Pervasive World.* PhD thesis, Department of Electrical Engineering and Computer Sciences, Ruhr-University Bochum, Germany, April 2009. `http://www.crypto. ruhr-uni-bochum.de/en_theses.html`.

136. B. Preneel, R. Govaerts, and J. Vandewalle. Hash functions based on block ciphers: A

synthetic approach. *LNCS,* 773:368-378, 1994.

137. Bart Preneel. MDC-2 and MDC-4. In Henk C. A. van Tilborg, editor, *Encyclopedia of Cryptography and Security.* Springer, 2005.

138. Electronic Signatures in Global and National Commerce Act, United States of America, 2000.

139. Jean-Jacques Quisquater, Louis Guillou, Marie Annick, and Tom Berson. How to explain zero-knowledge protocols to your children. In *CRYPTO '89: Proceedings of the 9th Annual International Cryptology Conference, Advances in Cryptology,* pages 628-631. Springer, 1989.

140. M.O.Rabin.Digitalized Signatures and Public-Key Functions as Intractable as Factorization. Technical report, Massachusetts Institute of Technology, 1979.

141. W. Rankl and W. Effing. *Smart Card Handbook.* John Wiley & Sons, Inc., 2003.

142. RC4 Page. http://www.wisdom.weizmann.ac.il/~itsik/RC4/rc4.html.

143. R. L. Rivest, A. Shamir, and L. Adleman. A method for obtaining digital signatures and public-key cryptosystems. *Communications of the ACM,* 21(2):120-126, February 1978.

144. Ron Rivest. The RC4 Encryption Algorithm, March 1992. http://www. rsasecurity. com.

145. Dorothy Elizabeth Robling Denning. *Cryptography and Data Security.* Addison-Wesley Longman Publishing Co., Inc., 1982.

146. Matthew Robshaw and Olivier Billet, editors. *New Stream Cipher Designs: The eSTREAM Finalists,* volume 4986 of *LNCS.* Springer, 2008.

147. Carsten Rolfes, Axel Poschmann, Gregor Leander, and Christof Paar. Ultra-Iightweight implementations for smart devices-security for 1000 gate equivalents. In *Proceedings of the 8th Smart Card Research and Advanced Application IFIP Conference - CARDIS 2008, volume 5189 of LNCS,* pages 89-103. Springer, 2008.

148. K. H. Rosen. *Elementary Number Theory, 5th Edition.* Addison-Wesley, 2005.

149. Public Key Cryptography Standard (PKCS),1991.http://www.rsasecurity.com/ rsalabs/node.asp?id=2124.

150. Claus-Peter Schnorr. Efficient signature generation by smartcards. *Journal of Cryptology,* 4:161-174, 1991.

151. A. Shamir. Factoring large numbers with the TWINKLE device. In *CHES '99: Proceedings of the lst International Workshop on Cryptographic Hardware and Embedded Systems,* volume 1717 of *LNCS,* pages 2-12. Springer, August 1999.

152. A. Shamir and E. Tromer. Factoring Large Numbers with the TWIRL Device. In *CRYPTO '03: Proceedings of the 23rd Annual International Cryptology Conference, Advances in Cryptology,* volume 2729 of *LNCS,* pages 1-26. Springer, 2003.

153. P. Shor. Polynomial-time algorithms for prime factorization and discrete logarithms. *SIAM Journal on Computing, Communication Theory of Secrecy Systems,* 26:1484-1509, 1997.

154. J. H. Silverman. *The Arithmetic of Elliptic Curves.* Springer, 1986.

155. J. H. Silverman. *Advanced Topics in the Arithmetic of Elliptic Curves.* Springer, 1994.

156. J. H. Silverman. *A Friendly Introduction to Number Theory.* Prentice Hall, 3rd edition, 2006.

157. Simon Singh. *The Code Book: The Science of Secrecy from Ancient Egypt to Quantum Cryptography.* Anchor, August 2000.

158. Jerome A.Solinas. Efficient arithmetic on Koblitz curves. *Designs, Codes and Cryptography,* 19(2-3):195-249, 2000.

159. J.H. Song, R. Poovendran, J. Lee, and T. Iwata. RFC 4493: The AES-CMAC Algorithm. Technical report, Corporation for National Research Initiatives, Internet Engineering Task Force, Network Working Group, June 2006. Available at `http://rfc.net/rfc4493.html`.

160. NIST Special Publication SP800-38D: Recommendation for Block Cipher Modes of Operation:Galois Counter Mode (GCM) and GMAC, November 2007.Available at `http://csrc.nist.gov/publications/nistpubs/800-38D/SP-800-38D.pdf`.

161. W. Stallings. *Cryptography and Network Security: Principles and Practice.* Prentice Hall, 4th edition, 2005.

162. Tsuyoshi Takagi. Fast RSA-type cryptosystem modulo $p^k q$. In *CRYPTO '98: Proceedings of the 18th Annual International Cryptology Conference, Advances in Cryptology,* pages 318-326. Springer, 1998.

163. S. Trimberger, R. Pang, and A. Singh. A 12 Gbps DES Encryptor/Decryptor Core in an FPGA. In Ç. K. Koç and C. Paar, editors, *CHES '00: Proceedings of the 2nd International Workshop on Cryptographic Hardware and Embedded Systems,* volume 1965 of *LNCS,* pages 157-163. Springer, August 17-18, 2000.

164. Trivium Specifications. `http://www.ecrypt.eu.org/stream/ p3ciphers/trivium/trivium_p3.pdf`.

165. Walter Tuchman. A brief history of the data encryption standard. In *Internet Besieged:*

Countering Cyberspace Scofflaws, pages 275-280. ACM Press/Addison-Wesley, 1998.

166. Annual Workshop on Elliptic Curve Cryptography, ECC. `http://cacr.math.uwaterloo.ca/conferences/`.

167. Digital Signature Law Survey. `https: //dsls.rechten.uvt.nl/`.

168. Henk C. A. van Tilborg, editor. *Encyclopedia of Cryptography and Security.* Springer, 2005.

169. Ingrid Verbauwhede,Frank Hoornaert,Joos Vandewalle,and Hugo De Man.ASIC cryptographical processor based on DES, 1991. `http://www.ivgroup.ee.ucla.edu/pdf/1991euroasic.pdf`.

170. SHARCS—Special-purpose Hardware for Attacking Cryptographic Systems. `http://www.sharcs.org/`.

171. WAIFI—International Workshop on the Arithmetic of Finite Fields. `http://www.waifi.org/`.

172. Andre Weimerskirch and Christof Paar. Generalizations of the Karatsuba algorithm for efficient implementations. Cryptology ePrint Archive, Report 2006/224. `http://eprint.iacr.org/2006/224`.

173. D. Whiting, R. Housley, and N. Ferguson. RFC 3610: Counter with CBC-MAC (CCM). Technical report, Corporation for National Research Initiatives, Internet Engineering Task Force, Network Working Group, September 2003.

174. M.J. Wiener. Efficient DES Key Search: An Update. *CRYPTOBYTES,* 3(2):6-8, Autumn 1997.

175. Thomas Wollinger, Jan Pelzl, and Christof Paar. Cantor versus Harley: Optimization and analysis of explicit formulae for hyperelliptic curve cryptosystems. *IEEE Transactions on Computers,* 54(7):861-872, 2005.